한국의 식품교환표와 음식의 식품교환량의 이해와 활용

홍순명

UUP

한국의 식품교환표와 음식의 식품교환량의 이해와 활용

2006년 10월 10일 초판 인쇄
2006년 10월 17일 초판 발행

지은이 | 홍 순 명
발행인 | 정 정 길
발행처 | UUP(울산대학교출판부)

출판등록 | 제 370-1996-000001호(1996.3.13)
주소 | 680-749 울산광역시 남구 무거 2동 산29번지
전화 | (052) 259-2488
팩스 | (052) 277-3011
편집 · 표지 디자인 | 지미정 · 진제희

값 12,000원
ISBN 89-7868-947-7

* 이 책은 2005학년도 울산대학교 저서연구비를 지원 받아 출판되었습니다.

●●● 머리말 ●●●

세계적으로 평균 수명이 증가하고 있으며, 우리나라에서도 암, 비만, 심혈관질환, 당뇨병 등의 유병률이 급증하고 있다. 매일의 식사는 우리의 삶의 질과 직결된다. 영양이 균형된 건강식단을 계획하기 위해서는 각 개인의 영양필요량에 맞추는 식사요법이 중요하다. 본 서에서는 맞춤영양 식사계획과 식사요법을 하기 위한 식품교환표를 소개하였다. 식품교환표는 일반인 뿐만아니라 당뇨병, 비만 등 질병의 식사계획을 위하여 식품교환군별 식품교환량 식품교환량이 제시된 표이다. 그러나 현재 우리나라에서 사용되고 있는 식품교환표는 소개된 식품의 종류가 적다. 본 서에서는 농진청의 식품성분표를 이용하여 인터넷 상에서 전산으로 식품군별 식품교환량을 산출한 식품군별 식품교환량은 "e-식품교환량"으로 표시하였다. 현재 사용중인 식품교환표와 일부 식품에 약간의 차이가 있어 인터넷상의 산출된 e-식품교환량으로 음식사진과 함께 식품교환량을 제시하였다. 음식에 대한 식품군별 식품교환량에 대한 이해를 돕기위하여 약 40여종의 음식의 식품군별 음식의 식품교환량을 산출하여 제시하였다. 이는 음식을 먹을 때 어느 정도의 식품군별 식품교환량이 있는지를 이해하기 쉽도록하였다.

또한 샘플식단의 식품군별 식품교환량을 분석하였고 영양분석자료를 제시하여 식단계획에 참고하도록 하였다. 샘플식단의 영양분석은 농촌자원개발연구소의 인터넷 식단작성 프로그램인 MenuGen을 이용하였으며 MenuGen 사용방법을 소개하였다. 그리하여 누구나 식사섭취량이나 식단의 영양분석이 가능하고 저장하여 수정 보완할 수 있도록 하였다. 또한 약 2,000여개의 식품교환군별 e-식품교환량을 검색할 수 있는 인터넷 프로그램을 소개하였다.

이 저서가 나오기 까지 울산대학교 식품영양전공의 식사요법 및 영양전산정보실과 영양판정 및 영양교육실 식구들에게 감사드립니다. 특히 연구실에서 함께 하면서 헌

신적으로 도와준 제자 조지예, 정순임에게 고마움을 표합니다. 또한 인터넷 프로그램 개발에 도움을 주신 김 곤 프로그래머에게 감사를 드리며, 아울러 출간되기까지 많은 도움을 주고 노력을 아끼지 않은 울산대학교 출판부 직원 여러분에게도 진심으로 감사를 드립니다. 마지막으로 이 저서를 출판할 수 있도록 지원해준 울산대학교에 감사를 드립니다.

2006년 9월

저자 홍 순 명

건강 식단을 감사하는 마음으로

식품 하나 하나, 음식 하나 하나마다 소중하고 모양과 맛이 독특합니다.
이렇듯 경이로운 식품과 음식은 우리에게 생명을 주는 영양소의 보물창고입니다.
독특한 영양과 맛이 있는 다양한 식품으로 아름다운 건강 식단을 만드세요.
자유롭게 나만의 식단을 창조하세요.
우리는 감사하는 마음으로 생명의 근원인 음식을 즐겨야 합니다.
또한 음식을 나누는 사랑의 모습은 아름답습니다.

영양이 균형된 아름다운 건강 식단을 계획하고 만들어 보세요.
나의 건강은 모두의 기쁨입니다.

곡류군 어육류군 채소군 지방군 우유군 과일군

목차

제1장

건강 식사와 식품교환표 소개

1-1. 건강 식사와 식품교환표

이제는 다이어트, 식이요법, 칼로리, 비타민, 비만, 당뇨병, 암, 고혈압, 뇌졸중 등은 일상용어가 되어버렸다. 당뇨환자뿐만 아니라 여러 가지 다른 질병을 가진 환자의 식사요법(diet therapy)은 필수적이다. 최근에는 암환자의 완치율이 높아지고 일반인들도 건강의 중요성을 인식하면서 무엇을 어떻게 먹을까에 대한 관심이 높아졌다. 특히 환자들의 경우 병원 치료와 함께 해야 하는 일은 우선 식사를 어떻게 해야 하는가가 당장 시급한 문제이다. 최근에는 뚜렷한 질병은 없지만 반 건강상태이거나 건강유지와 증진의 차원이나 질병의 예방적 차원에서 건강식을 찾는 사람들이 많아지고 있다. 그렇다면 어떻게 하면 하루에 3끼를 영양이 균형 잡힌 맛있는 건강 식사를 즐길 수 있을까? 우리 신체는 탄수화물, 단백질, 지방, 비타민, 무기질 등의 영양소가 균형 잡히게 필요한 만큼 섭취해야만 건강을 유지할 수 있다. 어느 한 식품 쪽으로 치우친다든지 양적으로 과하거나 부족한 경우에는 영양불량을 가져와 건강을 해치게 된다. 이러한 관점에서 식품교환표는 식품을 당질, 단백질, 지방의 급원으로 분류하여 식품을 6가지 식품군별로 구분하여 같은 식품군의 당질, 단백질, 지방 및 열량에 맞는 식품을 교환해서 먹을 수 있도록 식품의 양을 표시한 것이다. 처음에는 미국의 당뇨병학회와 미국 영양사협회가 식품교환표를 개발하였고 우리나라에서도 한국의 식품교환표가 개발되었다. 초기에는 당뇨환자의 식사요법을 위해 주로 사용되었으나 이제는 비만, 암 등 환자뿐 만아니라 누구에게나 쉽게 식단 작성과 식단의 영양평가를 할 수 있다. 식품교환표는 영양소에 따라 식품군을 분류하였다. 3개의 주분류는 탄수화물군(carbohydrate list), 어육류(meat and meat substitutes list), 그리고 지방군(fat list)이다. 탄수화물군(carbohydrate list)에는 곡류군(starch list), 과일군(fruit list), 우유군(milk list), 채소군(vegetable list) 등이 포함된다.

우리나라의 식품교환군은 곡류군, 어육류군, 채소군, 지방군, 우유군으로 분류하고 있다. 곡류군은 탄수화물을 주로 공급하는 식품군으로 대표적으로 쌀, 보리, 국수, 빵, 떡, 옥수수, 감자, 밤, 설탕 등의 식품으로 1 식품교환량당 당질 23g 단백질 2g 열량 100kcal이다. 어육류는 주로 단백질을 공급하는 식품군으로 지방함량에 따라 저지방군, 중지방군, 고지방군으로 분류하고 있다. 어육류 저지방식품군은 1 식품교환량당 단백질 8g 지방 2g 열량 50kcal이며 지방이 적은 쇠고기(혹은 돼지고기, 닭고기 등), 굴비, 북어, 동태, 복어, 조기, 새우, 전복, 생굴, 낙지 등이 있다. 어육류 중지방식품군은 1 식품교환량당 단백질 8g 지방 5g 열량 75kcal이며 돼지고기안심, 쇠고기안심, 달걀, 민어, 장어, 갈치, 두부 등이 있다. 어육류 고지방식품군은 1 식품교환량당 단백질 8g 지방 8g 열량 100kcal이며 치즈, 소갈비, 삼겹살 등이 있다. 채소군은 주로 무기질과 비타민을 공급하는 식품으로 1 식품교환량당 당질 3g 단백질 2g 열량 20kcal이며 무우, 배추, 상추, 열무, 오이, 당근, 미나리, 부추, 시금치, 콩나물, 풋고추 등이 있다. 지방군은 주로 지방을 공급하는 식품으로 1 식품교환량당 지방 5g 열량 45kcal이며 참기름, 들기름, 콩기름, 버터, 호두, 땅콩 등이 있다. 우유군은 주로 칼슘 등의 무기질과 비타민을 공급하는 식품군으로 1 식품교환량당 당질 11g 단백질 6g 지방 6g 열량 125kcal이며 우유, 전지분유, 조제분유 등이 있다. 과일군은 주로 비타민과 무기질을 공급하는 식품군으로 1 식품교환량당 단백질 8g 지방 2g 열량 50kcal이며 사과, 배, 참외, 수박, 귤, 딸기, 토마토, 포도, 감 등이 있다(표 1-1).

표 1-1. 한국의 식품교환표

식품군	열량(kcal)	당질(g)	단백질(g)	지방(g)
곡류군	100	23	2	
어육류군				
저지방군	50		8	2
중지방군	75		8	5
고지방군	100		8	8
채소군	20	3	2	–
지방군	45	–	–	5
우유군	125	11	6	6
과일군	50	12	–	–

이와 같이 같은 식품군에서는 주로 공급하는 영양소가 다르므로 식품교환표를 이용하여 6가지 식품군의 다양한 식품을 균형되게 선택하여 기호에 맞는 건강식단을 작성할 수 있다. 식단의 열량에 따른 식품군별 식품교환수는 표 1-2를 참고하여 작성하도록 한다. 그림 1-1과 그림 1-2는 식품교환표를 식품군별 영양소와 음식으로 알기 쉽게 표시한 그림이다.

표 1-2. 열량별 식품군별 식품교환단위수

열량 (kcal)	곡류군 (교환)	육류군			채소군	지방군	우유군	과일군
		저지방	중지방	고지방				
1,200	6	3	1		7	1	1	1
1,500	7	4	1		8	2	1	2
1,800	9	4	2		8	3	1	2
2,000	10	5	2		10	3	1	3
2,200	11	5	2	1	10	3	1	3
2,400	13	5	2	1	10	3	1	3

그림 1-1. 한국의 식품교환표의 식품군별 1교환량

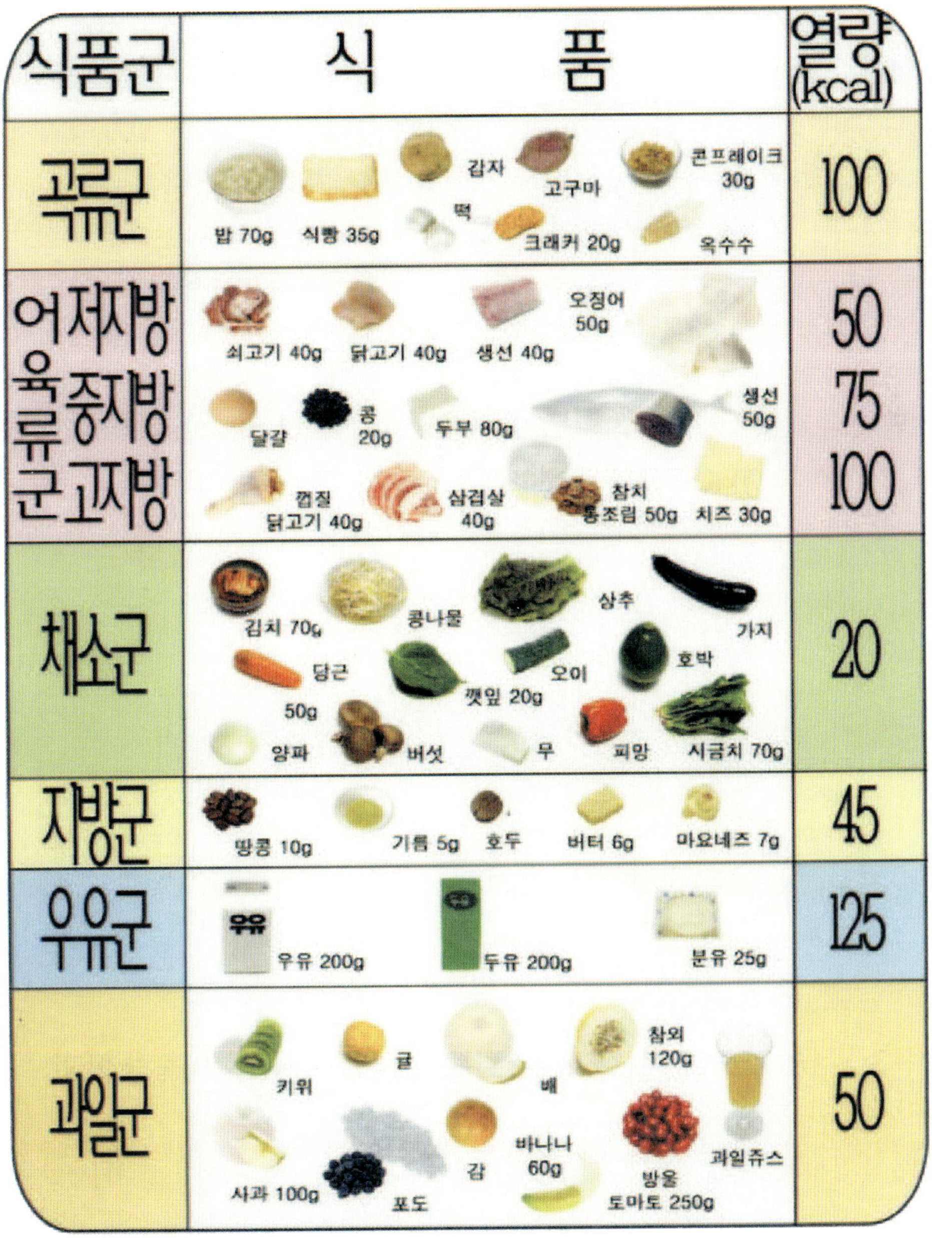

그림 1-2. 식품군별 식품교환량과 열량

1-2. 식품교환표의 심볼과 색깔

식품교환표는 누구나 이해하기 쉽게 이용하여 식단을 작성한 표이다. 그러나 식사요법을 위한 영양교육이나 영양상담을 할 때 이해를 돕고 활용 시 어려움을 느낄 수 있다. 그래서 이 책에서는 환자는 물론 어린이부터 노인에 이르기까지 알기 쉽고 재미있게 활용할 수 있도록 식품교환표를 식품군별 심볼과 색깔로 표시하였다. 그림 1-3과 그림 1-4는 식품교환표를 이해하기 쉽도록 6가지 식품군별로 심볼과 색깔을 표시하였다. 각 군의 모양과 색깔은 각 군의 식품의 이미지를 연상할 수 있도록 배치하였고 간단하게 상징성을 설명하였다. 이와 같은 색깔은 우리나라의 색동저고리를 연상하게 하기도 하고 무지개 색깔을 연상할 수도 있어서 기억하기 쉽도록 하여 균형 잡힌 식사를 할 수 있도록 하였다. 심볼은 누구나 쉽게 그릴 수 있으며 컴퓨터의 문자표에서도 흔히 쓰이는 모양으로 하였다. 본 서에서 사용한 색깔은 주황, 보라, 녹색, 노랑, 파랑, 빨강으로 구성하였으며 색상의 특성은 표 1-3과 같다.

표 1-3. 식품교환군 색상의 특성

	주황	보라	녹색	노랑	파랑	빨강
색상	15	200	80	40	160	240
채도	240	240	240	240	240	240
명도	120	60	60	120	120	120
빨강	255	128	0	255	0	255
녹색	102	0	128	255	0	0
파랑	0	128	0	0	255	0

1-3. 식품교환군 심볼과 색깔로 음식과 식단에 활용하기

일상 음식의 식품교환량을 음식 그림과 함께 식품군별 심볼과 색깔로 나타냈었으며 식품교환량, 열량 및 당질, 단백질, 지방의 양을 그림 1-6 ~ 그림 1-9와 같이 표시하였다. 음식에 식품교환군이 없는 경우에는 교환단위는 0으로 하고 심볼을 삭제하여 음식에 포함된 식품군을 알기 쉽게 하였다. 또한 표 1-4는 비빔밥, 두부젓국찌개, 나박김치, 우유, 포도로 만든 샘플식단이며 식단의 총 식품군별 식품교환수를 알 수 있으며 열량 및 영양소도 알기 쉽도록 하였다. 그림 1-10은 샘플식단의 식품군별 심볼과 색

깔로 나타내어 누구나 흥미롭고 쉽게 응용할 수 있도록 하였다. 제시된 음식의 식품재료, 식품교환량 및 영양분석자료는 제 9장 음식의 식품교환량 이해와 활용에 자세하게 소개하였다.

그림 1-3. 식품교환군의 심볼과 색깔의 다양한 모습

○	곡류군 :	쌀이나 곡류의 둥근모양을 상징
□	어육류군 :	생선이나 육류 한토막을 상징
△	채소군 :	채소의 식물이나 나무를 상징
☆	지방군 :	씨앗이나 지방과 기름을 상징
◇	우유군 :	우유류나 아이스크림을 상징
♡	과일군 :	사랑스런 모양과 단맛을 상징

그림 1-4. 식품교환군의 심볼, 상징과 색깔

콩나물밥 351kcal(229g)
당질 69g 단백질 10g 지방 3g

3	0.5	1.5	0	0	0

비빔밥 458kcal(323g)
당질 87g 단백질 12g 지방 5g

3.5	1	1.5	0.5	0	0

국수장국 248kcal(418g)
당질 50g 단백질 8g 지방 3g

2	0.5	0	0.5	0	0

칼국수 342kcal(335g)
당질 67g 단백질 15g 지방 4g

3	0.5	0.5	0.5	0	0

두부젓국찌개 106kcal(273g)
당질 3g 단백질 11g 지방 6g

0	1.5	0	0	0	0

생선찌개 125kcal(350g)
당질 10g 단백질 16g 지방 3g

0	1.5	2.5	0	0	0

어선 132kcal(128g)
당질 8g 단백질 14g 지방 5g

0.5	1.5	0.5	0.5	0	0

돼지갈비찜 310kcal(198g)
당질 19g 단백질 16g 지방 19g

0.5	2	1.5	2	0	0

호박선 99kcal(106g)
당질 7g 단백질 7g 지방 5g

0	0.5	1.5	0.5	0	0

그림 1-5 음식의 영양소 및 식품교환량(콩나물밥외 8종)

수란 80kcal(53g)
당질 1g 단백질 6g 지방 5g

0 | 1 | 0 | 0 | 0 | 0

■

북어구이 85kcal(59g)
당질 6g 단백질 10g 지방 2g

0 | 1 | 0.5 | 0.5 | 0 | 0

■ ▲ ☆

생선양념구이 172kcal(155g)
당질 8g 단백질 25g 지방 4g

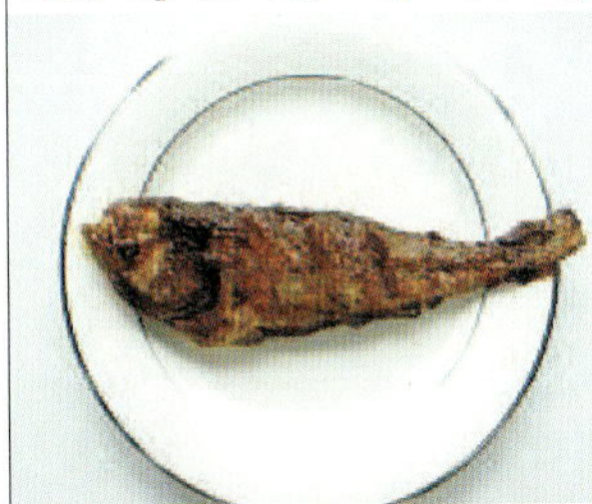

0 | 2.5 | 1 | 0.5 | 0 | 0

■ ▲ ☆

파산적 85kcal(55g)
당질 2g 단백질 6g 지방 6g

0 | 0.5 | 0 | 1 | 0 | 0

■ ☆

지짐누름적 106kcal(50g)
당질 8g 단백질 4g 지방 7g

0 | 0 | 0.5 | 1 | 0 | 0

▲ ☆

섭산적 110kcal(65g)
당질 3g 단백질 10g 지방 6g

0 | 1 | 0 | 0.5 | 0 | 0

■ ☆

너비아니 119kcal(94g)
당질 6g 단백질 14g 지방 4g

0 | 1.5 | 0 | 0.5 | 0 | 0

■ ☆

제육구이 194kcal(77g)
당질 5g 단백질 11g 지방 13g

0 | 1.5 | 0.5 | 0.5 | 0 | 0

■ ▲ ☆

생선전 154kcal(102g)
당질 7g 단백질 14g 지방 8g

0.5 | 1.5 | 0 | 1 | 0 | 0

● ■ ☆

그림 1-6. 음식의 영양소 및 식품교환량(수란외 8종)

육원전 234kcal(128g)
당질 18g 단백질 16g 지방 11g

1	1.5	0	1	0	0

● ■ ☆

표고전 143kcal(87g)
당질 8g 단백질 9g 지방 9g

0.5	1	0.5	1.5	0	0

● ■ ▲ ☆

풋고추전 149kcal(88g)
당질 6g 단백질 10g 지방 10g

0	1.5	0.5	1.5	0	0

■ ▲ ☆

알쌈 146kcal(82g)
당질 3g 단백질 11g 지방 10g

0	1.5	0	0.5	0	0

■ ☆

떡산적 192kcal(85g)
당질 34g 단백질 6g 지방 3g

1.5	0.5	0	0.5	0	0

● ■ ☆

화양적 80kcal(65g)
당질 7g 단백질 3g 지방 5g

0	0.5	1	1	0	0

■ ▲ ☆

오이선 119kcal(105g)
당질 8g 단백질 6g 지방 7g

0.5	1	0.5	1	0	0

● ■ ▲ ☆

칠절판 209kcal(137g)
당질 19g 단백질 11g 지방 10g

0.5	1	1	1	0	0

● ■ ▲ ☆

홍합초 84kcal(95g)
당질 7g 단백질 7g 지방 3g

0	1	0.5	0.5	0	0

■ ▲ ☆

그림 1-7. 음식의 영양소 및 식품교환량(육원전 외 8종)

두부조림 123kcal(89g)
당질 4g 단백질 7g 지방 9g

0	1	0	1	0	0

도라지생채 43kcal(42g)
당질 10g 단백질 1g 지방 0g

0	0	2	0	0	0

탕평채 101kcal(121g)
당질 11g 단백질 6g 지방 4g

0.5	0.5	0.5	0.5	0	0

북어보푸라기 107kcal(29g)
당질 4g 단백질 16g 지방 3g

0	1.5	0	0.5	0	0

나박김치 20kcal(214g)
당질 4g 단백질 1g 지방 0g

0	0	0.5	0	0	0

보쌈김치 94kcal(122g)
당질 15g 단백질 5g 지방 3g

0	0	2.5	0	0	0

미나리강회 125kcal(100g)
당질 6g 단백질 10g 지방 6g

0	1	1	0	0	0

무숙장아찌 48kcal(52g)
당질 4g 단백질 3g 지방 2g

0	0.5	0.5	0.5	0	0

배숙 160kcal(221g)
당질 35g 단백질 1g 지방 2g

1	0	0.5	0	0	0.5

그림 1-8. 음식의 영양소 및 식품교환량(두부조림외 8종)

표 1-4. 샘플식단의 식품군별 식품교환수 및 영양소

	곡류군	어육류군	채소군	지방군	우유군	과일군	열량 Kcal	당질 g	단백질 g	지방 g
심 볼	●	■	▲	☆	◆	♥				
비빔밥	3.5	1	1.5	0.5			458	87	12	5
두부젓국찌개		1.5					106	3	11	6
나박김치			0.5				20	4	1	0
우유					1		125	11	6	6
포도						1	50	12	0	0
식단총계	3.5	2.5	2	0.5	1	1	759	117	30	17
열량에 대한 3대 영양소 비율								63%	16%	21%

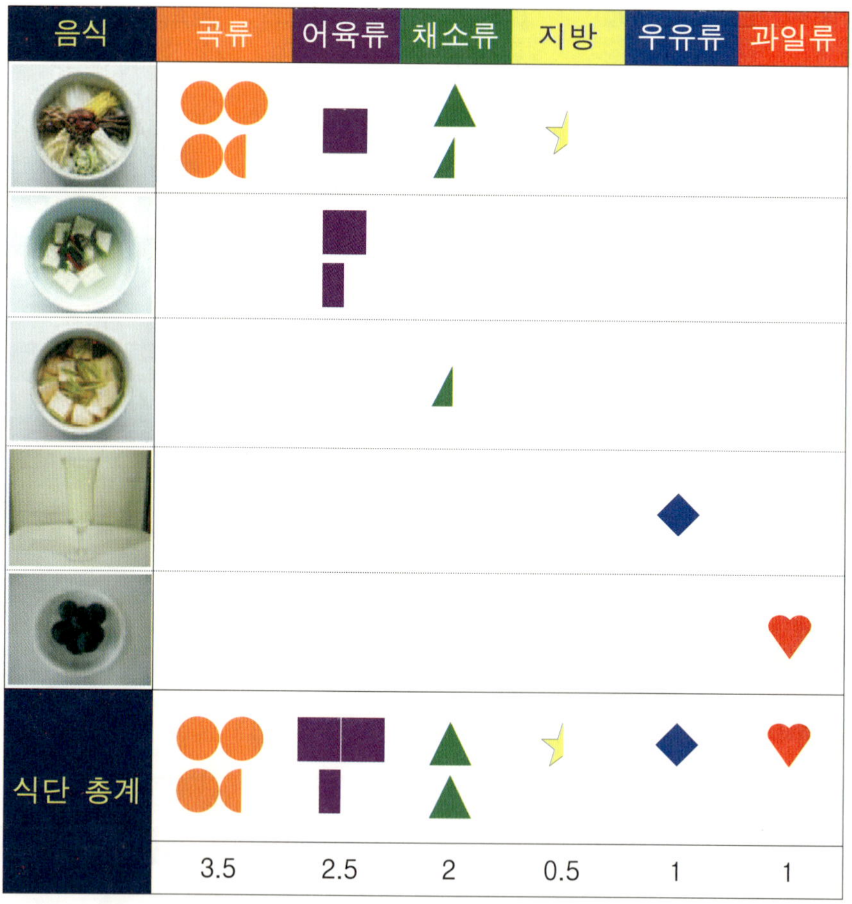

그림 1-9. 샘플식단의 음식 및 식품군별 식품교환단위수 심볼

1-4. 식품교환군별 식품량 검색 프로그램

현재 사용되고 있는 식품교환표에는 식품교환량의 식품의 수가 제한적이므로 사용하는데 불편하였다. 그리하여 본 저자는 당질, 단백질, 지방의 3대 영양소와 열량을 기준으로 농진청의 식품성분표에 수록된 약 2,000여개의 식품의 식품군별 식품교환표를 개발하였으며 인터넷상에서 검색이 가능하도록 하였다. 식품성분표를 이용하여 산출된 자료로 현재 사용하고 있는 자료와 다소 차이가 나는 것도 있다. 본서에서는 농촌진흥청 식품성분표를 사용하여 약 2000여개의 식품을 인터넷으로 식품군별 식품교환량을 산출하였으며 이를 "e-식품교환량"으로 표시하였으며 요약으로 456개의 식품교환량을 산출하고 인터넷에 서비스를 제공하고 있다. 인터넷상의 e-식품교환량을 검색할 수 있는 인터넷 사이트인 http://nutrition.ulsan.ac.kr에서 식품교환군을 클릭하면 e-식품교환량을 검색할 수 있다(화면1-1, 화면 1-2).

화면 1-1. e-식품교환군 검색사이트

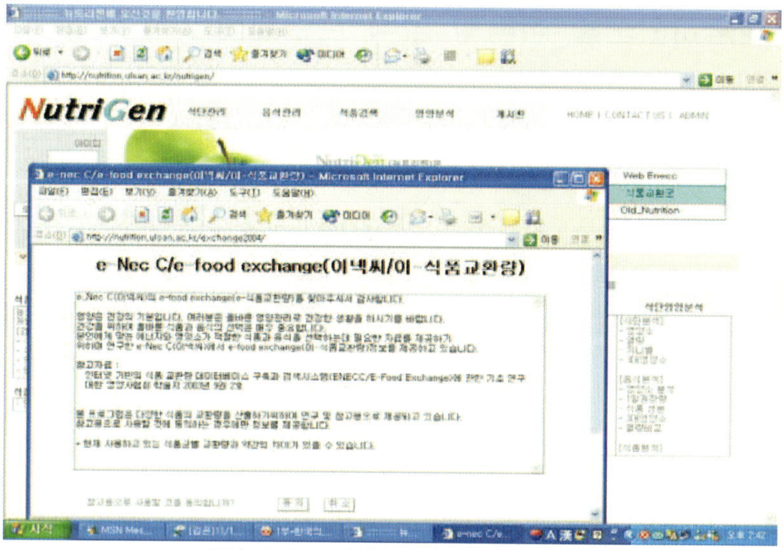

화면 1-2. e-식품교환량 검색화면

다음은 식품교환표를 이용하여 칼로리를 계산하는 인터넷 사이트이다. 대한당뇨병학회(http://www.diabetes.or.kr)에서 제공하는 인터넷 프로그램으로 <간단한 당뇨병 자가진단>에는 <일일 필요열량 계산하기>, <식품교환표> 그리고 <건강식단 작성하기>로 구성되어 있다. 화면 1-3은 <식품교환표>의 식품교환표를 이용하여 식품군별 식품을 선택하는 프로그램이다. <건강식단 작성하기>에는 화면 1-4, 화면 1-5에서보는 바와같이 당뇨가족을 위한 건강식단을 작성하는 프로그램으로 음식을 선택한 후 선택한 음식의 총 열량이 계산되는 화면으로 누구나 쉽게 활용할 수 있다.

화면 1-3. 식품군별 식품량 선택 프로그램(대한당뇨병학회 홈페이지)

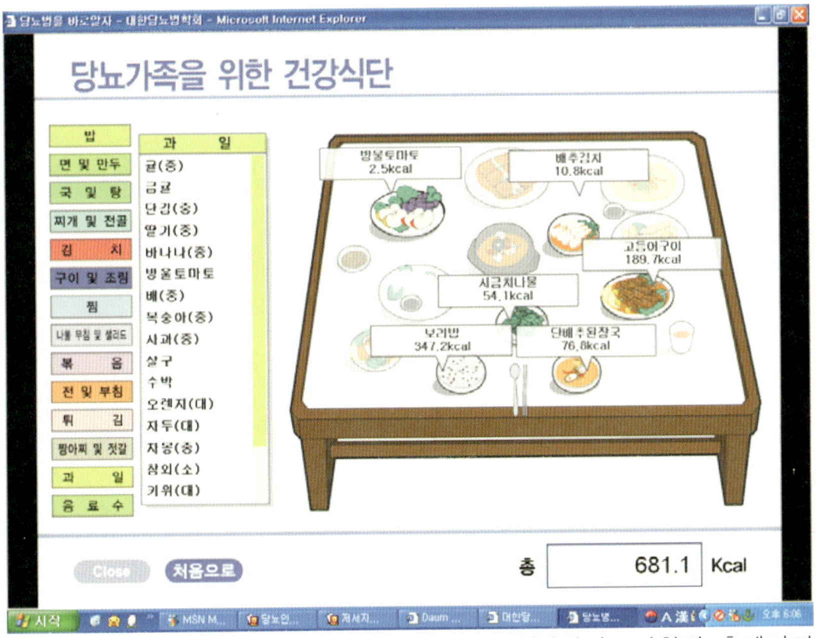

화면 1-4. 당뇨가족을 위한 건강 식단(681 kcal)(대한당뇨병학회 홈페이지)

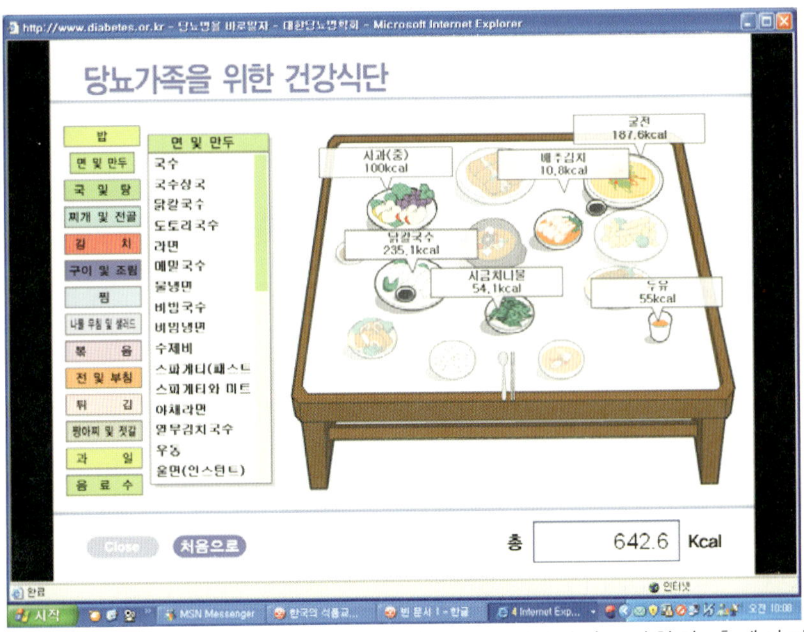

화면 1-5. 당뇨가족을 위한 건강 식단(643 kcal)(대한당뇨병학회 홈페이지)

제2장

한국인의 건강과 식사

2-1. 건강의 기본, 영양의 중요성

건강을 유지하는데 있어서 균형된 영양섭취는 필수적이다. 세계적으로 영양과 관련된 질병들에 대한 여러 연구결과가 계속 밝혀지면서 영양의 중요성이 더욱 강조되고 있다. 어떤 지역에서는 영양부족의 문제가 심각해지면서 건강을 위협하고 있으며 반대로 어떤 지역에서는 영양과잉의 문제로 비만이나 이에 관련된 심장순환계 질병이 심각한 상태이다. 더욱이 일단 영양관련 질병이 발생되면 다음 세대에까지 영향을 미칠 수 있으므로 각 개인의 영양관리는 매우 중요한 의미를 가지고 있다. 예를 들면 비만인 가족력이 있는 경우 2~3대를 지나면서 고도 비만자가 나타나는 현상이 일어나고 있다. 그러므로 질병의 예방차원에서도 영양관리는 매우 중요하다.

최근에 많은 사람들이 매일 섭취하는 음식이 우리 몸에서 중요한 역할을 한다는 것을 인식하게 된 것은 매우 의미있고 중요한 현상이다. 영양학은 이러한 인식의 변화와 의학, 과학, 분석기술 등의 첨단화와 함께 급격하게 발달하였으며 그 중요성이 대두된 것은 다행스러운 현상이다.

"You are what you eat."

즉 사람이 무엇을 먹느냐에 따라 그 사람의 건강이 좌우되므로 좋은 음식을 먹고 좋은 식습관을 갖는 것은 매우 중요하다. 나쁜 음식을 먹고 나쁜 식습관을 가지고 좋은 건강을 바라는 것은 매우 어리석은 일이다. 그러므로 좋은 음식을 먹고 좋은 식습관을 이루도록 올바른 영양지식을 배우고 실생활에 적용하도록 지속적인 노력이 필요하다.

우리는 태어나면서부터 음식을 섭취하여 생존하고 활동하여 왔다. 물론 건강과 영양을 생각하면서 음식을 선택하였다기보다는 그 시대, 그 지역에서 구입 가능한 식품으로 가능한 조리방법에 의해 음식을 섭취하였다. 이는 인체가 생리적으로 배고픔을 느끼게 되고 음식을 섭취함으로 포만감을 느껴 안정을 취할 수 있기 때문이다. 또한 음식은 영양적인 면 이외에도 사회 문화적인 기능을 가지고 있다. 음식이 충분하면 안정을 느끼고, 음식을 나누며 교제가 이루어진다든지, 행사에 따라 특별한 음식을 장만하기도 하고, 섭취하는 음식에 따라 사회적인 신분을 나타내기도 한다. 우리나라의 경우 예전에는 흰쌀밥에 쇠고기, 생선 등을 먹는 것이 부유한 계층으로 인식되었으나 영양소의 기능과 역할이 밝혀지면서 잡곡밥에 생선, 육류를 포함하여 녹황색 채소, 과일 등 다양한 음식을 적정량 섭취하는 것이 중요한 식사방법으로 인식되고 있다. 그러므로 각 시대나 지역에 따라 식습관, 식문화가 다른 양상을 보이고 있으며 이에 따라 건강상태도 직접적인 영향을 받고 있는 것이 밝혀지게 되었다.

역사적으로 보면 과학 이전 시대에는 식품의 선택이 식품의 모양이나 특성에 따라 권장하거나 금지하기도 하였다. 그러나 과학이 발달함에 따라 식품을 분석하게 되었고, 신체의 구성성분과 영양소의 역할이 밝혀지면서 영양에 대한 중요성이 대두되었다. 우리가 섭취하는 음식에는 우리 몸에 필요한 영양소가 있으며, 부족이나 과잉 등 불균형을 가져올 때는 영양상태가 불량하게 되고 계속되면 질병에 이르게 된다. 또한 선천적인 이상이나 부상, 질병으로 인해 영양소의 섭취를 조절해야 하는 경우도 많다.

최근에는 사회변화에 따라 생활양상이 변하게 되었고, 과학기술의 발전으로 식품산업이 발달하게 되었고, 단체급식과 외식의 증가로 음식이 다양해지고 판매되는 음식의 내용도 알 수 없게 되었으며, 영양지식의 부족으로 불균형된 식사를 하기 쉽다. 각 식품은 고유의 영양소를 함유하고 있으므로 어느 식품이 완전하다고 할 수 없으며, 각 개인의 건강상태에 따라 여러 식품을 골고루 적정량 섭취하는 것이 바람직하다.

전세계적으로 보더라도 영양 불균형이 두드러지며, 아직도 기아와 영양실조로 고통을 받고 있는 사람도 많은 반면 과잉 섭취 혹은 특정 영양소의 결핍과 과잉으로 인한 고통도 공존하는 실정이다. 그러므로 각 영양소의 중요성을 인식하고 어떤 음식을 얼마만큼 섭취하여야 하는가를 아는 것은 매우 중요하며, 이를 확실히 인식하게 되면 자유로운 영양관리로 바람직한 건강을 유지하여 본인뿐만 아니라 세계 인류의 행복에 기여할 수 있으리라 생각된다.

WHO(World Health Organization, 세계보건기구)의 정의에 의하면 건강이란 "신체적, 정신적 그리고 사회적으로 완전하게 양호한 상태이고 단지 질병이 없거나 허약하지 않다는 것만은 아니다"("Health has been defined as a state of complete physical, mental and social well-being, and not merely the absence of disease or infirmity")라고 명시되어 있다. 즉 육체적 건강뿐만 아니라 정신적 건강이 중요하며 정신상태는 체내의 신경계통, 호르몬의 분비 등에 영향을 미쳐 결국 영양소의 흡수, 대사, 배설 등의 변화를 초래하게 된다. 1998년부터는 건강의 정의가 영적복지(Spiritual well-being)를 포함하여 종교생활을 통한 영혼의 안식 등을 포함시키고 있다.

영양(nutrition)이란 과학의 한 분야로 식품 즉 섭취하는 음식, 영양소와 다른 화학적 물질에 입각한 기능, 상호관계, 그리고 건강을 유지하고 질병을 예방하기 위한 영양관리로써 음식을 섭취하여 소화, 흡수하고, 대사하는 전체적인 과정을 총괄적으로 취급하는 것이다. 더 나아가서 영양이란 반드시 사회, 문화, 경제 그리고 음식을 섭취할 때 따르는 환경, 심리작용 등 여기에 관여되는 여러 가지 복잡한 문제를 고려하지 않으면 안 된다.

최근에는 평균 수명이 늘어나면서 건강과 노화에 대한 연구가 활발하게 이루어지고 있으며 건강한 노후생활을 위한 영양관리에 관심이 집중되고 있다. 그러므로 6대 영양소외에 식품의 생리활성물질에 대한 연구가 활발하게 이루어지면서 식품의 항산화 영양소와 phytochemical 식품성분에 대한 관심이 높아지고 있다. 우리는 과도한 스트레스, 활동량 감소 그리고 식품산업의 발달로 에너지 밀도가 높은 식품, 지방과 설탕을 가미한 가공식품의 증가로 섬유소 부족과 식품의 과다소비 현상을 초래하여 생활습관병으로 인한 질병에 노출되어 있다. 이에 따라 앞으로 비만이 증가하고 질병패턴도 고지혈증, 순환기계 질환, 당뇨병, 암 등 만성퇴행성 질환이 더욱 높아질 전망이다. 1980년대 이후 사망 및 질병 동향을 보면 식사섭취와 생활양식이 발병원인에 큰 영향을 미치는 것으로 밝혀지고 있다. 순환기계 질환 및 암으로 인한 사망이 전체 사망 중

우선 순위를 차지하고 있으며 그 비중이 또한 지속적으로 높아가고 있으며 고혈압, 당뇨병, 허혈성 심질환 등도 꾸준히 증가하고 있는 추세이다. 이러한 만성퇴행성 질환은 치료가 어렵고 사망에 이르기까지 지속되어 의료비 부담을 가중시키며 의료보험 재정에 부담을 주어 사회적인 문제로 대두되고 있다. 이에 따라 국민의 질병예방과 건강관리에서 보다 예방적이고 비용 절감적이며 삶의 질을 높이기 위한 접근 방법의 필요성이 강조되면서 영양과 식사섭취의 중요성이 부각되고 있다.

2-2. 한국인의 평균수명

2005년 11월 통계청이 발표한 주요년도 평균수명에서 보면 2003년 현재 평균수명은 전체 77.5세, 남자 73.9세, 여자 80.8세로 여자가 남자보다 7년 더 오래 사는 것으로 나타났다. 2002년과 비교하면 남자 0.49년, 여자 0.38년 증가했고, 10년 전인 1993년에 비해 남자 5.11년, 여자 4.02년 증가한 것이다(표2-1, 그림2-1). 이는 보건의료 수준의 향상, 국민들의 영양상태 양호 등에 기인한 것이다. 우리나라의 평균수명을 OECD 30개국과 평균수명(출생시 기대여명)을 비교해 보면, 2003년 남자(73.9년)는 30개국 평균(74.9년)보다 1년 낮은 수준이며, 여자(80.8년)는 30개국 평균(80.7년)과 비슷한 수준이다. 그러나 평균수명이 가장 높은 2003년 일본(남자 78.4년, 여자 85.3년)에 비해 남녀 모두 4.5년 낮았다. 남녀 평균수명 차이는 7년으로 일본(6.9년)과 비슷하고, 폴란드(8.4년)·헝가리(8.2년) 등의 동구권은 우리나라보다 높은 수준이었다.

표 2-1. 주요년도 평균수

	2003	2002	1993	1983
전 체	77.46	77.00	72.81	67.14
남 자(A)	73.87	73.38	68.76	63.21
여 자(B)	80.82	80.44	76.80	71.47
차이(B-A)	*6.95*	*7.06*	*8.04*	*8.26*

(통계청, 2003년 생명표작성결과, 2005)

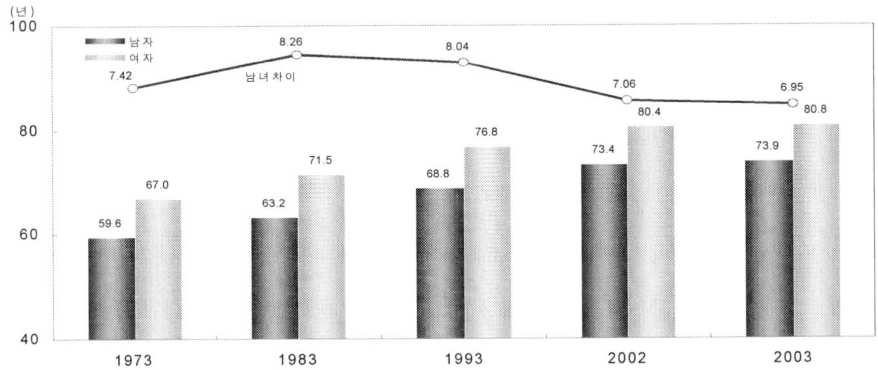

그림 2-1. 연도별 평균수명 추이(통계청, 2003년 생명표작성결과, 2005)

2-3. 우리나라의 사망원인

통계청의 발표에 의하면 2004년 한해동안 우리나라 전체사망자(24만6천명)의 26.3%인 6만5천명(10만명당 사망률 133.5명)이 암(악성신생물)으로 사망하여 사망원인 순위 1위이었다. 그 다음은 뇌혈관질환(2위), 심장질환(3위), 고의적자해(자살)(4위), 당뇨병(5위) 순이었다(표2-2). 우리나라의 5대 사망원인인 암, 뇌혈관질환, 심장질환, 고의적자해(자살), 당뇨병 사망자수가 140천명(총사망자의 57.0%)으로 전체 사망자의 절반이상을 차지하고 있다.

표 2-2. 우리나라의 사망원인 (단위:천명, 인구10만명당, %,명)

	사망자수	사망률	구성비	1일평균 사망자수
전 체	**246**	**506.9**	**100.0**	**672**
암(악성 신생물)	65	133.5	26.3	177
뇌혈관질환	34	70.3	13.9	93
심장질환	18	36.9	7.3	49
고의적자해(자살)	12	25.2	4.7	32
당뇨병	12	24.3	4.8	32

* 1) 사망자 구성비는 사인분류 가능한 전체사망자에 대한 사망자의 구성비임.
* 2) 고의적자해(자살)사망률은 5세이상 인구10만명당임.
(통계청, 사망원인통계결과, 2004)

인구 10만명당 사망률이 가장 많이 증가한 암은 폐암으로 8.7명 증가하였으며, 사망률이 가장 많이 감소한 암은 위암으로 5.6명 감소하였다. 그러나 폐암, 대장암, 전립선암, 췌장암 순으로 증가하였고, 위암, 자궁암 순으로 감소하였다. 성별로 보면, 남녀 모두 위암은 감소하였고 남자는 폐암, 대장암, 전립선암, 췌장암 순으로 증가하였으며, 여자는 대장암, 폐암, 유방암, 췌장암 순으로 증가하였다.

표 2-3에서 보는 바와같이 2004년 10대(大) 사망원인은 암(악성신생물), 뇌혈관질환, 심장질환, 고의적 자해(자살), 당뇨병, 간질환, 만성 하기도질환, 운수사고, 고혈압성 질환, 폐렴 순이었다. 10대 사망원인중 최근 10년간 인구 10만명당 사망률이 가장 많이 증가한 사인은 암으로 94년 112.7명에서 20.8명이 증가한 133.5명으로 나타났다. 사망률이 가장 많이 감소한 사인은 운수사고로 94년 35.3명에서 18.1명이 감소한 17.2명으로 나타났다. 표 2-4는 성별 사망원인별 1994년과 2004년의 자료로 남녀간의 사망원인의 순서가 차이를 보이고 있다. 남녀별 사인순위를 보면, 남자는 여자에 비해 고의적자해(자살)(4위), 간질환(5위) 순위가 높고, 여자는 당뇨병(4위) 순위가 높은 것으로 나타났다.

표 2-3. 사인순위 및 사망률 변화 (단위 : 인구10만명당)

1994년		사망원인명	2004년	
사망률	순위		순위	사망률
530.2	-	계	-	506.9
112.7	1	암(악성신생물)	1	133.5
84.4	2	뇌혈관 질환	2	70.3
43.6	3	심장 질환	3	36.9
10.5	9	고의적자해(자살)	4	25.2
17.0	7	당뇨병	5	24.3
29.2	5	간 질 환	6	19.1
15.7	8	만성하기도질환	7	17.3
35.3	4	운수 사고	8	17.2
25.8	6	고혈압성 질환	9	10.4
4.6	17	폐렴	10	7.2

(통계청, 사망원인통계결과, 2004)

표 2-4. 성별 사인순위 및 사망률 (단위 : 인구10만명당)

순위	남자				여자			
	1994		2004		1994		2004	
1위	암 (악성신생물)	144.0	암 (악성신생물)	169.9	뇌혈관 질환	88.5	암 (악성신생물)	96.9
2위	뇌혈관 질환	80.4	뇌혈관질환	66.7	암 (악성신생물)	81.0	뇌혈관질환	73.9
3위	운수사고	52.0	심장질환	38.8	심장질환	43.6	심장질환	35.0
4위	간질환	46.7	고의적 자해(자살)	34.5	고혈압성 질환	27.8	당뇨병	24.5
5위	심장질환	43.7	간질환	31.0	운수사고	18.3	고의적 자해(자살)	15.8
6위	고혈압성 질환	23.8	운수사고	25.2	당뇨병	16.4	고혈압성 질환	13.9
7위	당뇨병	17.6	당뇨병	24.1	만성하기도 질환	14.6	만성하기도 질환	13.0
8위	만성하기도 질환	16.7	만성하기도 질환	21.5	간질환	11.4	운수사고	9.1
9위	고의적 자해(자살)	14.2	추락사고	8.5	고의적 자해(자살)	6.7	간질환	7.1
10위	호흡기 결핵	13.2	호흡기결핵	8.1	호흡기 결핵	4.8	폐렴	6.6

(통계청, 사망원인통계결과, 2004)

표 2-5에서 연령대별로 보면, 20대 미만 운수사고, 20~30대 고의적자해(자살), 40대 이상에서는 암으로 인한 사망률이 가장 높았다. 사망률이 두 번째로 높게 나타난 사망원인은 20대는 운수사고, 30대는 암, 40대는 간 질환, 50대 이상은 혈관질환이었다. 주요 사망원인(대분류)별 사망률은 표 2-6과 같다.

표 2-5. 연령별 사망원인

	1-9세	10대	20대	30대	40대	50대	60대	70세이상
1위	운수사고	운수사고	고의적 자해	고의적 자해	암	암	암	암
2위	암	고의적 자해	운수사고	암	간질환	뇌혈관 질환	뇌혈관 질환	뇌혈관 질환
3위	익수사고	암	암	운수사고	고의적 자해	간질환	심장질환	심장질환
4위	선천성 기형	익수사고	심장질환	간질환	뇌혈관 질환	고의적 자해	당뇨병	만성하기도 질환
5위	추락사고	심장질환	익수사고	심장질환	운수사고	심장질환	간질환	당뇨병

(통계청, 사망원인통계결과, 2004)

표 2-6. 주요 사망원인(대분류)별 사망률 (단위 : 인구10만명당)

	1994년			2004년		
	계	남	여	계	남	여
특정 감염성 및 기생충성질환	**13.1**	**17.7**	**8.4**	**10.7**	**13.9**	**7.5**
호흡기 결핵	9.0	13.2	4.8	5.7	8.1	3.3
신생물	**113.8**	**145.2**	**82.0**	**135.1**	**171.5**	**98.5**
암(악성 신생물)	112.7	144.0	81.0	133.5	169.9	96.9
내분비, 영양 및 대사질환	**18.3**	**18.6**	**18.0**	**25.6**	**25.2**	**26.0**
당뇨병	17.0	17.6	16.4	24.3	24.1	24.5
순환기계통의 질환	**158.3**	**152.3**	**164.6**	**120.4**	**115.4**	**125.5**
고혈압성 질환	25.8	23.8	27.8	10.4	6.9	13.9
심장질환	43.6	43.7	43.6	36.9	38.8	35.1
허혈성심장질환	12.6	15.3	9.8	26.3	28.0	24.6
기타심장질환	31.0	28.4	33.8	10.6	10.8	10.4
뇌혈관질환	84.4	80.4	88.5	70.3	66.7	73.9
호흡기계통의 질환	**25.7**	**28.8**	**22.5**	**29.4**	**35.7**	**23.1**
폐렴	4.6	5.1	4.0	7.2	7.9	6.6
만성하기도 질환	15.7	16.7	14.6	17.3	21.5	13.0
소화기계통의 질환	**40.4**	**58.6**	**22.0**	**25.0**	**37.0**	**12.9**
위 및 십이지장궤양	2.3	2.7	1.8	1.0	1.0	0.9
간 질환	29.2	46.7	11.4	19.1	31.0	7.1
사망의 외인(사고사)	**73.6**	**107.9**	**38.8**	**63.0**	**86.8**	**39.1**
운수사고	35.3	52.0	18.3	17.2	25.2	9.1
추락사고	5.1	7.7	2.6	6.9	8.5	5.4
고의적자해(자살)	10.5	14.2	6.7	25.2	34.5	15.8

(통계청, 사망원인통계결과, 2004)

2-4. 우리나라 2005년 국민건강영양조사 결과

보건복지부에서는 2005년도 국민건강영양조사를 실시하여 결과를 발표하였다. 이번 결과의 특징은 30세이상 인구 1/3이 심·뇌혈관질환의 고위험군이며 에너지 섭취는 늘고, 비만, 고혈압, 당뇨병, 고콜레스테롤혈증 유병률은 각각 31.8%, 27.9%, 8.1%, 8.2%로 높아졌다. 1인당 1일 에너지섭취량은 2,019kcal이며, 단백질:지방:당질 구성비율은 15.4:20.3:64.3이며 지방 에너지 기여비율이 20%를 넘어섰다. 30세 이상 인구의 1/3이 심뇌혈관질환(뇌졸중, 심근경색 등) 의 선행 질병위험요인을 1개 이상 지니고 있었다.

2-4-1. 다소비 식품 및 평균 섭취량

가장 많이 섭취된 단일식품은 백미(쌀)로서 1인 1일 평균 205.7g(약 2.3공기)을 섭취하였고 현미 섭취량(4.3g)을 합하면 가공품이 아닌 쌀의 형태로 연간 1인당 약 77kg이 소비되었다. 2001년에 비해 백미는 10.2g 감소되고 현미는 3.3g 증가되어 혼합잡곡(0.7g → 4.6g)이나 대두(2.7g → 4.9g) 섭취량의 증가와 함께 잡곡밥이 보편화되고 있다. 또한 1일 평균 섭취량이 많은식품은 배추김치 90.3g, 우유 66.5g, 맥주 42.3g, 소주 28.9g 등이었으며, 20～29세 성인의 경우에는 맥주가 섭취량 2위를 차지하였다(표 2-7).

물로 마신 양은 국민 전체 1인 하루 평균 966㎖로 하루 약 5컵 정도이며, 30～49세의 남자는 평균 1,154㎖를 마시며 가장 높았다. 알코올 섭취량은 1세 이상 국민 전체 1인 1일 평균 소주 약 1잔이며, 30～49세 남자는 1인 1일 평균 소주 2.5잔이다.

표 2-7. 연령층별 다소비 식품 및 평균 섭취량(1인 1일, 2005)

순위	전국			20-29세			50-64세		
	식품명	평균	섭취 비율(%)	식품명	평균	섭취 비율(%)	식품명	평균	섭취 비율(%)
1	백미	205.7	15.9	백미	190.9	13.1	백미	238.4	18.6
2	김치, 배추김치	90.3	7.0	맥주	102.6	7.0	김치,배추김치	103.4	8.1
3	우유	66.5	5.1	김치,배추김치	92.4	6.3	소주	37.4	2.9
4	맥주	42.3	3.3	우유	58.0	4.0	우유	36.5	2.9
5	소주	28.9	2.2	소주	40.6	2.8	맥주	32.9	2.6
6	돼지고기	25.9	2.0	돼지고기	36.8	2.5	두부	28.2	2.2
7	달걀	25.3	2.0	달걀	34.3	2.3	무	24.8	1.9
8	두부	24.5	1.9	**콜라**	34.1	2.3	막걸리	20.0	1.6
9	양파	20.6	1.6	양파	27.6	1.9	우족국물	17.0	1.3
10	무	20.3	1.6	두부	26.9	1.8	콩나물	16.8	1.3
11	콩나물	16.4	1.3	닭고기	26.1	1.8	달걀	16.0	1.3
12	쇠고기,수입우	16.1	1.2	라면	26.0	1.8	양파	15.8	1.2
13	라면	15.8	1.2	무	21.1	1.4	쇠고기,수입우	15.2	1.2
14	닭고기	15.2	1.2	쇠고기,수입우	19.1	1.3	돼지고기	15.0	1.2
15	오렌지	15.0	1.2	오렌지,쥬스	18.9	1.3	오렌지	14.8	1.2
16	콜라	14.6	1.1	사이다	18.6	1.3	파	14.4	1.1
17	감자	13.9	1.1	국수(생면/삶은것)	17.4	1.2	된장	14.2	1.1
18	우족국물	13.7	1.1	오렌지	17.2	1.2	토마토	13.8	1.1
19	사과	13.5	1.0	콩나물	17.0	1.2	사과	13.6	1.1
20	토마토	13.0	1.0	파	15.0	1.0	김치,나박김치	12.4	1.0
21	파	12.9	1.0	감자	14.8	1.0	시금치	12.1	0.9
22	국수(생면/삶은것)	11.8	0.9	어묵	14.4	1.0	배추	10.3	0.8
23	오렌지,쥬스	11.8	0.9	토마토	13.6	0.9	감자	10.1	0.8
24	돼지고기,삼겹살	11.3	0.9	돼지고기,삼겹살	12.5	0.9	국수(생면/삶은것)	10.0	0.8
25	시금치	11.0	0.9	과일탄산음료	12.3	0.8	돌미나리	9.6	0.8
26	요구르트(액상)	10.7	0.8	애호박	12.3	0.8	오이	9.5	0.7
27	사이다	10.6	0.8	오이	11.7	0.8	김치,깍두기	9.5	0.7
28	오이	10.2	0.8	김치,깍두기	10.5	0.7	식혜	9.4	0.7
29	막걸리	9.8	0.8	사과	10.5	0.7	국수(마른것)	9.4	0.7
30	애호박	9.7	0.7	요구르트(액상)	10.4	0.7	돼지고기,삼겹살	9.3	0.7

자료 출처: 2005년도 국민건강영양조사 결과, 보건복지부(2006)

2-4-2. 영양소 섭취

우리나라 평균 1일 에너지섭취량은 2,019.2kcal, 단백질 75.8g, 지방 46.2g, 당질 306.5g(표 2-8)으로 조사되었으며, 3대 영양소의 구성은 단백질:지방:당질이 15.4:20.3:64.3으로 나타나, 처음으로 지방 에너지 비율이 20%를 초과, 증가 하였다(그림 2-2).

나트륨 섭취량은 1인 1일 평균 5,280.2㎎으로 소금 상당량 13.2g이며 1998년의 4035.9㎎ 및 2001년의 4903.4㎎에 비해 계속 증가되고 있는 것으로 나타났다.

표 2-8. 1인 1일 평균 영양소 섭취량

영양소	전국	20-29세	50-64세
	평균	평균	평균
에너지, kcal	2,019.2	2,194.6	1,975.8
단백질, g	75.8	83.9	73.9
동물성단백질, g	36.7	43.6	30.9
지방	46.2	56.5	35.3
동물성지방	20.7	24.1	14.9
당질	306.5	310.9	319.7
섬유소	7.1	7.1	8.4
회분	21.1	22.8	22.2
칼슘	553.2	538.5	578.1
인	1,242.4	1,306.8	1,256.9
철	13.6	14.2	14.9
나트륨	5,280.2	5,666.1	5,670.4
칼륨	2,795.0	2,959.0	2,928.9
비타민A	782.9	827.4	838.3
티아민	1.30	1.48	1.17
리보플라빈	1.20	1.33	1.10
나이아신	17.1	19.4	17.0
비타민C	98.2	102.3	100.9
동물성단백질비(%)	43.7	47.7	36.7
지방급원에너지비(%)	20.3	23.0	16.0

[1] 동물성단백질비(%) = 동물성단백질/총단백질×100

[2] 지방급원에너지비(%) = [지방 에너지/(단백질+지방+당질) 에너지]×100

자료 출처: 2005년도 국민건강영양조사 결과, 보건복지부(2006)

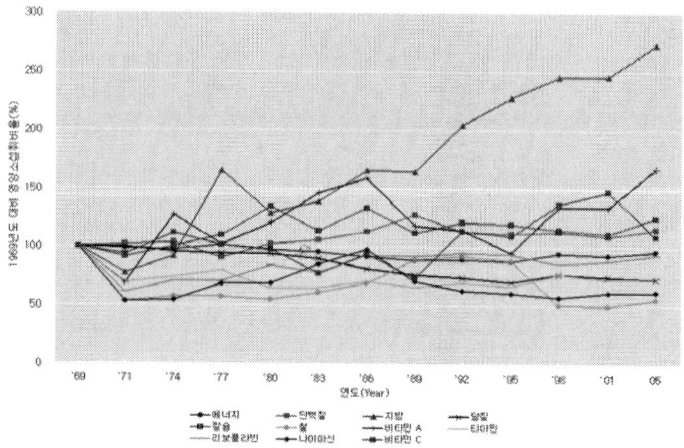

자료 출처: 2005년도 국민건강영양조사 결과, 보건복지부(2006)

그림 2-2. 영양소별 섭취량의 변화 추이

2-4-3. 권장섭취 비율

평균 영양소 섭취량을 2005년 11월에 개정된 한국인 영양섭취기준(2005년, 한국영양학회)과 비교한 결과, 대부분은 영양소의 권장 섭취수준과 유사하였으나, 칼슘 섭취량은 권장섭취량의 76.3%로 매우 낮았다(표 2-9).

표 2-9. 영양소별 권장섭취 기준에 대한 섭취비율의 변화 추이

(단위 : %)

영양소 \ 연도(년)*	'81	'83	'85	'87	'89	'91	'93	'95	'98	'01	'05
에너지	92.4	90.4	91.1	87.7	87.5	93.1	90.0	88.6	94.5	94.8	98.5
단백질	100.9	96.9	110.4	107.7	118.2	118.1	117.9	116.7	117.8	127.0	169.1
칼슘	76.6	69.4	93.0	78.1	76.2	82.3	84.0	75.4	72.8	71.0	76.3
철	114.5	109.4	112.0	167.7	156.7	177.3	176.0	159.5	91.9	95.2	126.4
비타민 A	95.9	108.7	81.2	53.6	77.2	84.3	67.7	67.2	95.6	95.4	122.1
티아민	202.3	128.1	122.9	95.2	99.3	120.7	140.1	108.8	126.3	119.8	122.3
리보플라빈	102.5	82.0	93.8	87.3	85.0	98.4	97.3	96.0	86.2	91.0	95.8
나이아신	137.7	161.1	182.1	127.8	133.5	126.7	120.6	119.8	110.8	119.4	121.6
비타민 C	137.4	141.0	125.0	98.8	119.7	175.8	175.6	185.4	234.0	197.1	106.6

* 연도에 따라 권장량의 차이가 있음.
자료 출처: 2005년도 국민건강영양조사 결과, 보건복지부(2006)

2-4-4. 비만 유병률

비만 유병률(20세이상)은 전체 31.8%, 남자 35.2%, 여자 28.3%였으며 연도별로 증가하고 있으며 특히, 남자 비만인의 증가는 복부비만형(내장형) 비만의 증가로 연결되어 각종 대사성질환의 위험성에 노출되고 있다(그림 2-3).

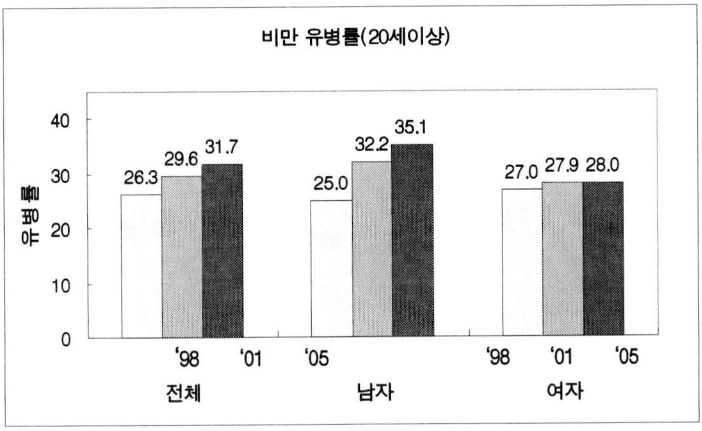

* 비만기준–저체중 : BMI(kg/m^2)<18.5,
정상 : 18.5≤BMI(kg/m^2)<25, 비만 : 25≤BMI(kg/m^2)
자료 출처: 2005년도 국민건강영양조사 결과, 보건복지부(2006)

그림 2-3. 연도에 따른 비만 유병률

2-4-5. 고혈압 유병률

고혈압 유병률(30세이상)은 전체 27.9%, 남자 30.2%, 여자 25.6%로 남자가 높았으며, 남자는 60대까지 증가하다가 70대에 감소하였고, 여자는 연령이 증가할수록 증가하였다(그림 2-4).

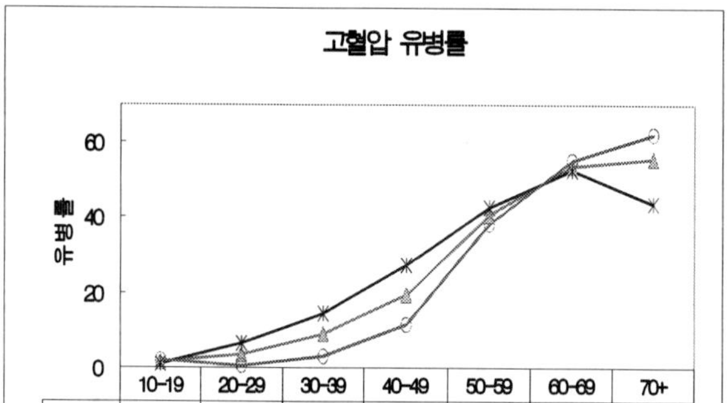

	10-19	20-29	30-39	40-49	50-59	60-69	70+
전체	1.5	3.7	8.8	19.4	40.6	53.8	55.4
남자	1.2	6.5	14.2	27.1	42.9	52.5	43.6
여자	1.8	0.7	3.1	11.5	38.2	54.9	62.3

* 진단기준 : 현재 혈압강하제를 복용(항상 정기적으로 복용하거나 때때로 혹은 필요할 때만 복용한다고 응답한 대상자)하고 있거나, 최종혈압이 JNC-VII에 부합되는 경우

구분	SBP (mmHg)		DBP (mmHg)
정상	120 미만	and	80 미만
고혈압전단계	120 - 139	and	80 - 89
고혈압	140 이상	or	90 이상

자료 출처: 2005년도 국민건강영양조사 결과, 보건복지부(2006)

그림 2-4. 고혈압 유병률

2-4-6. 고지혈증

1) 고콜레스테롤혈증 유병률

고콜레스테롤혈증 유병률(30세이상)은 전체 8.2%, 남자 7.5%, 여자 8.8%였고, 저 HDL콜레스테롤혈증 유병률은 전체 36.7%, 남자 47.9%, 여자 26.0%로 남자가 더 높았다(그림 2-5, 2-6).

또한 고중성지방혈증 유병률(30세이상)은 전체 17.0%, 남자 23.7%, 여자 10.7%로 남자가 높았으며, 남자는 40대와 50대의 유병률이 높았고, 여자는 50대와 60대의 유병률이 높았다(그림 2-7).

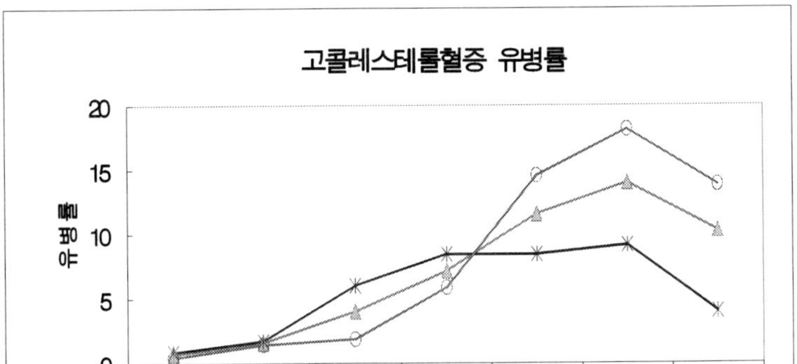

	10–19	20–29	30–39	40–49	50–59	60–69	70+
전체	0.7	1.6	4.0	7.2	11.6	14.0	10.3
남자	0.9	1.7	6.0	8.5	8.5	9.1	4.0
여자	0.4	1.4	1.8	5.8	14.6	18.2	13.9

자료 출처: 2005년도 국민건강영양조사 결과, 보건복지부(2006)

그림 2-5. 고콜레스테롤혈증 유병률

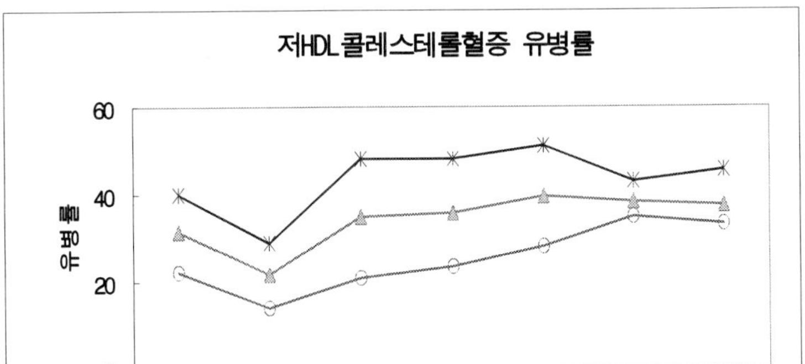

	10–19	20–29	30–39	40–49	50–59	60–69	70+
전체	31.6	21.7	34.9	35.9	39.5	38.5	37.5
남자	39.8	29.0	48.2	48.1	51.2	43.0	45.4
여자	22.1	14.1	20.7	23.3	27.9	34.8	33.0

* 진단기준 : 혈중 콜레스테롤을 낮추기 위해 현재약을 복용하는 대상자 또는 총콜레스테롤≥240mg/dl인 경우임(NCEP-ATP III 사용)

자료 출처: 2005년도 국민건강영양조사 결과, 보건복지부(2006)

그림 2-6. 저 HDL콜레스테롤혈증 유병률

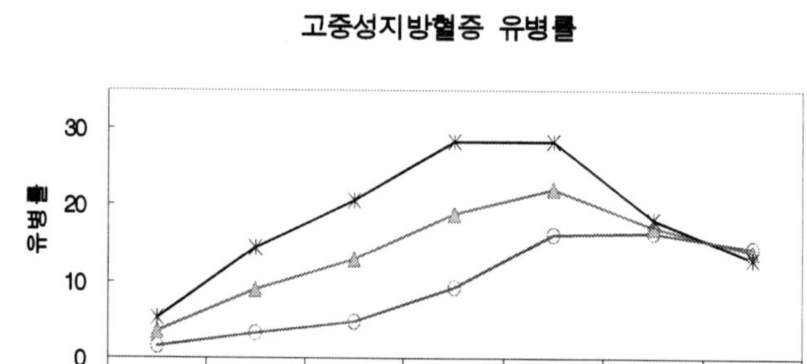

	10-19	20-29	30-39	40-49	50-59	60-69	70+
전체	3.5	9.0	13.0	18.9	22.2	17.1	13.9
남자	5.2	14.5	20.7	28.4	28.4	18.1	13.0
여자	1.5	3.2	4.8	9.2	16.2	16.3	14.5

* 진단기준 : 중성지방≥200mg/dl인 경우임(NCEP-ATP III 사용)
자료 출처: 2005년도 국민건강영양조사 결과, 보건복지부(2006)

그림 2-7. 고중성지방혈증 유병률

2-4-7. 당뇨병

당뇨병 유병률(30세이상)은 전체 8.1%, 남자 9.0%, 여자 7.2%였으며 남자는 50대까지 유병률이 증가한 이후 감소하는 추세인 반면, 여자는 연령이 증가할수록 증가하는 추세이었다(그림 2-8).

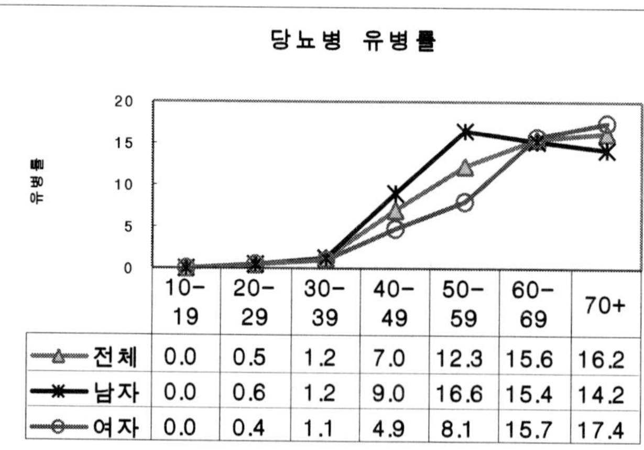

	10-19	20-29	30-39	40-49	50-59	60-69	70+
전체	0.0	0.5	1.2	7.0	12.3	15.6	16.2
남자	0.0	0.6	1.2	9.0	16.6	15.4	14.2
여자	0.0	0.4	1.1	4.9	8.1	15.7	17.4

* 진단기준 : 현재 혈당강하제를 복용하거나 인슐린 주사를 투여하고 있거나, 공복시 혈당이 WHO의 당뇨병 진단기준에 부합되는 경우임

구분	공복시 혈당
정상	110mg/dl 미만
IFG(공복혈당장애)	110 - 125mg/dl
당뇨병	126 mg/dl이상

자료 출처: 2005년도 국민건강영양조사 결과, 보건복지부(2006)

그림 2-8. 당뇨병 유병률

2-4-8. 대사증후군 유병률

대사증후군 유병률(30세이상)은 전체 32.3%, 남자 32.9%, 여자 31.8%였으며, 남자는 50대까지 증가하다가 감소 추세인 반면, 여자는 연령이 증가할수록 증가하는 추세이다(그림 2-9).

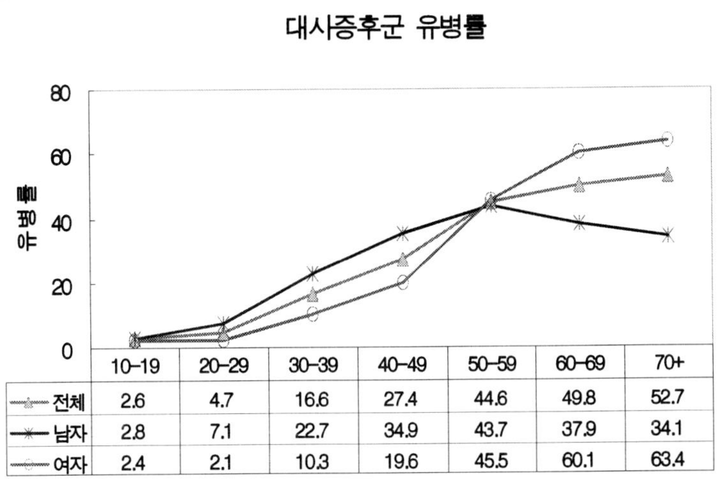

	10-19	20-29	30-39	40-49	50-59	60-69	70+
전체	2.6	4.7	16.6	27.4	44.6	49.8	52.7
남자	2.8	7.1	22.7	34.9	43.7	37.9	34.1
여자	2.4	2.1	10.3	19.6	45.5	60.1	63.4

* 진단기준(Modified NCEP-ATPIII, 2005) : 다음중 세개이상 가지고 있는 경우임

1. 공복시 혈당이 100mg/dl이상이거나 현재 혈당강하제나 인슐린 주사를 사용하는 경우
2. 복부 비만 ; 허리둘레≥90cm(남자), ≥80cm(여자)
3. 고중성지방 ; 중성지방≥150mg/dl
4. 저HDL cholesterol ; HDL<40mg/dl(남자), <50mg/dl(여자)
5. 혈압이 높거나 또는 현재 혈압약 복용 ; 수축기혈압이 130mmHg 이상이거나 이완기혈압이 85mmHg이상인 경우 또는 혈압약 복용

자료 출처: 2005년도 국민건강영양조사 결과, 보건복지부(2006)

그림 2-9. 대사증후군 유병률

2-4-9. 빈혈 유병률

빈혈 유병률(10세이상)은 전체 5.9%, 남자 2.2%, 여자 9.5%로 여자가 높았다. 남자는 연령이 증가할수록 유병률이 증가하여 70대가 가장 높았고, 여자는 30대, 40대, 70대가 높았으며, 1998년, 2001년에 비하여 감소하는 추세이다(그림 2-10).

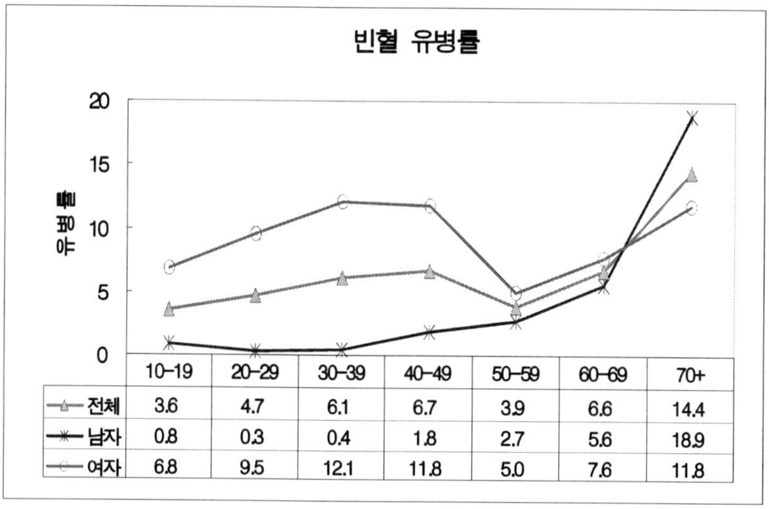

	10-19	20-29	30-39	40-49	50-59	60-69	70+
전체	3.6	4.7	6.1	6.7	3.9	6.6	14.4
남자	0.8	0.3	0.4	1.8	2.7	5.6	18.9
여자	6.8	9.5	12.1	11.8	5.0	7.6	11.8

* 진단기준 : WHO/UNICEF/UNU 기준 적용
(혈색소와 헤마토크리트 기준 모두에 해당시 진단)

구분		혈색소(g/l)	헤마토크리트(l/l)
10-11세		115 미만	0.34 미만
12-14세		120 미만	0.36 미만
15세이상	비임신 여성	120 미만	0.36 미만
	임신 여성	110 미만	0.33 미만
	남성	130 미만	0.39 미만

자료 출처: 2005년도 국민건강영양조사 결과, 보건복지부(2006)

그림 2-10. 빈혈 유병률

2-4-10. 음주율

2005년 조사 시, 지난 1달간 1잔 이상 음주자 비율은 59.2% (남자 76.4%, 여자 41.1%)이었다. 고위험음주(한 번에 소주 7잔 이상(즉 알코올 60g정도 이상) 음주자리가 일주일에 한 번이상인 경우)의 비율은 남성의 경우 40.4%이며, 여성의 고위험 음주(소주 5잔 이상-알코올 40g정도)는 8.2%로 나타났으며, 연령별로는 20대부터 40대까지 높다가 50대부터 점차 감소하는 경향을 보였다(그림 2-11).

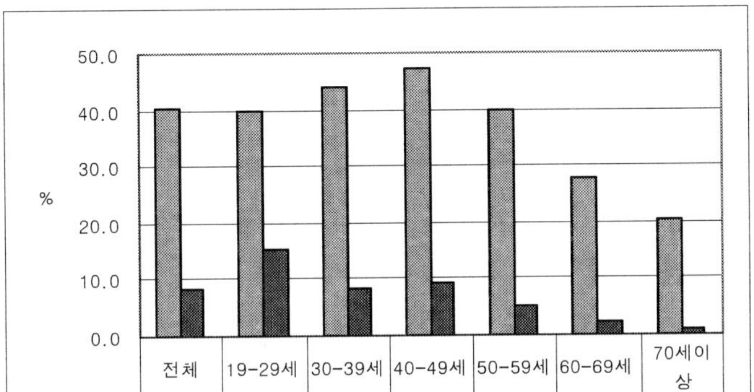

	전체	19-29세	30-39세	40-49세	50-59세	60-69세	70세이상
남자	40.4	39.9	44.1	47.4	39.7	27.6	20.5
여자	8.2	15.5	8.2	9.1	5.1	2.2	1.0

주: 1) 남성 고위험 음주: 한번의 술좌석에서 소주 7잔(60g)이상 마시는 횟수가 1주일에 한 번 이상인 사람
2) 여성 고위험 음주: 한번의 술좌석에서 소주 5잔(40g)이상 마시는 횟수가 1주일에 한 번 이상인 사람
3) 분모는 성별 각각 전체인구
자료 출처: 2005년도 국민건강영양조사 결과, 보건복지부(2006)

그림 2-11. 성별 고위험음주 비교(2005)

2-4-11. 신체활동 및 운동

1회 20분이상 주 3회 이상의 고강도운동 혹은 격렬한 신체활동 비율은 2001년에 비해 20대부터 50대까지는 증가한 반면에 60세 이상은 감소하였고, 전체적으로는 조금 증가하였다(그림 2-12).

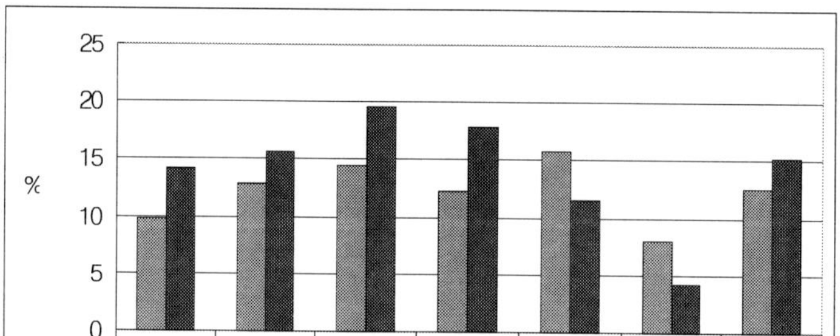

	20-29세	30-39세	40-49세	50-59세	60-69세	70세이상	전체
2001	9.73	12.81	14.43	12.27	15.81	8.03	12.56
2005	14.16	15.58	19.57	17.8	11.54	4.22	15.24

주: 1) 2001년: 규칙적 고강도운동을 1회 20분 이상 주 3회 이상 실천하는 사람의 비율
2) 2005년: 1회 20분 이상 고강도 운동을 주 3회 이상 실천하는 사람의 비율
3) 20~29세 연령층은 만 19~29세임.
자료 출처: 2005년도 국민건강영양조사 결과, 보건복지부(2006)

그림 2-12. 고강도 운동 실천인구 비율의 변화(2001, 2005)

그리고 중등도 운동(또는 신체활동) 비율은 2005년도 국제기준(WHO)은 1회 30분 이상 주5회 이상인데, 과거에 비해 중등도 운동 혹은 신체활동 실천율은 20대부터 50대까지 상승하였다. 반면에 고강도 운동 혹은 격렬한 신체활동 실천율과 마찬가지로 60대 이상의 중등도 운동 혹은 신체활동 실천율은 2001년에 비해 감소하였다(그림 2-13).

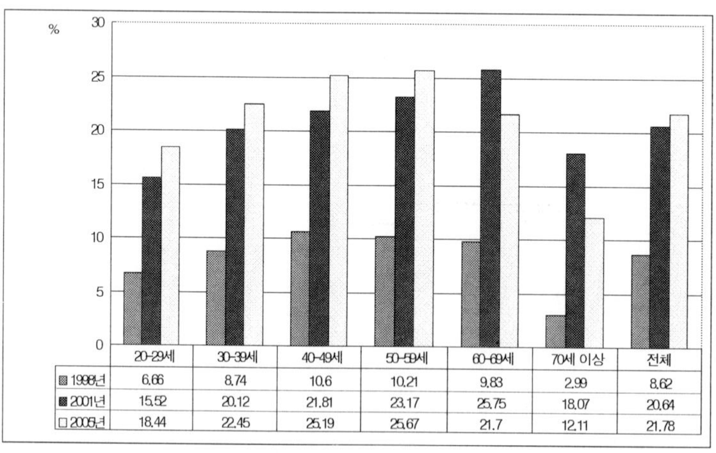

	20-29세	30-39세	40-49세	50-59세	60-69세	70세 이상	전체
1998년	6.66	8.74	10.6	10.21	9.83	2.99	8.62
2001년	15.52	20.12	21.81	23.17	25.75	18.07	20.64
2005년	18.44	22.45	25.19	25.67	21.7	12.11	21.78

주: 1) 1998년: 1회 20분 이상, 주 3회 이상 운동을 규칙적으로 운동실천하는 사람의 비율
2) 2001년: 1회당 20분 이상 지속되는 규칙적 중등도 운동을 주 3회 이상 실천하는 사람의 비율
3) 2005년: 중등도 운동을 1회 30분 이상 주 5일 이상 실천하는 사람의 비율
4) 20~29세 연령층은 만 19~29세임
자료 출처: 2005년도 국민건강영양조사 결과, 보건복지부(2006)

그림 2-13. 중등도 운동 실천인구 비율의 변화

제3장

영양소의 이해

3-1. 영양소의 종류

영양소(nutrients)는 각 식품의 구성성분으로서, 생명현상과 건강을 유지하기 위해서는 필수 영양소의 적절한 양이 신체에 공급되어야 한다(표 3-1). 식품을 구성하고 있는 영양소들은 그 성질과 기능에 따라 물(water), 당질(carbohydrates), 지질(lipid, fats and oil), 단백질(proteins), 무기질(minerals) 및 비타민(vitamins)으로 분류한다.

표 3-1. 필수영양소의 분류

당질	무기질	비타민
Glucose	Calcium	Fat-soluble
지질	Phosphorus	A(retinol)
Linoleic acid	Sodium	D(cholecalciferol)
단백질	Potassium	E(tocopherol)
Amino acids	Sulfur	K
Leucine	Chlorine	Water-soluble
Isoleucine	Magnesium	Thiamin
Methionine	Selenium	Niacin
Phenylalnine	Zinc	Biotin
Threonine	Manganese	Folacin
Tryptophan	Copper	Vitamin B_6
Valine	Cobalt	Vitamin B_{12}
Histidine	Molybdenum	Pantothenic acid
Nonessential nitrogen	Iodine	Vitamin C
	Chromium	수분
	Vanadium	
	Tin	
	Nickel	
	Silicon	

이들 영양소 중에서 물은 가장 큰 비중을 차지하며, 당질, 지질, 단백질은 식품 내에 다량 함유되어 있어 이들 영양소가 차지하는 비율은 매우 크며 이를 3대 영양소라고도 한다. 무기질이나 비타민은 체내 필요량은 적으나 미량인 영양소일수록 식사에서 부족하게 될 때 결핍증이 쉽게 나타난다. 각 영양소의 신체 내 기능은 각각 다르며 독특한 고유의 역할이 다르므로 매끼의 식사에서 빠져서는 안 된다. 그러나 식품은 한 가지 영양소로 구성되어 있는 것도 아니며, 그렇다고 모든 영양소가 골고루 필요량이 함유되어 있는 것도 아니므로 완전식품이나 건강식품이 있는 것도 아니다. 편의상 식품 내에 대표할 만큼 다량포함된 영양소에 따라 당질, 지방질 또는 단백질 식품이라고 분류한다. 그러나 모든 식품이 명확하게 구별되는 것은 아니다.

1) 물

물은 신체 중에서 가장 많은 부분을 차지하는데 성인은 체구성 성분의 약 60~70%가 물이다. 각 조직마다 물을 함유하는 정도가 다른데 근육은 72%, 뼈는 25%, 치아는 10%, 지방세포는 20~35%정도의 물을 함유하고 있다. 물은 대부분의 식품에 함유되어 있으며, 과일과 채소에는 70~90%, 육류에도 60~80%가 들어 있으며, 마시는 액체로도 물을 공급받는다.

2) 당질

당질은 광합성에 의해 생성되며(그림 3-1), 소화흡수가 용이한 중요한 열량원으로서 우리나라의 경우 총 열량 섭취량의 50~80%를 차지하는 영양소이다. 당질 식품으로는 곡류, 감자류, 당류 등을 들 수 있다. 곡류에는 쌀, 보리, 밀 등이 있고, 당류에는 설탕, 꿀, 잼 등이 있다. 이런 당질 식품에는 물론 다른 영양소도 함유되어 있으나, 녹말가루, 설탕 등의 식품은 순수한 당질로만 구성되어 있다. 감자, 고구마, 옥수수, 사탕무는 당질이 많은 채소류이다. 당질은 소화되어 단당류인 포도당, 과당, 갈락토즈 등으로 소장에서 흡수되어 간문맥을 통해 간으로 운반되어 적절하게 이용된다. 또한 당질에 속하는 섬유소는 열량은 없으나 섬유소의 기능이 중요하게 대두되고 있다. 알코올도 당질에 속하는데, 당질은 1g당 4kcal 열량을 내며, 알코올은 1g당 7kcal의 열량을 내나 대사속도가 낮다.

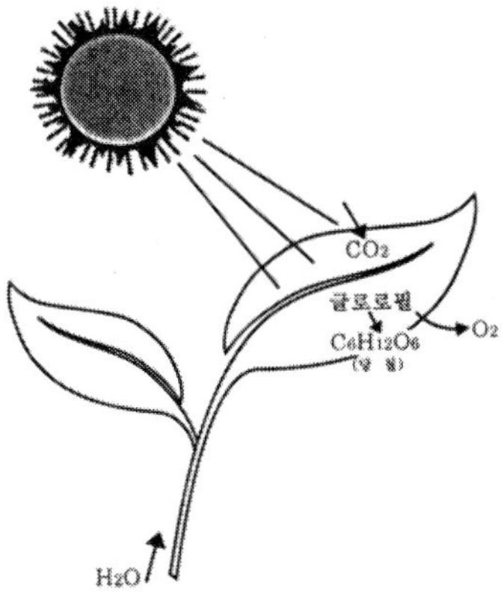

그림 3-1. 광합성 작용에 의한 당질 생성

3) 지질

지질은 가장 농축된 열량원으로 필수지방산과 지용성 비타민의 이용을 도우며, 향미성분을 녹여 식욕을 증진시키고 소화되는 속도가 늦어 만복감을 주는 매우 중요한 영양소이다. 지방질은 1g당 9kcal의 열량을 낸다. 버터, 식용유, 라아드, 육류의 지방은 가시지방이고 깨, 호두, 잣, 배아 등에는 눈에 보이지 않는 지방질이 다량 함유되어 있다.

4) 단백질

육류, 생선, 가금류, 알 등의 동물성 식품과 식물성 식품인 콩류 및 그 제품을 단백질 식품이라고 한다. 우유류 및 그 제품은 단백질 식품으로 취급된다. 신체 내 단백질의 분포는 조직에 따라 차이가 있다. 단백질은 1g당 4kcal의 열량을 낸다.

5) 무기질

식품을 태우면 유기물은 모두 타고 재가 남게 되는데, 이를 회분이라고도 한다. 회분 속에는 여러 종류의 무기질이 함유되어 있는데 다량 무기질로 칼슘, 인, 황 등이 있고 미량 무기질로 철분, 요오드, 아연 등이 있다. 이들 무기질은 신체의 구성 성분이 되며, 여러 가지 대사의 조절작용을 한다. 무기질은 신체 구성성분이며, 칼슘 부족은 뼈의 구성에 영향을 주어 골다공증, 골연화증 등이 발생한다. 무기질은 유기물이 아니므로 에너지를 생산하는 열량원은 아니지만 에너지를 내는데 꼭 필요한 효소의 구성성분이 되거나 물질 조절작용을 하거나 신체의 구성성분이 된다. 무기질 식품으로는 야채와 과일, 우유류, 뼈째 먹는 생선 등을 들 수 있다. 그림 3-2에서 보면 신체내에서 영양소의 이화작용과 동화작용에서 무기질이 절대적으로 필요하다.

6) 비타민

비타민은 미량이지만 꼭 필요한 유기물질로 신체 내에서 대사의 조절작용을 한다. 기름에 녹는 지용성 비타민과 물에 녹는 수용성 비타민으로 구분하는데 부족할 경우 결핍증이 쉽게 나타난다. 예를 들어 비타민 A가 부족하면 야맹증이나 피부의 각질화가 일어나고, 비타민 B_1이 부족하면 각기병이나 피로감, 식욕부진이 나타나고, 비타민 C가 부족하면 괴혈병이 나타나게 된다. 그러나 많은 경우 한가지만의 영양소 부족보다는 단백질, 철, 아연, 엽산, 비타민 B_{12} 등의 복합적인 영양소의 부족이 빈혈을 발생시키므로 균형잡힌 식사가 중요하다. 비타민류가 풍부한 식품으로는 간류, 과일, 야채, 곡류의 배아나 우유류 등을 들 수 있다. 그림 3-3에서 보면 비타민은 3대 영양소의 에너지 대사에 필수적으로 관여하고 있다.

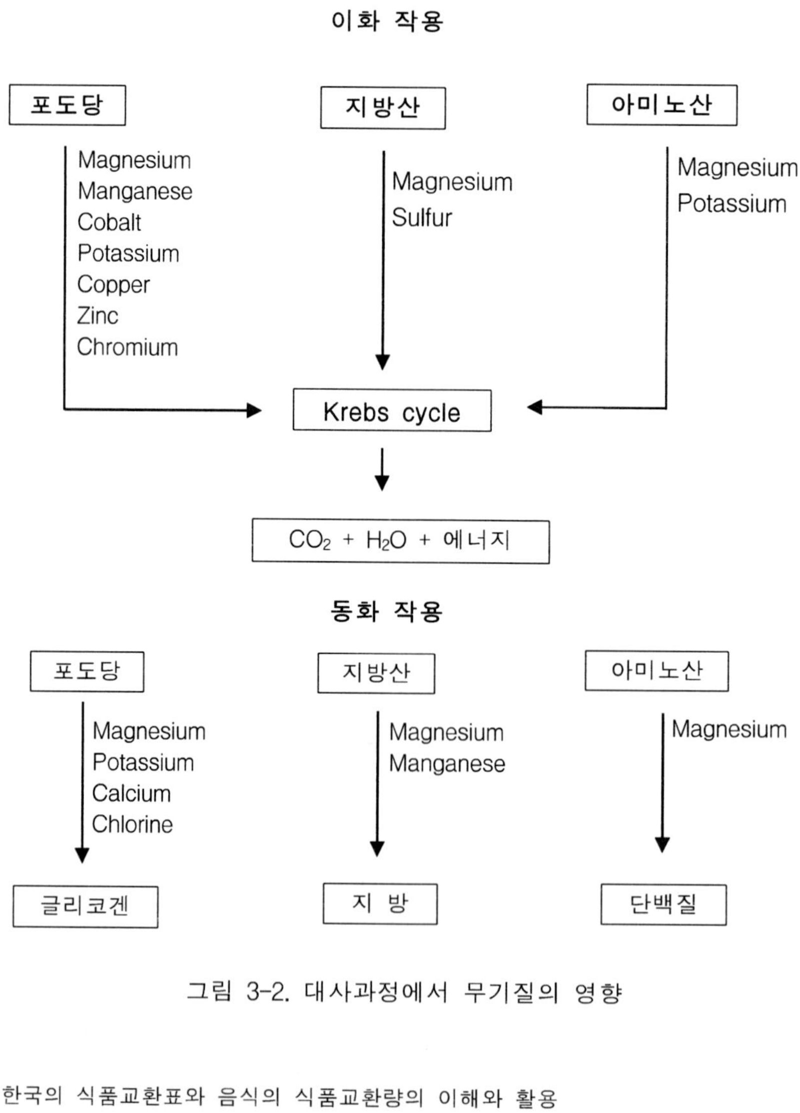

그림 3-2. 대사과정에서 무기질의 영향

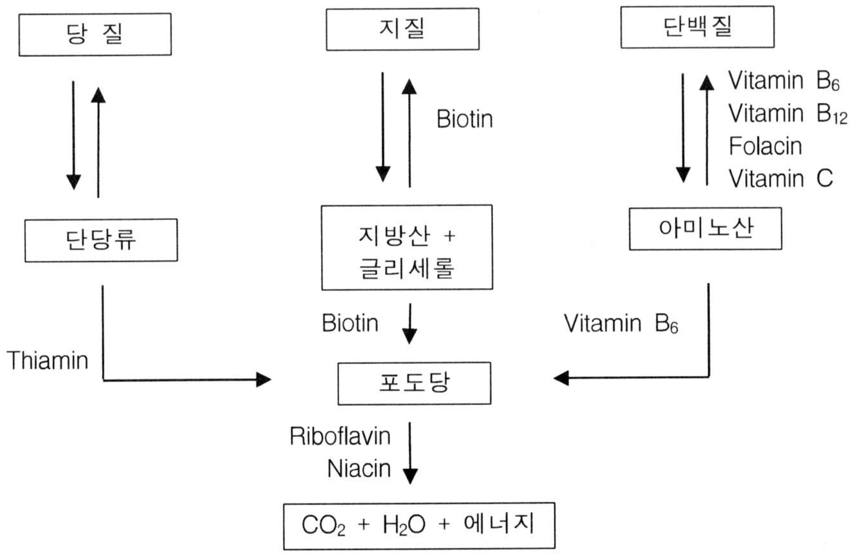

그림 3-3. 에너지 생산에 필수적으로 관여하는 비타민

3-2. 영양소의 기능

영양소는 우리 신체 내에서 여러 가지 기능을 하는데 다음과 같이 크게 3가지로 구분할 수 있다(그림 3-4).

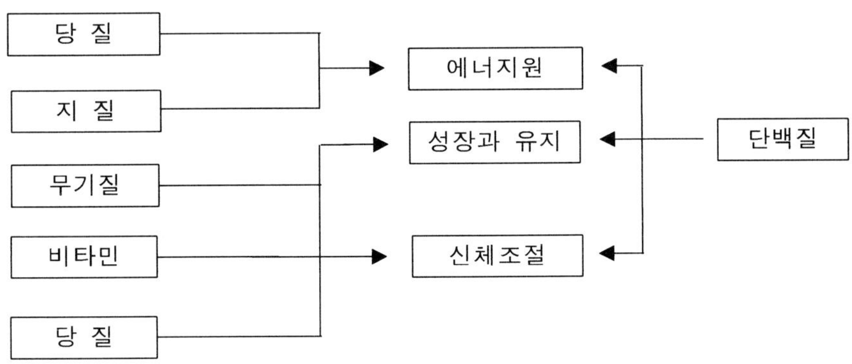

그림 3-4. 영양소의 상호 관계와 기능

1) 신체가 활동할 수 있는 힘과 체온 유지를 위한 열을 공급한다.

에너지의 급원이 되는 직접적인 영양소는 3대 영양소인 당질, 지방질, 단백질로서 이들은 주된 열량원이 되며 무기질과 비타민류는 에너지를 발생하도록 보조요소로 생리작용에 관여하므로 이들 5가지 영양소가 모두 필요하다. 그러므로 이 3대 영양소 없이 비타민과 무기질만으로는 에너지를 낼 수 없다. 따라서 식사를 하지 않고 소위 영양제인 무기질이나 비타민만으로는 건강한 생활을 유지할 수 없다. 그러나 이러한 열량원은 과잉 섭취되면 신체 내에서 지방으로 전환되어 저장된다.

2) 성장을 도모하고 소모된 조직을 보수한다.

영양소는 근육, 골격, 중요기관, 혈관 등 신체조직을 구성하는 요소이며, 조직의 평형과 소모된 조직의 보수 등에 필요하다. 물은 신체 구성요소 중 가장 비중이 큰 영양소이며 성인 체중의 약 ⅔를 차지하고 있고, 각 조직에 따라 수분의 함량은 많은 차이가 있다. 골격과 치아와 같은 조직은 주로 무기질에 의하여 구성되어 있으며 근육, 피부, 연골 등의 조직은 단백질에 의하여 구성되어 있다. 영양소를 각 조직과 골격에 공급하여 주는 혈액은 모든 영양소를 함유하고 있어 필요에 따라 각 기관이나 조직으로 운반하거나 배설시켜 항상 일정한 영양소를 함유하게 된다. 그러므로 혈액내의 각 영양소의 양을 측정함으로서 영양상태를 판정할 수 있다.

3) 신체의 생리작용을 조절한다.

무기질, 비타민류, 물, 그리고 단백질은 신체기능의 조절작용을 한다. 무기질과 비타민류는 신체 내에서 일어나고 있는 복잡한 화학작용에 촉매작용을 하여 생리작용을 원활하게 조절한다. 단백질 또는 아미노산은 효소와 호르몬의 구성물로서 생리작용을 조절하게 되며 물은 체온을 정상적으로 조절한다.

제4장

영양섭취기준(DRIs, Dietary Reference Intakes)

4-1. 영양섭취기준의 소개

4-1-1. 영양섭취기준 제정 배경

영양섭취기준의 설정은 인간의 건강을 최적상태로 유지하는 것에 그 목표를 둔다. 종전에는 영양섭취부족이 주요 관심사였으므로 필수영양소 결핍 예방을 목표로 제정하여 대다수 건강한 사람들의 필요량을 충족시키는 양을 단일 값으로 제시하였다. 그러나 현대 사회에서는 식생활과 질병패턴의 변화로 인해 비만과 만성질환의 위험률이 증가하고 있으며 영양보충제 및 건강보조식품의 사용증가로 영양소의 과다섭취가 건강에 미치는 영향에 대한 우려도 높아지고 있다. 따라서 영양섭취기준은 영양 필요량 충족에만 초점을 맞추기 보다는 만성질환이나 영양소 과다섭취의 예방까지도 함께 고려하여 제정하였다.

미국과 캐나다가 공동작업으로 제안한 영양섭취기준(Dietary Reference Intakes: DRIs)은 현대 사회에서 다양한 형태로 나타나고 있는 영양소 섭취와 건강의 관계를 포괄적으로 포함하는 새로운 개념이며 그 사용이 세계 여러 나라로 확대되는 추세이다.

우리나라에서도 만성질환과 영양소 과다섭취에 대한 우려가 높아진 현실을 감안할 때 식사섭취의 평가나 식사계획에도 다양하게 활용이 가능하며 건강증진을 위한 식사섭취방향을 제시할 수 있는 영양섭취기준이 필요하다는 취지에서 새로운 영양섭취기준을 제정하게 되었다.

4-1-2. 영양섭취기준의 구성

영양섭취기준(Dietary Reference Intakes)은 평균필요량(Estimated Average Requirements: EAR), 권장섭취량(Recommended Intake: RI), 충분섭취량(Adequate Intake: AI), 상한섭취량(Tolerable Upper Intake Level: UL)의 4가지로 구성되어 있다.

1) 평균필요량

평균필요량(EAR)은 대상 집단을 구성하는 건강한 사람들의 절반에 해당하는 사람들의 일일 필요량을 충족시키는 값이다. 대상 집단의 필요량 분포치 중앙값으로부터 산출한 수치이다. 현재 모든 영양소에 대해 이러한 기준을 충족시키는 지표가 개발되어 있지는 않으며, 측정지표의 적절성의 기준이 연령에 따라 다를 수 있다.

2) 권장섭취량

권장섭취량(RI)은 평균필요량에 표준편차의 2배를 더하여 정한다.

권장섭취량(RI) = 평균필요량(EAR) + 표준편차의 2배(2SD)

평균필요량의 표준편차에 대한 충분한 자료가 없는 영양소(티아민, 리보플라빈, 비타민 B_6, 엽산)에 대해서는 변이계수를 10%로 가정하고 권장섭취량을 산출하였다. 그러나 정규분포를 보이지 않는 영양소의 경우에는 통계적인 접근을 달리하여 97~98%에 해당하는 사람의 필요량을 권장섭취량으로 제시하는 것이 가능하다.

4-1-3. 충분섭취량

충분섭취량(AI)은 영양소 필요량에 대한 정확한 자료가 부족하거나 필요량의 중앙값과 표준편차를 구하기 어려워 권장섭취량을 산출할 수 없는 경우에 제시한다. 따라서 각 영양소는 필요량에 대한 충분한 자료가 있으면 평균필요량(EAR)과 권장섭취량(RI)을 가지며 이러한 자료가 충분하지 못할 때에는 충분섭취량(AI)을 갖는다. 그러므로 충분섭취량은 어느 정도로 인구집단의 필요량을 충족하는지 확실치 않다.

4-1-4. 상한섭취량

상한섭취량(UL)은 인체 건강에 유해영향이 나타나지 않는 최대 영양소 섭취수준이다. 과량 섭취 시 건강에 악영향의 위험이 있다는 자료가 있는 경우에 설정이 가능하다. 따라서 유해영향이 확인된 영양소의 경우, 영양소의 과잉 섭취로 인한 위험을 예방하기 위하여 일반적인 집단의 대다수 구성원들에게 건강상 유해영향의 위험을 나타내지 않을 섭취 수준을 상한 섭취량으로 설정한다.

용량-반응 평가 연구로부터 관찰할 수 있는 유해영향이 나타나지 않는 최대 용량인 최대무독성량(No observed adverse effect level: NOAEL)을 도출하거나 이에 대한 자료가 없는 경우에는 관찰할 수 있는 유해영향이 나타나는 최저용량인 최저독성량(Lowest observed adverse effect level: LOAEL)에 개인의 감수성 차이 등에서 유래되는 불확실성을 고려한 불확실계수(Uncertainty factor: UF)를 감안하여 상한섭취량을 책정한다.

상한섭취량 = 최저독성량/불확실계수

그림 4-1은 이러한 4가지 영양섭취기준을 나타낸 것이다. 새로운 개념의 영양섭취기준은 한 영양소에 대하여 2~3가지 수치가 있으며 식생활의 내용을 보다 정밀하게 평가하고 식사에 적용할 수 있도록 제정되었으므로 내용을 충분히 이해하며 올바로 사용하는 것이 중요하다.

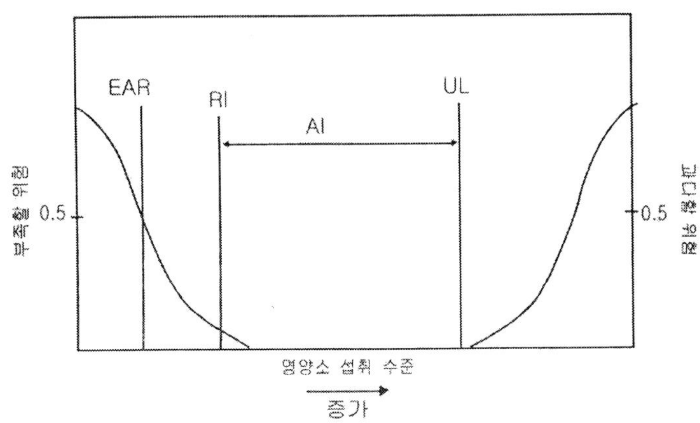

그림 4-1. 영양섭취기준(Dietary Reference Intakes)

4-2. 영양섭취기준 설정시 주요 고려사항

4-2-1. 한국인의 체위기준표

한국인의 영양섭취기준 설정을 위한 체위 기준치는 표4-1과 같다.

표 4-1. 한국인 영양섭취기준 설정을 위한 체위 기준치

연령		신장(cm)	체중(kg)
영아	0~5(개월)	61.9	6.5
	6~11	72.3	9.1
유아	1~2(세)	85.9	12.2
	3~5	102	16.3
남자	6~8(세)	122	23.8
	9~11	138	34.5
	12~14	159	49.6
	15~19	172	63.8
	20~29	173	65.8
	30~49	170	63.6
	50~64	166	60.6
	65~74	164	59.2
	75이상	164	59.2
여자	6~8(세)	120	22.9
	9~11	138	32.6
	12~14	155	46.5
	15~19	160	53.0
	20~29	160	56.3
	30~49	157	54.2
	50~64	154	52.2
	65~74	151	50.2
	75이상	151	50.2

4-4-2. 한국인 영양섭취기준 설정 현황

표 4-2는 새로운 영양섭취기준을 영양소별로 정리 요약한 것이다.

표 4-2. 영양소별 한국인 영양섭취기준 설정 현황

영양소		영양섭취기준			
		평균필요량	권장섭취량	충분섭취량	상한섭취량
다량영양소	에너지	○			
	탄수화물			○	
	지방			○	
	n-6 불포화지방산			○	
	n-3 불포화지방산			○	
	단백질	○	○		
	아미노산(9종)	○	○		
	식이섬유			○	
	수분			○	
지용성비타민	비타민 A	○	○		○
	비타민 D			○	○
	비타민 E			○	○
	비타민 K			○	
수용성 비타민	비타민 C	○	○		○
	티아민	○	○		
	리보플라빈	○	○		
	니아신	○	○		○
	비타민 B_6	○	○		○
	엽산	○	○		○
	비타민 B_{12}	○	○		
	판토텐산			○	
	비오틴			○	
다량 무기질	칼슘	○	○		○
	인	○	○		○
	나트륨			○	*
	염소			○	
	칼륨			○	
	마그네슘	○	○		○
미량 무기질	철	○	○		○
	아연	○	○		○
	구리	○	○		○
	불소			○	○
	망간			○	○
	요오드	○	○		○
	셀레늄	○	○		○
	몰리브덴				○

* 목표량

4-2-3. 영양섭취기준 사용시의 유의점

1) 영양소의 우선순위

영양섭취기준은 에너지와 영양소 섭취량에 대한 기준을 나타내기 위한 것이지만 활용시에 언제나 모든 영양소를 모두 고려하여야 하는 것은 아니다.

평균필요량, 권장섭취량, 충분섭취량에 대해서는 생명·건강의 유지와 건전한 성장에 불가피한 영양소를 우선적으로 배려하여야 하며, 만성질환 예방 차원에서 영양섭취기준이 책정된 영양소는 대상자 개인에 대해 별도로 고려해야 할 필요가 있는 경우에 적절한 섭취가 되도록 배려하여야 한다.

2) 상한섭취량

상한섭취량의 경우 이론적으로 신뢰성이 충분한 외삽 방법이 존재하지 않는다. 따라서 과학적 근거가 충분히 존재하지 않는 연령계급(예: 영아)에 대해서는 상한섭취량을 산정하지 않은 영양소가 많다. 그러나 이런 영양소들을 다량으로 섭취하여도 건강장해가 생기지 않는다는 것은 아니다. 기본적으로는 임신, 수유부는 해당연령의 비임신부, 비수유부에 관한 상한 섭취량을 참고하되, 임신부의 경우 태아에 미칠 영향, 수유부의 경우 모유에 미칠 영향을 고려해야 한다.

4-3. 에너지 및 다량 영양소의 영양섭취기준

4-3-1. 에너지

에너지 영양섭취기준은 모든 연령층에 평균필요량에 해당하는 에너지필요추정량(EER: Estimated Energy Requirements)을 제시하였다. 필요량을 초과하여 섭취하는 여분의 에너지는 체지방으로 축적되어 비만을 초래하고 비만을 각종 질병의 직접 또는 간접원인이 되기 때문에 에너지는 권장섭취량을 정하지 않았으며 상한섭취량도 설정하지 않았다.

에너지필요추정량은 성인의 경우 에너지 소비량(Total Energy Expenditure: TEE)으로 규정하며, 영·유아, 아동 및 청소년은 에너지 소비량에 성장에 소요되는 에너지를 추가하여 산정하였다.

4-3-2. 탄수화물과 지질

탄수화물과 지질의 영양섭취기준은 다른 영양소와 달리 에너지적정비율을 설정하였고, 영아에서만 충분섭취량을 설정하였다. 에너지적정비율의 설정은 호주/뉴질랜드, 일본 독일 등 세계 각국에서 모든 연령층에 에너지적정비율(Acceptable Macronutrient Distribution Ranges: AMDR)을 적용하고 있는 것과 같이 에너지적정비율을 1세 이후

전 연령층에 설정하였다. 필수지방산 또한 에너지 적정비율을 1세 이후 연령층에 설정하였고 충분섭취량은 영아기와 임신, 수유기에 설정하였다.

에너지적정비율은 성인의 경우 탄수화물 55~70%, 지질 15~25%, 단백질 7~20%로 설정하였다. 영아 1~2세는 탄수화물 50~70%, 지질 20~35%, 단백질 7~20%로 설정하였다. 영아의 경우는 다른 연령대와 다르게 모유섭취량, 모유내의 영양소 함량, 이유보충식 섭취량에 근거하여 탄수화물, 지질, 필수지방산에 대한 충분섭취량을 정하였다. 임신, 수유기의 필수지방산 충분섭취량은 임신, 수유부의 섭취 중앙값을 참고로 정하였다.

4-3-3. 단백질과 아미노산

단백질의 필요량은 국제적으로 통용이 되는 질소균형 자료에 근거하여 산출하였다. 성인의 경우 질소균형 자료로부터 남녀 구분 없이 평균필요량을 0.66 g/kg/일로 정하였고 권장섭취량은 평균필요량에 변이계수로 12.5%를 적용하였다. 아미노산의 영양섭취기준은 미국/캐나다의 영양섭취기준을 기초로 하되 우리나라 사람들의 성별, 연령별 대표 체위를 적용하여 평균필요량, 권장섭취량과 충분섭취량을 설정하였다.

4-3-4. 식이섬유

현재 우리나라의 경우 조사 자료가 없어서 우리나라 사람들의 사인구조가 선진국형으로 전환되기 이전 즉 심혈관계 질환, 암, 당뇨병 등의 만성퇴행성 질환이 주요사인이 되지 않던 60년대 말에서 70년대 초의 한국인의 평균 식이섬유 추정섭취량(12 g/1000kal)을 식이섬유에 대한 충분섭취량 설정기준의 근거로 하였다. 65세 이상 노인들의 경우 에너지필요추정량을 토대로 산출한 식이섬유의 충분섭취량은 성인기에 비해 낮을 것이나 노년기에는 만성질환의 유병율이 높고 또한 만성변비증이 흔하므로 식이섬유 섭취량을 충분히 할 필요가 있어 65세 이상의 경우에도 50~64세 연령층의 충분섭취량을 그대로 사용하였다.

4-3-5. 수분

수분의 충분섭취량 설정에는 음식의 수분량과 액체섭취량을 합한 섭취량에 근거하여 제시하였다. 액체섭취량은 2001년 국민건강영양조사 자료에 의한 물 섭취량과 음료 및 주류섭취량을 합하고, 음식 수분량은 섭취한 일상식의 수분량을 대상자로 단위 체중 당으로 분석한 자료를 활용하여 산출하였다.

4-4. 한국인의 영양섭취기준표

표 4-3. 한국인 영양섭취기준(KDRIs, Dietary Refenence Intakes for Koreans) - 30세 성인의 에너지필요추정량

한국영양학회, 한국인영양섭취기준위원회, 2005

성별	신장(cm)	신체활동 수준	체중(kg)		에너지필요추정량	
			기준BMI 18.5	기준BMI 24.9	기준BMI 18.5	기준BMI 24.9
남자	160	비활동적	47.4	64.0	1,993	2,257
		저활동적			2,171	2,464
		활동적			2,397	2,727
		매우 활동적			2,769	3,160
	170	비활동적	53.5	72.2	2,114	2,442
		저활동적			2,338	2,670
		활동적			2,586	2,959
		매우 활동적			2,992	3,434
	180	비활동적	59.9	81.0	2,301	2,635
		저활동적			2,513	2,884
		활동적			2,782	3,200
		매우 활동적			3,225	3,720
여자	150	비활동적	41.6	56.2	1,625	1,762
		저활동적			1,803	1,956
		활동적			2,025	2,198
		매우 활동적			2,291	2,489
	160	비활동적	47.4	64.0	1,752	1,907
		저활동적			1,944	2,118
		활동적			2,185	2,385
		매우 활동적			2,474	2,699
	170	비활동적	53.5	72.2	1,881	2,057
		저활동적			2,090	2,286
		활동적			2,350	2,573
		매우 활동적			2,662	2,917

표 4-4. 한국인 영양섭취기준(KDRIs, Dietary Refenence Intakes for Koreans) - 에너지적정비율

한국영양학회, 한국인영양섭취기준위원회, 2005

영양소	1-2세	3-19세	20세 이상
탄수화물	50-70%	55-70%	55-70%
단백질	7-20%	7-20%	7-20%
지방	20-35%	15-30%	15-25%
n-6 불포화지방산	4-8%	4-8%	4-8%
n-3 불포화지방산	0.5-1.0%	0.5-1.0%	0.5-1.0%

표 4-5. 한국인 영양섭취기준(KDRIs, Dietary Refenence Intakes for Koreans)
- 다량영양소

한국영양학회, 한국인영양섭취기준위원회, 2005

성별	연령	에너지(㎉/일)				탄수화물(g/일)				지방(g/일)				n-6 불포화지방산(g/일)			
		필요추정량	권장섭취량	충분섭취량	상한섭취량	평균필요량	권장섭취량	충분섭취량	상한섭취량	평균필요량	권장섭취량	충분섭취량	상한섭취량	평균필요량	권장섭취량	충분섭취량	상한섭취량
영아	0~5(개월)	600						55				25				2.0	
	6~11	730						90				25				4.5	
유아	1~2(세)	1,000															
	3~5	1,400															
남자	6~8(세)	1,600															
	9~11	1,900															
	12~14	2,400															
	15~19	2,700															
	20~29	2,600															
	30~49	2,400															
	50~64	2,200															
	65~74	2,000															
	75 이상	2,000															
여자	6~8(세)	1,500															
	9~11	1,700															
	12~14	2,000															
	15~19	2,000															
	20~29	2,100															
	30~49	1,900															
	50~64	1,800															
	65~74	1,600															
	75 이상	1,600															
임신부		+0/340/450*														9	
수유부		+320														10	

성별	연령	n-3 불포화지방산(g/일)				단백질(g/일)				식이섬유(g/일)				수분(㎖/일)			
		평균필요량	권장섭취량	충분섭취량	상한섭취량	평균필요량	권장섭취량	충분섭취량	상한섭취량	평균필요량	권장섭취량	충분섭취량	상한섭취량	평균필요량	권장섭취량	충분섭취량	상한섭취량
영아	0~5(개월)			0.3				9.5								700	
	6~11			0.8		10										800	
유아	1~2(세)					12	15					12				1,100	
	3~5					15	20					17				1,400	
남자	6~8(세)					20	25					19				1,700	
	9~11					30	35					23				2,000	
	12~14					40	50					29				2,400	
	15~19					45	60					32				2,700	
	20~29					45	55					31				2,700	
	30~49					45	55					29				2,500	
	50~64					40	50					26				2,300	
	65~74					40	50					26				2,100	
	75 이상					40	50					26				2,100	
여자	6~8(세)					20	25					18				1,600	
	9~11					25	35					20				1,800	
	12~14					35	45					24				2,000	
	15~19					35	45					24				2,100	
	20~29					35	45					25				2,100	
	30~49					35	45					23				2,000	
	50~64					35	45					22				1,800	
	65~74					35	45					22				1,700	
	75 이상					35	45					22				1,700	
임신부						+19	+25					+5				+200	
수유부						+20	+25					+4				+700	

*임신 3분기별 영양섭취기준

표 4-6. 한국인 영양섭취기준(KDRIs, Dietary Refenence Intakes for Koreans) - 지용성비타민

한국영양학회, 한국인영양섭취기준위원회, 2005

성별	연령	비타민 A(μg RE/일)				비타민 D(μg/일)				비타민 E(mg α-TE/일)				비타민 K(μg/일)			
		평균필요량	권장섭취량	충분섭취량	상한섭취량	평균필요량	권장섭취량	충분섭취량	상한섭취량	평균필요량	권장섭취량	충분섭취량	상한섭취량	평균필요량	권장섭취량	충분섭취량	상한섭취량
영아	0~5(개월)			350	600			5	25		3					4	
	6~11			400	600			5	25		4					7	
유아	1~2(세)	200	300		600			10	60		5	100				25	
	3~5	210	300		700			10	60		6	130				30	
남자	6~8(세)	290	400		1,000			10	60		7	180				45	
	9~11	380	550		1,400			10	60		9	260				55	
	12~14	500	700		2,100			10	60		10	380				70	
	15~19	600	850		2,400			10	60		10	430				80	
	20~29	540	750		3,000			5	60		10	540				75	
	30~49	520	750		3,000			5	60		10	540				75	
	50~64	500	700		3,000			10	60		10	540				75	
	65~74	500	700		3,000			10	60		10	540				75	
	75 이상	500	700		3,000			10	60		10	540				75	
여자	6~8(세)	270	400		1,000			10	60		7	180				45	
	9~11	350	500		1,400			10	60		9	260				55	
	12~14	460	650		2,100			10	60		10	380				65	
	15~19	500	700		2,400			10	60		10	430				65	
	20~29	460	650		3,000			5	60		10	540				65	
	30~49	450	650		3,000			5	60		10	540				65	
	50~64	430	600		3,000			10	60		10	540				65	
	65~74	430	600		3,000			10	60		10	540				65	
	75 이상	430	600		3,000			10	60		10	540				65	
임신부		+50	+70		3,000			+5	60		+0	540				+0	
수유부		+350	+500		3,000			+5	60		+3	540				_0	

*RRR- α-tocopherol

표 4-7. 한국인 영양섭취기준(KDRIs, Dietary Refenence Intakes for Koreans) - 수용성비타민

한국영양학회, 한국인영양섭취기준위원회, 2005

성별	연령	비타민 C(mg/일) 평균필요량	권장섭취량	충분섭취량	상한섭취량	티아민 (mg/일) 평균필요량	권장섭취량	충분섭취량	상한섭취량	리보플라빈(mg/일) 평균필요량	권장섭취량	충분섭취량	상한섭취량	니아신(mg NE/일) 평균필요량	권장섭취량	충분섭취량	상한섭취량[1]	상한섭취량[2]
영아	0~5(개월)			35				0.2				0.3				2		
	6~11			45				0.3				0.4				3		
유아	1~2(세)	30	40		350	0.4	0.5			0.5	0.6			5	6		10	180
	3~5	30	40		500	0.4	0.5			0.6	0.7			5	7		10	250
남자	6~8(세)	40	60		700	0.6	0.7			0.7	0.9			7	9		15	350
	9~11	55	70		1,000	0.8	0.9			0.9	1.1			9	12		20	500
	12~14	75	100		1,400	1.0	1.2			1.3	1.5			12	15		25	700
	15~19	85	110		1,600	1.1	1.4			1.5	1.8			13	18		30	800
	20~29	75	100		2,000	1.0	1.2			1.3	1.5			12	16		35	1,000
	30~49	75	100		2,000	1.0	1.2			1.3	1.5			12	16		35	1,000
	50~64	75	100		2,000	1.0	1.2			1.3	1.5			12	16		35	1,000
	65~74	75	100		2,000	1.0	1.2			1.3	1.5			12	16		35	1,000
	75 이상	75	100		2,000	1.0	1.2			1.3	1.5			12	16		35	1,000
여자	6~8(세)	40	60		700	0.5	0.6			0.6	0.7			6	9		15	350
	9~11	55	70		1,000	0.7	0.8			0.8	0.9			8	10		20	500
	12~14	75	100		1,400	0.8	1.0			1.0	1.2			10	13		25	700
	15~19	85	110		1,600	0.8	1.0			1.0	1.2			10	13		30	800
	20~29	75	100		2,000	0.9	1.1			1.0	1.2			11	14		35	1,000
	30~49	75	100		2,000	0.9	1.1			1.0	1.2			11	14		35	1,000
	50~64	75	100		2,000	0.9	1.1			1.0	1.2			11	14		35	1,000
	65~74	75	100		2,000	0.9	1.1			1.0	1.2			11	14		35	1,000
	75 이상	75	100		2,000	0.9	1.1			1.0	1.2			11	14		35	1,000
임신부		+10	+10		2,000	+0.4	+0.5			+0.3	+0.4			+3	+4		35	1,000
수유부		+35	+35		2,000	+0.3	+0.4			+0.4	+0.5			+3	+4		35	1,000

비타민 B6(mg/일) 평균필요량	권장섭취량	충분섭취량	상한섭취량	엽산(μg DFE/일) 평균필요량	권장섭취량	충분섭취량	상한섭취량	비타민 B12(μg/일) 평균필요량	권장섭취량	충분섭취량	상한섭취량	판토텐산(mg/일) 평균필요량	권장섭취량	충분섭취량	상한섭취량	비오틴(μg/일) 평균필요량	권장섭취량	충분섭취량	상한섭취량
		0.1				65				0.2				1.7				5	
		0.3				80				0.5				1.8				6	
0.5	0.6		25	120	150		300	0.75	0.9					2				8	
0.6	0.7		35	150	180		300	0.9	1.1					2				10	
0.7	0.9		45	180	220		400	1.1	1.3					3				15	
0.9	1.1		60	250	300		600	1.5	1.8					4				20	
1.3	1.5		80	300	360		800	1.8	2.2					5				25	
1.5	1.8		100	320	400		1,000	2.0	2.4					6				25	
1.3	1.5		100	320	400		1,000	2.0	2.4					5				30	
1.3	1.5		100	320	400		1,000	2.0	2.4					5				30	
1.3	1.5		100	320	400		1,000	2.0	2.4					5				30	
1.3	1.5		100	320	400		1,000	2.0	2.4					5				30	
1.3	1.5		100	320	400		1,000	2.0	2.4					5				30	
0.7	0.8		45	180	220		400	1.1	1.3					3				15	
0.9	1.0		60	250	300		600	1.5	1.8					4				20	
1.2	1.4		80	300	360		800	1.8	2.2					5				25	
1.2	1.4		100	320	400		1,000	2.0	2.4					6				25	
1.2	1.4		100	320	400		1,000	2.0	2.4					5				30	
1.2	1.4		100	320	400		1,000	2.0	2.4					5				30	
1.2	1.4		100	320	400		1,000	2.0	2.4					5				30	
1.2	1.4		100	320	400		1,000	2.0	2.4					5				30	
1.2	1.4		100	320	400		1,000	2.0	2.4					5				30	
+0.7	+0.8		100	+200	+200		1,000	+0.2	+0.2					+1				+0	
+0.6	+0.7		100	+130	+150		1,000	+0.2	+0.2					+2				+5	

1) 니코틴산(mg/일), 2) 니코틴아미드(mg/일)

표 4-8. 한국인 영양섭취기준(KDRIs, Dietary Refenence Intakes for Koreans) - 다량무기질

한국영양학회, 한국인영양섭취기준위원회, 2005

성별	연령	칼슘(㎎/일) 평균필요량	칼슘 권장섭취량	칼슘 충분섭취량	칼슘 상한섭취량	인(㎎/일) 평균필요량	인 권장섭취량	인 충분섭취량	인 상한섭취량	나트륨(g/일) 평균필요량	나트륨 권장섭취량	나트륨 충분섭취량	나트륨 상한섭취량	목표량
영아	0~5(개월)			200				100				0.12		
	6~11			300				300				0.37		
유아	1~2(세)	300	500		2,500	350	500		3,000			0.8		
	3~5	400	600		2,500	390	500		3,000			1.0		
남자	6~8(세)	550	700		2,500	550	700		3,000			1.2		
	9~11	550	800		2,500	810	1,000		3,500			1.5		2.0
	12~14	800	1,000		2,500	870	1,000		3,500			1.5		2.0
	15~19	800	1,000		2,500	790	1,000		3,500			1.5		2.0
	20~29	580	700		2,500	580	700		3,500			1.5		2.0
	30~49	580	700		2,500	580	700		3,500			1.5		2.0
	50~64	580	700		2,500	580	700		3,500			1.3		2.0
	65~74	580	700		2,500	580	700		3,500			1.2		2.0
	75 이상	580	700		2,500	580	700		3,000			1.1		2.0
여자	6~8(세)	550	700		2,500	450	600		3,000			1.2		
	9~11	550	800		2,500	700	900		3,500			1.5		2.0
	12~14	750	900		2,500	690	900		3,500			1.5		2.0
	15~19	750	900		2,500	590	800		3,500			1.5		2.0
	20~29	580	700		2,500	580	700		3,500			1.5		2.0
	30~49	580	700		2,500	580	700		3,500			1.5		2.0
	50~64	580	800		2,500	580	700		3,500			1.3		2.0
	65~74	580	800		2,500	580	700		3,500			1.2		2.0
	75 이상	580	800		2,500	580	700		3,000			1.1		2.0
임신부		+220	+300		2,500	+0	+0		3,00			+0		2.0
수유부		+300	+400		2,500	+0	+0		3,500			+0		2.0

성별	연령	염소(g/일) 평균필요량	염소 권장섭취량	염소 충분섭취량	염소 상한섭취량	칼륨(g/일) 평균필요량	칼륨 권장섭취량	칼륨 충분섭취량	칼륨 상한섭취량	마그네슘(㎎/일) 평균필요량	마그네슘 권장섭취량	마그네슘 충분섭취량	마그네슘 상한섭취량*
영아	0~5(개월)			0.18				0.4					
	6~11			0.56				0.7					
유아	1~2(세)			1.2				2.5		60	75		(65)
	3~5			1.5				3.0		80	100		(85)
남자	6~8(세)			1.9				3.8		120	140		(120)
	9~11			2.3				4.7		170	200		(170)
	12~14			2.3				4.7		250	300		(250)
	15~19			2.3				4.7		340	400		(350)
	20~29			2.3				4.7		285	340		(350)
	30~49			2.3				4.7		295	350		(350)
	50~64			2.0				4.7		295	350		(350)
	65~74			1.8				4.7		295	350		(350)
	75 이상			1.6				4.7		295	350		(350)
여자	6~8(세)			1.9				3.8		115	140		(120)
	9~11			2.3				4.7		165	200		(170)
	12~14			2.3				4.7		230	280		(250)
	15~19			2.3				4.7		280	340		(350)
	20~29			2.3				4.7		25	280		(350)
	30~49			2.3				4.7		235	280		(350)
	50~64			2.0				4.7		235	280		(350)
	65~74			1.8				4.7		235	280		(350)
	75 이상			1.6				4.7		235	280		(350)
임신부				+0				+0		+33	+40		(350)
수유부				+0				+0.4		+0	+0		(350)

* 식품외 급원의 마그네슘에만 해당

표 4-9. 한국인 영양섭취기준(KDRIs, Dietary Refenence Intakes for Koreans) - 미량무기질

한국영양학회, 한국인영양섭취기준위원회, 2005

성별	연령	철(mg/일)				아연(mg/일)				구리(μg/일)				불소(mg/일)			
		평균필요량	권장섭취량	충분섭취량	상한섭취량	평균필요량	권장섭취량	충분섭취량	상한섭취량	평균필요량	권장섭취량	충분섭취량	상한섭취량	평균필요량	권장섭취량	충분섭취량	상한섭취량
영아	0~5(개월)			0.26	40			1.73				225				0.01	0.6
	6~11	5	7		40	2.2	2.5					290				0.5	0.9
유아	1~2(세)	5	7		40	2.4	3		6	230	300		2,000			0.6	1.2
	3~5	5	7		40	3.1	4		8	290	380		2,000			0.8	1.6
남자	6~8(세)	7	9		40	4.3	5		13	340	440		3,000			1.0	2.2
	9~11	9	12		40	6.2	7		18	440	570		5,000			2.0	10
	12~14	9	12		40	6.5	8		26	580	750		7,000			2.5	10
	15~19	2	16		45	8.4	10		34	670	870		10,000			3.0	10
	20~29	8	10		45	8.1	10		35	600	800		10,000			3.5	10
	30~49	8	10		45	7.9	9		35	600	800		10,000			3.5	10
	50~64	8	10		45	7.5	9		35	600	800		10,000			3.0	10
	65~74	8	10		45	7.2	9		35	600	800		10,000			3.0	10
	75 이상	8	10		45	6.9	8		35	600	800		10,000			3.0	10
여자	6~8(세)	7	9		40	4.1	5		13	340	440		3,000			1.0	2.2
	9~11	9	12		40	5.9	7		18	440	570		5,000			2.0	10
	12~14	9	12		40	6.1	7		26	580	750		7,000			2.5	10
	15~19	12	16		45	7.2	9		34	670	870		10,000			2.5	10
	20~29	11	14		45	7.0	8		35	600	800		10,000			3.0	10
	30~49	11	14		45	6.8	8		35	600	800		10,000			2.5	10
	50~64	7	9		45	6.3	8		35	600	800		10,000			2.5	10
	65~74	7	9		45	6.0	7		35	600	800		10,000			2.5	10
	75 이상	7	9		45	5.8	7		35	600	800		10,000			2.5	10
임신부		+7.5	+10		45	+2.0	+2.5		35	+100	+130		10,000			+0	10
수유부		+0	+0		45	+4.3	+5.0		35	+350	+450		10,000			+0	19

성별	연령	망간(mg/일)				요오드(μg/일)				셀레늄(μg/일)				몰리브덴(μg/일)			
		평균필요량	권장섭취량	충분섭취량	상한섭취량	평균필요량	권장섭취량	충분섭취량	상한섭취량	평균필요량	권장섭취량	충분섭취량	상한섭취량	평균필요량	권장섭취량	충분섭취량	상한섭취량
영아	0~5(개월)			0.008				130				8.5	45				
	6~11			0.8				170				11	60				
유아	1~2(세)			1.2	2	55	80			16	20		85				100
	3~5			2.0	3	65	90			18	25		100				150
남자	6~8(세)			2.5	4	75	100			24	30		150				200
	9~11			3.0	5	85	120			32	40		200				300
	12~14			3.3	7	90	130			41	50		250				400
	15~19			3.5	9	95	140			47	60		300				500
	20~29			3.5	11	95	150		3,000	42	50		400				600
	30~49			3.5	11	95	150		3,000	42	50		400				600
	50~64			3.5	11	95	150		3,000	42	50		400				600
	65~74			3.5	11	95	150		3,000	42	50		400				600
	75 이상			3.5	11	95	150		3,000	42	50		400				600
여자	6~8(세)			2.3	4	75	100			24	30		150				200
	9~11			2.5	5	85	120			32	40		200				300
	12~14			2.8	7	90	130			41	50		250				400
	15~19			3.0	9	95	140			47	60		300				500
	20~29			3.0	11	95	150		3,000	42	50		400				600
	30~49			3.0	11	95	150		3,000	42	50		400				600
	50~64			3.0	11	95	150		3,000	42	50		400				600
	65~74			3.0	11	95	150		3,000	42	50		400				600
	75 이상			3.0	11	95	150		3,000	42	50		400				600
임신부				+0	11	+65	+90			+3	+4		400				600
수유부				+0	11	+130	+180			+9	+11		400				600

제5장

식품교환표 간단 보기

표 5-1과 표 5-2는 당뇨인을 위하여 우리나라에서 만들어진 식품교환표로서, 표 5-1에서 보는 바와 같이 당질, 단백질, 지방과 열량 등을 알 수 있다. 이러한 식품교환표는 일반인들도 이용하기 쉬운 방법으로 식품군별 교환표에 따라 골고루 선택한 음식을 먹으면 손쉽게 열량 및 3대 영양소를 섭취할 수 있다.

표 5-1. 한국의 식품 교환표(1989년)

식품군	1교환 단위 예	당질(g)	단백질(g)	지방(g)	열량(kcal)
곡류군	쌀밥 1/3공기(70g)	23	2		100
어육류군					
저지방군	육류40g 어류50g	–	8	2	50
중지방군		–	8	5	75
고지방군		–	8	8	100
채소군	70g	3	2	–	20
지방군	참기름 5g(1ts)	–	–	5	45
우유군	우유 200cc(1cup)	11	6	6	125
과일군	사과 100g(1/2개)	12	–	–	50

현재 우리나라에서 사용하는 식품군별 식품교환량은 다음과 같다(표 5-2).

표 5-2. 식품군별 식품교환표

1. 곡류 식품교환군의 1교환 단위(당질 23g, 단백질 2g, 열량 100kcal)

식 품	중량(g)	눈대중치
백미, 현미, 율무, 보리(쌀보리), 찹쌀, 팥(붉은 것), 차수수, 차조	30	3 큰스푼
밀가루, 녹말가루, 미숫가루	30	5 큰스푼
마른국수	30	
삶은 국수	90	1/2 공기
메밀국수	30	
식빵, 햄버거빵	35	1쪽
모닝빵	35	중 1개
시루떡	50	
인절미	50	3개(3×2.5×1.5cm)
가래떡	50	썰은 것 11개
옥수수	50	1/2개
밤(생 것)	60	중 6개
쌀밥, 보리밥	70	1/3 공기
고구마	100	중 1/2개
토 란	130	1 컵
감 자	130	중 1개
도토리묵	200	1/2모
메밀묵	200	

2-1. 어육류 식품교환 저지방군 1교환 단위(단백질 8g, 지방 2g, 열량 50kcal)

식 품	중량(g)	눈대중치
쇠고기, 소간, 돈육, 닭고기	40	탁구공 크기
굴비, 북어	15	1/2 토막
뱅어포	15	1 장
잔멸치	15	1/4 컵
동태, 참치, 복어, 조기	50	소 1토막
새우(깐 것)	50	1/4 컵
전복	70	소 2개
생굴, 멍게, 조갯살, 홍합	70	1/3 컵
낙지	100	1/2 컵
창란젓, 명란젓	40	

2-2. 어육류 식품교환 중지방군 1교환 단위(단백질 8g, 지방 5g, 열량 75kcal)

식 품	중량(g)	눈대중치
돼지고기(안심), 소곱창	40	
소고기(등심,안심)	40	로스용 1장(12×10.3cm)
햄(로스)	40	1쪽(8×6×0.8cm)
꽁치, 민어, 장어, 삼치, 청어, 갈치, 이면수	50	소 1토막
달걀	55	중 1개
메추리알	40	5개
검정콩	20	2 큰스푼
두부	80	1/6모
순두부	200	1컵
연두부	150	1/2컵

2-3. 어육류 식품교환 고지방군 1교환 단위(단백질 8g, 지방 8g, 열량 100kcal)

식 품	중량(g)	눈대중치
치즈	30	1.5장
소갈비	30	소 1토막
소꼬리, 삼겹살, 닭고기(껍질포함), 돼지족	40	
프랑크소시지	40	1과 1/3개
참치, 꽁치, 고등어통조림	50	1/3컵
유부	30	유부 6장

3. 채소류 식품교환군 1교환 단위(당질 3g, 단백질 2g, 열량 20kcal)

식 품	중량(g)	눈대중치
무우말랭이	10	불려서 1/3컵
고춧잎(생것)	25	1/2컵
더덕, 우엉, 마늘쫑	25	
냉이, 도라지, 무청, 두릅	50	
단무지, 달래, 느타리, 싸리버섯, 양송이	70	
물미역, 상추, 열무, 오이, 포기김치	70	
무, 미나리, 부추, 쑥갓, 숙주, 시금치	70	익혀서 1/3컵
양배추, 콩나물	70	익혀서 2/5컵
풋고추	70	중 7~8개

4. 지방 식품교환군 1교환 단위(지방 5g, 열량 45kcal)

식 품	중량(g)	눈대중치
참기름, 들기름, 콩기름, 옥수수기름	5	1 작은스푼
마가린, 버터	6	1.5 작은스푼
마요네즈, 땅콩버터	7	
베이컨	7	1조각
아몬드	8	7개
호두	8	대 1개
땅콩	10	10개(1 큰스푼)

5. 우유 식품교환군 1교환 단위(당질 11g, 단백질 6g, 지방 6g, 열량125kcal)

식 품	중량(g)	눈대중치
우유, 탈지우유, 락토우유, 무가당두유	200	1컵(1팩)
저지방우유(2%)	200	1컵(1팩)
무당연유	100	1/2컵
전지분유, 조제분유, 탈지분유	25	5 큰스푼

6. 과일 식품교환군 1교환 단위(당질 12g, 열량 50kcal)

식 품	중량(g)	눈대중치
대추(말린 것)	20	8개
대추(생 것)	60	8개
바나나	60	중 1/2개
연시	80	소 1개
단감	80	중 1/2개
자두	80	대 1개
포도	100	19개
귤	100	중 1개
배	100	중 1/4개
사과(후지)	100	중 1/3개
사과, 오렌지, 파인애플쥬스	100	1/2컵
참외	120	소 1/2개
살구	150	
딸기	150	10개
토마토	250	대 1개
수박	250	대 1쪽

그림 5-1은 식품교환표를 알기 쉽게 하기 위하여 원으로 표시하였고 1800kcal 식단의 예를 나타내기 위하여 교환수가 많은 곡류군에서부터 채소군, 어육류군, 지방군, 우유군, 과일군으로 배치하여 포스터를 제작하였다.

그림 5-1. 식품교환표와 1800kcal 식단의 교환수의 예 포스터

제6장

인터넷 e-식품교환량 식품검색 시스템

인터넷 e-식품교환량 식품검색 시스템은 울산대학교의 NutriGen 홈페이지에서 "식품교환군"을 클릭하면 식품군별 식품교환량을 검색할 수 있다.

화면 6-1은 e-식품교환량의 메인화면이고 화면 6-2는 식품군별 식품교환량 검색화면이다. 인터넷상에서 보정된 ENECC/e-식품교환량의 식품교환검색은 첫째 여섯 가지 식품교환군과 알코올군으로 검색할 수 있으며 둘째 식품명으로 검색할 수 있다. 검색된 내용으로는 첫째 식품군, 식품군별 식품교환량이며 둘째로는 각 식품의 100g당 에너지, 수분, 단백질, 지방, 탄수화물, 섬유소, 회분, 칼슘, 인, 철, 나트륨, 칼륨, 레티놀당량, 레티놀, β-카로틴, 티아민, 리보플라빈, 나이아신, 아스코르빅 에시드, 폐기율을 검색할 수 있다.

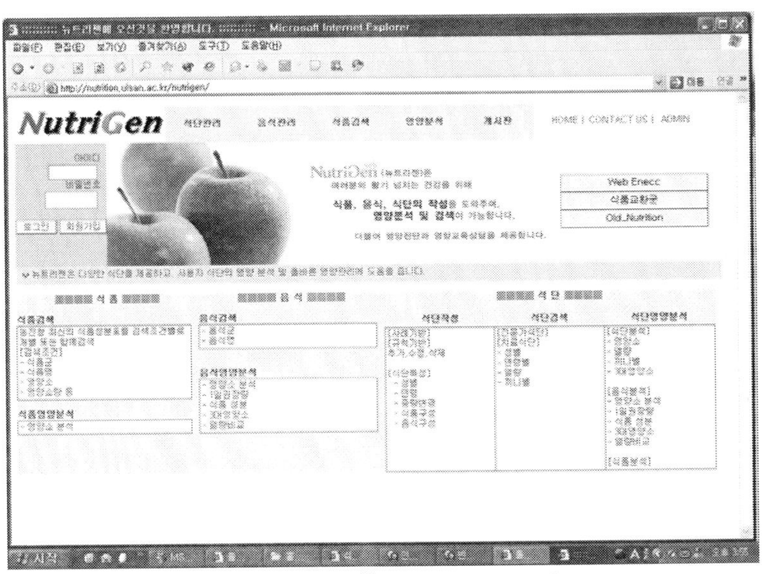

화면 6-1. http://nutrition.ulsan.ac.kr

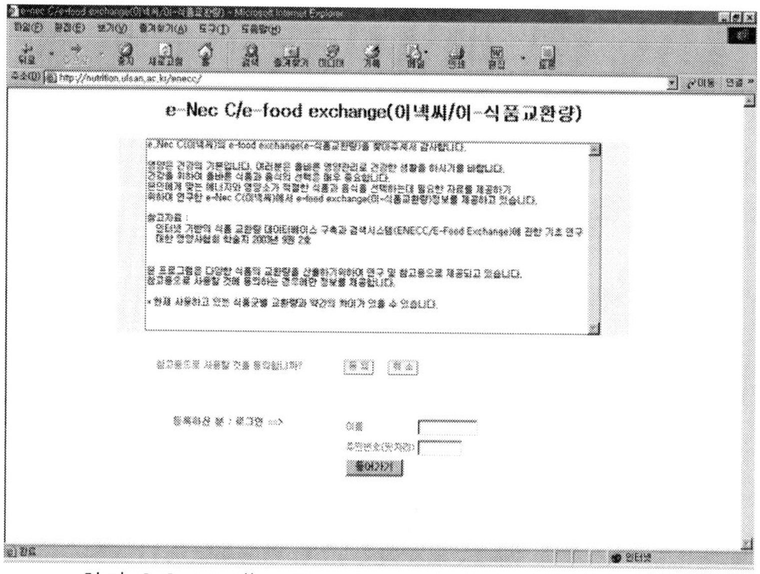

화면 6-2. http://nutrition.ulsan.ac.kr의 식품교환군 검색

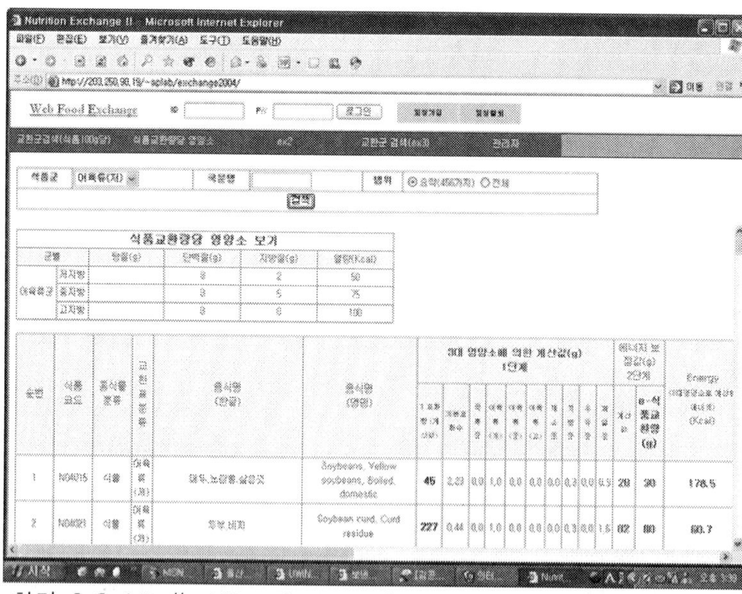

화면 6-3. http://nutrition.ulsan.ac.kr/exchange2004 식품교환량 검색

식품교환표는 당뇨병교육은 물론 모든 영양교육의 가장 기본이 되는 중요한 영양교육 자료로 사용되고 있다. 인터넷 기반의 식품 교환량 데이터베이스 구축과 검색 시스템(ENECC/E-Food Exchange)에 관한 기초 연구에서 농촌진흥청의 식품성분표를 기준으로 2,262개의 식품의 식품군별 식품교환량을 산출하는 공식을 통하여 식품군별 식품교환량을 산출하고 알콜군을 추가하였으며 인터넷에서 검색을 할 수 있다. 농촌식품성분표를 사용하였으며 이를 식품교환군의 식품군으로 분류하였고 2,262개와 일상식품 456개를 전체와 요약으로 식품교환량과 영양성분을 검색하는 프로그램으로 화면 6-2와 같이 참고용으로 사용할 것을 동의하고 사용하도록 하였다(http://nutrition.ulsan.ac.kr의 식품교환표).

표 6-2에서 표 6-8까지는 식품군별 e-식품교환량이며 인터넷상의 e-식품교환량이 현재 사용중인 식품교환량과 다를 경우에는 식품교환량에 (　　)로 표시하였다.

표 6-1. 식품교환량의 식품교환군의 현재식품수와 e-식품교환군의 총식품수 및 요약식품수

식품군	ENECC/e-식품교환군의 총 식품수	ENECC/e-식품교환군의 일상 식품수
곡류군	411개	78개
어육류군	967개	165개
채소군	527개	127개
지방군	84개	19개
우유군	40개	5개
과일군	187개	49개
알코올군	37개	13개
합계	2,262개	456개

다음은 인터넷 식품교환군별 식품교환량이며 e-식품교환량이라고 표시하였다.
기존에 사용하고 있는 교환량과 차이가 있을 경우에는 (　)에 표시하였다.

1. 곡류군

표 6-2. 곡류군 1교환단위의 e-식품교환량 (당질 23g, 단백질 2g, 열량 100kcal)

순번	e-식품 교환량(g)	식품명	식품 교환량(g)	식품 코드
곡류군 1	25	건빵		N01001
2	40	건포도빵		N01002
3	25	곰보빵(소보로)		N01004
4	85	국수, 삶은것	(90)	N01006
5	30	국수, 소면, 마른것		N01007
6	80	국수, 소면, 삶은것	(90)	N01008
7	30	기장, 도정곡		N01012
8	25	도우넛, 링		N01014
9	30	도우넛, 팥		N01017
10	25	라면, 라면		N01019
11	30	메밀국수, 마른것(마른것)		N01034
12	30	메밀냉면, 인스턴트		N01038
13	180	메밀묵		N01039
14	25	밀가루, 중력분, 국내산	(30)	N01049
15	30	보리, 겉보리, 보리쌀		N01052
16	30	빵가루		N01062
17	35	식빵, 식빵		N01093
18	35	식빵, 토스트		N01095
19	30	쌀, 멥쌀, 논벼, 백미(국내산), 일반형, 일품		N01099
20	30	쌀, 멥쌀, 논벼, 현미, 일반형		N01108
21	45	쌀가공식품, 멥쌀, 논벼, 떡류, 가래떡(흰떡)	(50)	N01118
22	50	쌀가공식품, 멥쌀, 논벼, 떡류, 개피떡		N01119
23	50	쌀가공식품, 멥쌀, 논벼, 떡류, 꿀떡		N01120
24	45	쌀가공식품, 멥쌀, 논벼, 떡류, 백설기		N01121
25	50	쌀가공식품, 멥쌀, 논벼, 떡류, 송편, 깨		N01123
26	55	쌀가공식품, 멥쌀, 논벼, 떡류, 시루떡	(50)	N01125
27	55	쌀가공식품, 멥쌀, 논벼, 떡류, 절편		N01128
28	60	쌀가공식품, 멥쌀, 논벼, 떡류, 증편		N01129
29	70	쌀가공식품, 멥쌀, 논벼, 쌀밥, 백미		N01133
30	410	쌀가공식품, 멥쌀, 논벼,죽, 백미		N01137
31	45	쌀가공식품, 찹쌀, 떡류, 경단, 카스텔라고물		N01147
32	50	쌀가공식품, 찹쌀, 떡류, 인절미, 콩고물		N01149
33	45	쌀가공식품, 찹쌀, 떡류, 찰시루떡		N01151
34	45	쌀가공식품, 찹쌀, 떡류, 찹쌀떡(찹쌀모찌)		N01152
35	25	쌀가공식품, 찹쌀, 찹쌀가루		N01155
36	35	엿기름		N01166
37	30	옥수수, 메옥수수, 말린것		N01171
38	75	옥수수, 찰옥수수, 생것	(50)	N01173
39	65	옥수수, 찰옥수수, 찐것		N01174
곡류군 40	120	옥수수통조림, 가당		N01178
41	70	우동국수, 생것		N01184
42	30	조, 도정곡		N01193
43	40	쫄면, 마른것		N01199

순번	e-식품 교환량(g)	식품명	식품 교환량(g)	식품 코드
44	30	차수수		N01200
45	30	차조		N01201
46	30	찹쌀, 백미		N01203
47	30	카스테라, 카스테라		N01209
48	30	케이크, 스펀지케이크		N01217
49	30	튀김가루		N01237
50	35	팥빵		N01239
51	35	호빵, 고기소		N01257
52	45	호빵, 팥소		N01258
감자.전분류 1	150	감자, 삶은것		N02002
2	150	감자, 생것		N02003
3	75	고구마, 생것	(70)	N02014
4	75	고구마, 찐것		N02016
5	25	당면, 마른것	(30)	N02020
6	30	전분, 감자전분		N02031
7	170	토란, 생것		N02039
당류 1	25	껌, 츄잉껌		N03002
2	30	물엿		N03014
3	25	사탕		N03015
4	25	설탕, 백설탕		N03026
5	25	설탕, 설탕분말		N03028
6	25	설탕, 흑설탕		N03030
7	30	엿, 깨엿		N03036
8	20	초콜렛, 초콜렛, 밀크초콜렛		N03047
두류 1	50	강낭콩, 생것		N04003
2	260	녹두묵		N04007
3	25	녹두빈대떡가루		N04008
4	30	팥, 붉은팥, 말린것(국내산)		N04044
종실류 1	30	도토리국수		N05005
2	230	도토리묵	(200)	N05006
3	65	밤, 생것	(60)	N05026
4	55	은행, 생것		N05039
기타 1	25	차류, 율무차		N15065
2	410	차류, 커피, 캔		N15074
3	25	차류, 코코아, 우유코코아		N15078

2. 어육류군

1) 어육류 저지방

표 6-3. 어육류(저)군 1교환단위의 e-식품교환량 (단백질 8g, 지방 2g, 열량 50kcal)

순번	e-식품 교환량(g)	음식명	식품 교환량(g)	식품 코드
두류 1	30	대두, 노란콩, 삶은것		N04015
2	80	두부, 비지		N04021
3	45	완두콩, 삶은것		N04032
4	40	완두콩, 생것		N04033
육류 1	40	닭고기, 고기, 살코기, 날것		N09058
2	40	돼지고기, 고기, 사태, 날것		N09081
3	45	돼지고기, 돼지고기가공품, 햄, 등심		N09105
4	45	돼지고기, 돼지고기가공품, 햄, 로스		N09106
5	40	소, 부산물, 간, 날것		N09133
6	80	소, 부산물, 양(위)		N09144
7	90	소, 부산물, 천엽		N09146
8	200	소, 부산물, 피(선지)		N09147
9	40	쇠고기, 고기, 수입우, 양지, 날것		N09193
10	40	쇠고기, 고기, 한우, 사태		N09200
11	40	쇠고기, 고기, 한우, 안심		N09203
12	35	쇠고기, 고기, 한우, 양지	(40)	N09204
13	40	쇠고기, 고기, 한우, 우둔		N09205
14	45	쇠고기, 고기, 한우, 채끝		N09206
15	40	칠면조고기, 살코기, 날것		N09233
어패류 1	35	가다랭이, 생것		N11004
2	55	가오리, 생것, 나비가오리		N11024
3	35	가자미, 생것, 가자미	(50)	N11031
4	40	갈치, 생것	(50)	N11048
5	30	갈치, 얼간품		N11049
6	60	게, 꽃게, 생것	(50)	N11062
7	60	굴, 생것, 참굴(양식산)		N11093
8	70	굴, 생것, 참굴(자연산)	(80)	N11094
9	55	굴, 어리굴젓		N11097
10	55	꼬막		N11106
11	60	꼴뚜기, 생것		N11109
12	15	꼴뚜기, 자건품		N11110
13	55	꼴뚜기, 젓		N11111
14	80	낙지(세발낙지)		N11122
15	45	넙치(광어), 생것		N11128
16	35	다랑어, 참다랑어, 생것, 성어, 붉은살	(50)	N11152
17	40	다랑어, 황다랑어, 생것		N11156
18	30	다랑어, 황다랑어, 유지통조림		N11157
19	40	다랑어, 황다랑어, 통조림		N11159

순번	e-식품 교환량(g)	음식명	식품 교환량(g)	식품 코드
20	55	대구, 냉동품		N11164
21	15	대구, 대구포		N11165
22	55	대구, 생것		N11168
23	45	돔, 감성돔		N11183
24	45	돔, 참돔, 생것	(50)	N11208
25	120	맛살, 생것		N11227
26	55	매끈이고둥, 통조림(골뱅이통조림)		N11232
27	50	메기		N11234
28	45	멸치, 생것		N11235
29	160	멸치, 액젓		N11236
30	20	멸치, 자건품, 중멸치		N11239
31	15	멸치, 자건품, 큰멸치		N11240
32	60	명태, 냉동품(동태)	(50)	N11243
33	15	명태, 말린 것, 성어(북어)		N11244
34	15	명태, 말린 것, 어린것(노가리)		N11245
35	55	명태, 생것		N11246
36	10	명태, 포		N11249
37	60	문어, 생것		N11257
38	50	문절망둑(망둥어),생 것		N11258
39	50	미꾸리, 생것		N11265
40	110	미더덕		N11266
41	40	민어, 생것	(50)	N11270
42	70	바지락(모시조개), 생것, 자연산		N11282
43	70	백합(대합), 생것		N11300
44	50	밴댕이, 젓		N11305
45	15	뱅어, 포	(15)	N11308
46	45	병어	(50)	N11315
47	50	복어, 생것, 검복		N11325
48	45	볼락, 생것, 볼락		N11336
49	45	볼락, 생것, 조피볼락(우럭)		N11339
50	50	붕어, 생것		N11357
51	55	살조개		N11368
52	40	삼치, 생것	(50)	N11371
53	50	새우, 대하, 생것		N11400
54	40	새우, 민물새우, 토하젓		N11402
55	110	새우, 새우젓(육젓)		N11407
56	45	새우, 시바새우(중하), 생것		N11409
57	15	새우, 시바새우(중하), 자건품		N11410
58	20	새우, 젓새우, 말린것		N11414
59	85	새우, 젓새우, 생것		N11415
60	80	새우, 젓새우, 젓(백하젓)		N11416
61	45	소라, 생것		N11433
62	60	수산가공품, 아가미젓		N11441
63	45	수산가공품, 어묵, 게맛살		N11444
64	50	수산가공품, 어묵, 찜		N11446
65	35	수산가공품, 어묵, 튀김		N11447

순번	e-식품 교환량(g)	음식명	식품 교환량(g)	식품 코드
66	45	쏘가리, 생것		N11460
67	65	아귀, 생것		N11465
68	25	양미리, 말린것		N11472
69	40	연어, 생것	(50)	N11478
70	15	오징어, 말린것		N11492
71	50	오징어, 생것	(50)	N11494
72	60	오징어, 젓, 오징어젓		N11497
73	40	오징어, 젓, 오징어젓, 양념		N11498
74	15	오징어, 조미포		N11500
75	25	오징어, 훈제조미품		N11502
76	65	우렁쉥이(멍게), 양식산		N11509
77	45	장어, 먹장어(꼼장어)	(50)	N11533
78	55	적어, 생것		N11545
79	55	전복, 생것, 까막전복	(50)	N11558
80	35	전어, 생것		N11565
81	50	조기(참조기), 생것		N11584
82	20	조기(참조기), 염건품(굴비)	(15)	N11585
83	55	조기(참조기), 젓		N11586
84	15	쥐치, 포, 말린것		N11595
85	65	피조개, 생것, 양식산		N11630
86	60	한치(한치오징어)		N11635
87	220	해삼, 생것		N11638
88	160	해파리, 염장품		N11640
89	50	홍어		N11643
90	80	홍합, 생것	(50)	N11648
91	45	황새치, 젓		N11655
92	40	황태, 알(명란), 명란젓		N11658
93	40	황태, 알(명란), 생것		N11659
94	45	황태, 창란젓		N11660
조미료류 1	70	간장, 양조간장		N16001
2	100	간장, 왜간장		N16002
3	100	간장,재래간장		N16003
4	30	된장, 개량(양조된장)		N16016
5	20	분말조미료, 쇠고기		N16028
6	25	청국장		N16058

2) 어육류 중지방

표 6-4. 어육류(중)군 1교환단위의 e-식품교환량 (단백질 8g, 지방 5g, 열량 75kcal)

순번	e-식품 교환량(g)	음식명	식품 교환량(g)	식품 코드
두류 1	20	대두, 검정콩, 말린 것, 흑태		N04011
2	20	콩가루, 볶은것		N04039
3	85	두부, 두부	(80)	N04020
4	160	두부, 순두부		N04022
5	160	두부, 연두부	(200)	N04023
육류 1	25	쇠고기, 사태, 익힌것		N09207
2	30	닭고기, 구이통닭		N09062
3	35	돼지고기, 부산물, 족발, 날것	(50)	N09121
4	40	닭고기, 고기(성계)		N09025
5	40	돼지고기, 고기, 갈비, 날것		N09070
6	40	쇠고기, 고기, 한우, 등심		N09198
7	50	오리고기, 집오리, 살코기, 날것		N09229
난류 1	55	달걀, 전란, 삶은것	*(65)	N10010
2	55	달걀, 전란, 생것	*(65)	N10011
3	40	메추라기알, 전란, 삶은것	*(65)	N10013
4	40	메추라기알, 전란, 생것	*(65)	N10014
어패류 1	30	연어, 알, 생것		N11481
2	40	고등어, 생것	(50)	N11082
3	45	꽁치, 생것	(50)	N11116
4	45	임연수어, 생것	(50)	N11526
5	45	청어, 생것	(50)	N11604
6	50	멸치, 젓		N11241
7	55	전어, 젓		N11566
조미료류 1	40	쌈장(혼합장)		N16047

* e-식품교환량에서는 달걀이 65g으로 고지방에 속하나 일반적으로 달걀 1개를 55g이므로 중지방에 속하는 것으로 조정하였다.

3) 어육류 고지방

표 6-5. 어육류(고)군 1교환단위의 e-식품교환량 (단백질 8g, 지방 8g, 열량 100kcal)

순번	e-식품 교환량(g)	음식명	식품 교환량(g)	식품 코드
두류 1	25	두부, 튀긴두부(유부)		N04024
육류 1	40	개고기		N09001
2	45	돼지고기, 고기, 등심, 날것		N09076
3	30	돼지고기, 고기, 삼겹살		N09082
4	30	돼지고기, 돼지고기가공품, 베이컨, 날것		N09093
5	35	돼지고기, 돼지고기가공품, 소시지, 비엔나, 위너소시지		N09097
6	30	돼지고기, 돼지고기가공품, 통조림, 런천미트		N09104
7	40	돼지고기, 부산물, 머리고기		N09115
8	55	돼지고기, 부산물, 소장(곱창), 삶은것		N09116
9	45	멧돼지고기, 날것		N09128
10	45	소, 부산물, 꼬리		N09137
11	70	소, 부산물, 대장		N09138
12	80	소, 부산물, 소장(곱창)		N09139
13	45	쇠고기, 갈비, 날것	(30)	N09181
14	45	쇠고기, 고기, 수입우, 갈비, 날것		N09183
15	45	쇠고기, 고기, 수입우, 등심		N09184
16	30	오리고기, 집오리, 고기, 날것		N09227
난류 1	55	달걀, 후라이		N10012
어패류 1	60	갈치, 젓		N11050
2	40	다랑어, 참다랑어, 유지통조림		N11154
3	55	장어, 뱀장어(장치), 생것	(50)	N11536
우유류 1	35	유제품, 치즈, 가공치즈		N13037

3. 채소군

표 6-6. 채소군 1교환단위의 e-식품교환량 (당질 3g, 단백질 2g, 열량 20kcal)

순번	e-식품 교환량(g)	음식명	식품 교환량(g)	식품 코드
채소류1	95	가지, 생것	(70)	N06006
2	65	갓, 생것		N06008
3	9	강남조나물(산채), 말린것		N06010
4	7	고구마줄기, 말린것		N06014
5	70	고구마줄기, 생것		N06016
6	75	고비, 생것, 생것(재배)		N06022
7	65	고사리, 삶은것	(70)	N06024
8	85	고사리, 생것		N06025
9	30	고추, 고추장아찌		N06027
10	9	고추, 붉은고추, 말린것		N06029
11	50	고추, 붉은고추, 생것		N06030
12	85	고추, 풋고추, 개량종	(70)	N06031
13	130	고추, 풋고추, 재래종		N06032
14	35	고춧잎, 생것	(25)	N06037
15	80	근대, 생것		N06051
16	40	김치, 갓김치		N06052
17	65	김치, 깍두기	(70)	N06054
18	200	김치, 나박김치		N06055
19	140	김치, 동치미		N06056
20	75	김치, 무청김치		N06057
21	100	김치, 배추김치	(70)	N06058
22	75	김치, 열무김치		N06060
23	40	김치, 총각김치		N06063
24	30	김치, 파김치		N06064
25	50	깻잎, 생것		N06067
26	50	냉이		N06074
27	60	달래	(70)	N06081
28	60	당근, 삶은것		N06085
29	55	당근, 생것	(70)	N06086
30	30	더덕, 생것	(25)	N06088
31	20	도라지, 생것	(50)	N06091
32	75	두릅, 생것	(50)	N06096
33	15	마늘, 구근, 생것, 국내산		N06112
34	30	마늘장아찌		N06114
35	35	마늘쫑		N06115
36	15	마늘쫑장아찌		N06116
37	45	머위, 생것		N06122
38	140	무, 단무지	(70)	N06128
39	7	무, 무말랭이	(10)	N06130
40	55	무, 무시래기, 삶은것		N06132
41	20	무, 무장아찌		N06133
42	110	무, 조선무, 뿌리	(70)	N06139
43	85	무, 조선무, 잎(무청)	(50)	N06140

순번	e-식품 교환량(g)	음식명	식품 교환량(g)	식품 코드
44	100	미나리, 생것	(70)	N06145
45	130	배추, 생것		N06158
46	70	부추, 재래종, 생것		N06167
47	85	붉은양배추		N06170
48	60	비름, 생것		N06175
49	85	상추, 개량종		N06181
50	100	상추, 재래종		N06182
51	35	생강, 국내산		N06183
52	160	셀러리		N06188
53	180	숙주나물, 삶은것		N06193
54	130	숙주나물, 생것		N06194
55	60	시금치, 삶은것		N06201
56	50	시금치, 생것, 노지	(70)	N06202
57	55	시금치, 생것, 하우스		N06203
58	25	쑥, 생것		N06214
59	55	쑥갓, 생것	(70)	N06216
60	45	씀바귀, 생것		N06219
61	75	아욱, 생것		N06226
62	90	양배추, 생것	(70)	N06232
63	50	양파, 생것, 국내산	(50)	N06237
64	25	연근, 생것	(70)	N06248
65	85	열무, 생것	(70)	N06251
66	150	오이, 생것, 개량종		N06258
67	200	오이, 생것, 재래종		N06259
68	200	오이, 오이지		N06260
69	15	오이, 오이피클		N06261
70	30	우엉, 생것	(25)	N06268
71	50	원추리		N06271
72	65	죽순, 삶은것		N06287
73	110	죽순, 생것		N06288
74	100	체리토마토(방울토마토)		N06302
75	65	취나물(산채), 삶은것		N06304
76	55	취나물(산채), 생것	(70)	N06305
77	50	콩나물, 삶은것	(70)	N06313
78	45	콩나물, 생것		N06314
79	20	콩잎		N06315
80	120	토란대, 말린 것, 삶은것		N06316
81	7	토란대, 말린 것, 생건		N06317
82	90	토란대, 생것, 생것		N06319
83	120	토마토, 생것		N06321
84	65	파, 대파		N06326
85	130	파, 실파		N06327
86	75	파, 쪽파(중파)		N06328
87	50	파슬리		N06330
88	110	피망, 녹색과	(70)	N06338
89	70	피망, 적색과		N06339
90	65	호박, 늙은호박, 삶은것		N06342

순번	e-식품 교환량(g)	음식명	식품 교환량(g)	식품 코드
91	7	호박, 늙은호박, 호박고지(오가리)		N06344
92	65	호박, 애호박, 생것	(70)	N06349
93	55	호박잎, 삶은것		N06352
94	55	호박잎, 생것		N06353
버섯류1	65	느타리버섯, 생것	(70)	N07004
2	7	목이버섯, 말린것		N07006
3	65	양송이버섯, 생것	(70)	N07023
4	65	팽이버섯, 생것		N07033
5	6	표고버섯, 말린것(생건)		N07036
6	7	표고버섯, 물갬나무, 말린것		N07037
해조류1	5	김(참김), 구운것		N12004
2	6	김(참김), 김밥용김		N12005
3	7	김(참김), 마른것		N12007
4	10	다시마, 말린것		N12018
5	95	다시마, 생것		N12022
6	8	미역, 말린것		N12033
7	80	미역, 생것, 자연산	(70)	N12037
8	30	미역, 염장미역		N12038
9	95	미역, 염장품		N12039
10	85	미역, 줄기, 생것		N12041
11	75	톳, 생것		N12056
12	7	파래, 말린것		N12058
13	65	파래, 생것, 납작파래		N12063
음료 및 주류 1	50	과일채소음료, 당근쥬스, 캔		N15001
2	7	차류, 결명자차, 열매		N15050
3	6	차류, 녹차, 가루차		N15053
4	1	차류, 보리차, 침출액		N15057
5	4	차류, 쌍화차		N15060
6	6	차류, 오미자차		N15061
7	7	차류, 현미녹차, 차		N15080
조미료류 1	5	겨자, 분말		N16004
2	7	계피가루		N16006
3	7	고추냉이, (와사비)페이스트		N16008
4	10	고추장, 개량식		N16009
5	7	고춧가루		N16011
6	7	후추, 검은색		N16071
기타1	20	인삼, 수삼		N18019

4. 지방군

표 6-7. 지방군 1교환단위의 e-식품교환량 (지방 5g, 열량 45kcal)

순번	e-식품 교환량(g)	음식명	식품 교환량(g)	식품 코드
견과류 및 종실류1	15	들깨, 말린것		N05007
2	15	들깨가루		N05008
3	10	땅콩, 말린 것, 대립종		N05010
4	10	땅콩, 볶은것	(10)	N05013
5	7	잣, 말린것	(8)	N05040
6	7	잣, 볶은것	(8)	N05041
7	10	참깨, 흰깨, 말린것	(8)	N05046
8	9	참깨, 흰깨, 볶은것		N05047
9	8	코코넛, 말린것		N05052
유지류 1	5	들기름		N14003
2	6	마가린		N14008
3	6	버터		N14010
4	5	쇼트닝		N14014
5	5	옥수수기름		N14017
6	5	참기름		N14021
7	5	콩기름		N14026
조미료류 1	7	마요네즈, 전란	(6)	N16024
2	9	참깨, 깨소금		N16057
3	5	핫소스		N16070

5. 우유군

표 6-8. 우유군 1교환단위의 e-식품교환량 (당질 11g, 단백질 6g, 지방 6g, 열량 125kcal)

순번	e-식품 교환량(g)	음식명	식품 교환량(g)	식품 코드
두류 1	180	두유(베지밀)		N04025
우유류 1	190	우유, 보통우유	(200)	N13019
2	65	유제품, 아이스크림, 바닐라		N13025
3	190	유제품, 요구르트, 액상		N13028
4	130	유제품, 요구르트, 호상(탈지우유, 가당)		N13031

6. 과일군

표 6-9. 과일군 1교환단위의 e-식품교환량 (당질 12g, 열량 50kcal)

순번	e-식품 교환량(g)	음식명	식품 교환량(g)	식품 코드
과실류 1	20	감, 곶감		N08004
2	110	감, 단감	(80)	N08005
3	80	감, 연시, 생것		N08007
4	120	구아바, 생과		N08011
5	100	귤, 보통(임온주)		N08015
6	70	금귤, 생과		N08027
7	80	다래		N08028
8	15	대추, 건과	(20)	N08029
9	280	딸기, 생과, 개량종	(200)	N08034
10	120	라임, 생과		N08037
11	160	레몬, 생과		N08041
12	80	롱간스, 생과		N08044
13	70	망고		N08045
14	170	매실, 생과		N08047
15	90	머루, 생과, 재래종		N08051
16	130	멜론, 머스크	(120)	N08053
17	80	모과		N08055
18	120	무화과, 생과		N08057
19	55	바나나, 생과	(60)	N08060
20	120	배, 생과, 국내산, 신고	(100)	N08063
21	80	버찌, 생과, 국내산		N08070
22	150	복숭아, 생과, 백도		N08076
23	95	블루베리, 생과		N08082
24	100	사과,과일쥬스, 천연과즙(무가당)		N08090
25	110	사과, 생과, 아오리		N08094
26	280	산딸기		N08098
27	190	살구, 생과	(150)	N08101
28	70	석류		N08104
29	150	수박, 생과, 적육질		N08107
30	25	아보카도		N08110
31	180	앵두	(120)	N08111
32	110	엘더베리		N08112
33	130	오디, 생과, 흑과(재래종)		N08115
34	110	오렌지, 과일쥬스, 천연과즙	(100)	N08118
35	110	오렌지, 생과	(100)	N08121

순번	e-식품 교환량(g)	음식명	식품 교환량(g)	식품 코드
36	70	올리브, 생과		N08123
37	120	자두, 일본자두, 생과	(80)	N08132
38	160	참외, 생과	(120)	N08133
39	95	크랜베리, 생과		N08136
40	90	키위		N08138
41	200	파인애플, 생과	(100)	N08145
42	75	파인애플, 통조림		N08146
43	210	파파야		N08147
44	90	포도, 골덴마스캇, 큰것	(80)	N08152
45	85	포도,과일쥬스, 천연과즙(과즙100%)		N08155
46	65	후르츠칵테일, 통조림		N08168
음료 및 주류1	120	탄산음료, 사이다		N15092
조미료류 1	140	토마토소스		N16066
2	45	토마토케첩		N16067

7. 알콜군

표 6-10. 알콜군 1교환단위의 e-식품교환량 (알콜 10g, 열량 70kcal)

순번	e-식품 교환량(g)	음식명	식품 교환량(g)	식품 코드
음료 및 주류1	150	막걸리		N15015
2	45	매실주		N15016
3	190	맥주		N15017
4	25	보드카, 알콜50%		N15019
5	30	브랜디1급, 알콜42%		N15020
6	190	생맥주		N15023
7	160	샴페인		N15024
8	50	소주		N15025
9	30	위스키1급, 알콜42%		N15027
10	35	진, 알콜37%		N15030
11	65	청주		N15032
12	95	포도주, 백포도주		N15045
13	100	포도주, 적포도주		N15046

(출처 : 홍순명 · 조희선 · 김곤, 인터넷 기반의 식품 교환량(ENECC/E-Food Exchange) 데이터베이스의 일상식품의 식품교환량 검색시스템 upgrade와 식품군별 식품교환량, 대한영양사협회학술지 10(2):129-142, 2004)

제7장

식품교환표를 활용한 식단작성

식품교환표를 활용하여 간편하게 열량과 영양소를 고려하면서 다음과 같이 식단을 작성할 수 있다.

식품교환표를 활용한 식단작성 단계를 따라 가보자.

- 1 단계 : 총열량과 단백질, 지방, 당질의 필요량을 산정
- 2 단계 : 각 식품군별 교환 단위수의 결정
- 3 단계 : 1일 교환 단위수의 끼니별 분배
- 4 단계 : 식품교환군 목록에서 식품과 단위수를 선택

1 단계에서 각 개인의 질병의 종류와 정도 및 체중을 고려하여 총열량과 단백질, 지질, 당질의 필요량을 결정하면 2 단계에서는 교환 단위수를 결정하게 된다. 교환단위수의 계산 순서는 다음과 같다.

① 먼저 대상자에 맞도록 식성을 참고로 하여 우유군, 채소군, 과일군의 단위수를 결정한다.

예 우유군 ····· 2교환단위
채소군 ····· 10교환 단위
과일군 ····· 2교환 단위

② 잠정적으로 정한 우유군, 채소군, 과일군의 당질, 단백질, 지방량을 계산한다.

③ 곡류군의 교환 단위수를 결정한다. …… 먼저 우유군, 채소군, 과일군의 당질함량을 합한 다음 이 양을 처방된 당질 필요량에서 뺀다. 이렇게 해서 나온 당질량을 23g(곡류 1교환 단위의 당질량)으로 나눈다. 이 값이 하루에 필요한 곡류의 총 교환 단위수이다. 이 교환단위에서 당질과 단백질 값을 계산한다.

④ 당질 함량을 전부 합하여 3~4g 정도가 처방된 양보다 많으면 채소류, 과일류, 곡류에서 조절한다.

⑤ 육류군의 교환 단위를 결정한다. …… 우유군, 채소군, 곡류군의 단백질을 합하여 처방된 단백질량에서 뺀다. 나머지 단백질량을 8g(육류군의 1교환 단위의 단백질량)으로 나누며 이렇게 해서 나온 값이 육류군의 교환 단위수이다.

⑥ 지방군의 교환 단위를 결정한다. …… 우유군과 육류군의 지방함량을 계산하여 처방된 지방함량에서 뺀다. 이 수를 5g(지방군 1교환 단위의 지방량)으로 나누며, 이 값이 지방 교환 단위수이다.

⑦ 전체의 계산을 통하여 검산한다.

표 7-1은 식품교환표를 이용한 계산의 예이다.

표 7-1. 식품교환표를 이용한 계산의 예

(당질 260g, 단백질 90g, 지질 40g, 열량 1790kcal)

교환군	식품	심볼	단위수	당질(g)	단백질(g)	지방(g)	열량(kcal)
1	우유군	◇	2	22	12	12	250
2	채소군	△	10	30	20		200
3	과일군	♡	2	24 (260-76=184)			100
4	곡류군	○	8	184	16 (90-48=42)		800
5	어육류군 저지방 중지방	□	4 2		32 16	8 10 (40-30=10)	200 150
6	지방군	☆	2			10	90
합 계				260	90	40	1790

표 7-1에서와 같이 식품교환표를 이용하여 식품교환 단위수가 정해지면 3단계로 1일 식품교환 단위수를 끼니별로 적당하게 분배하도록 한다.

표 7-2. 식품교환표를 이용한 끼니별 식품교환수

	곡류군	어육류군	채소군	지방군	우유군	과일군
아침	2	2 저지방	3	1	1	
점심	3	2 중등지방① 저지방①	4	1		1
저녁	3	2 중등지방① 저지방①	3	1	1	1
총량	8	6	10	3	2	2

이처럼 끼니별 배분이 끝나면 4단계로 실제로 식품을 선택하여 단위수만큼 섭취할 수 있도록 식단을 작성한다.

▶ 식품교환표를 이용한 끼니별 식품교환수표

	곡류군	어육류군		채소군	지방군	우유군	과일군
		저지방	중지방				
아침	2	2		3	1	1	
점심	3	1	1	4	1		1
저녁	3	1	1	3	1	1	1
총량	8	4	2	10	3	2	2

1일의 식단작성을 위한 열량별 식품군별 식품교환단위수는 제1장의 표 1-2를 참조하여 적절히 조절하도록 한다.

제8장

식품교환량을 이용한 건강 식단의 작성과 영양분석

식품군별 식품교환량은 건강 식단을 작성하거나 식사의 영양평가에 많은 도움이 되고 있다. 그러나 우리가 음식을 먹을 경우에는 식품군의 식품재료가 들어간 음식으로 조리하여 먹기 때문에 음식의 식품군별 식품교환량에 대한 정보가 필요하다. 음식의 주 식품군과 교환량을 0.5단위로 하였으며 칼로리를 고려하여 식품군별 교환량이 적은 경우에는 교환량을 '약간'이라고 표시하였다. 음식의 식품교환량은 음식재료의 e-식품교환량을 제시하여 각 식품군별로 교환수를 산출하였다. 그리고 음식의 식품교환량을 알기 쉽도록 0.5단위로 조정하여 조정된 음식의 식품교환량으로 표시하였다.

산출된 식품교환량과 조정된 식품교환량에 의한 3대 영양소와 열량의 차이는 크지 않았으므로 조정된 식품교환량으로 사용하는 것이 영양교육이나 상담을 하는데 더 효과적으로 이용될 수 있다. 또한 산출된 음식의 식품교환량이나 조정된 식품교환량은 MenuGen으로 분석한 자료와 비교하였을 때도 크게 차이를 보이지 않았으므로 식품교환량을 사용하여 음식의 식품교환량을 이해하고 활용할 수 있도록 하였다.

식품교환표를 이용하여 식단의 열량과 3대 영양소를 분석할 수 있으며 각 식품군마다 골고루 선택이 되었는지를 분석하고 마지막으로 인터넷 프로그램인 MenuGen(메뉴젠)으로 영양분석하여 비교하도록 한다(제 11장 참조).

다음의 식단은 식품교환량에 맞추어 작성하였으며 식단작성을 하기 쉽도록 샘플로 만든 식단이다. 다음 식단의 음식의 재료량을 살펴보고 식품군으로 분석하였다.

샘플식단은 식단의 특징을 살려서 '선녀와 나무꾼', '아름다운 발란스' 그리고 '추운날의 따스함'으로 식단명을 하였다.

'선녀와 나무꾼'은 한국의 기본적인 식단패턴으로 쌀밥 210g, 미역국 200g, 쇠고기불고기 100g, 도라지나물 25g, 시금치나물 55g, 배추김치 50g, 우유 190g 사과 100g으로 구성하였다.

'아름다운 발란스'는 섬유소와 항산화영양소가 풍부하게 함유되면서 영양적으로 균형이 되도록 아름다운 채소가 듬뿍 들어가도록 현미밥 210g, 된장찌개 150g, 생선전 80g, 무생채 60g, 열무김치 50g, 야채쥬스 150g, 수박 150g으로 구성하였다.

마지막으로 '추운날의 따스함'으로 겨울철에 부족하기 쉬운 영양소를 잡곡으로 보충하고 여럿이 둘러앉아서 정성들여 간단하게 식사할 수 있는 음식인 오곡밥 210g, 칠절판 200g, 나박김치 150g, 두유 150g, 귤 100g 으로 구성하였다.

표 8-1. '선녀와 나무꾼'의 음식재료명과 식품교환수

음식명	식품명	중량(g)	e-교환량 (g)	교환수 (g)	곡류	어육류 저	어육류 중	어육류 고	채소	지방	우유	과일
쌀밥												
	쌀	90	30	3.0	3.0							
	물	120	100									
	합계	210			3.0							
미역국												
	쇠고기,사태	10	40	0.3		0.3						
	미역,말린것	4	8	0.5					0.5			
	참기름	1	5	0.2						0.2		
	마늘	1	15	0.1					0.1			
	재래간장	2	100	0.0		0.0						
	물	182	100									
	합계	200				0.3			0.6	0.2		
쇠고기 불고기												
	쇠고기,안심	80	40	2.0		2.0						
	설탕	5	25	0.2	0.1							
	왜간장	5	100	0.1		0.1						
	파,대파	7	65	0.1					0.1			
	마늘	1	15	0.1					0.1			
	참기름	2	5	0.4						0.4		
	합계	100			0.1	2.1			0.2	0.4		
도라지 나물												
	도라지,생것	20	20	1.0					1.0			
	소금,식염	1	*									
	마늘	1	15	0.1					0.1			
	참기름	1	5	0.2						0.5		
	참깨,깨소금	2	9	0.1						0.1		
	합계	25							1.1	0.6		
시금치 나물												
	시금치	50	50	1.0					1.0			
	소금	1	*									
	마늘	1	15	0.1					0.1			
	참기름	1	5	0.2						0.2		
	참깨,깨소금	2	9	0.1						0.1		
	합계	55							1.1	0.3		
배추 김치	배추김치	50	100	0.5					0.5			
우유	우유	200	190	1.1							1.1	
사과	사과	100	100									1.0
총합계					3.1	2.4			4.5	1.5	1.1	1.0
조정 단위수					3.0	2.5			4.5	1.5	1.0	1.0

표 8-2는 '선녀와 나무꾼' 식단을 메뉴젠으로 분석한 자료이다.

표 8-2. '선녀와 나무꾼'의 메뉴젠 영양분석

음식명	식품명	중량 (g)	에너지 (kcal)	수분 (%)	단백질 (g)	지질 (g)	탄수화물 (g)	섬유소 (g)	회분 (g)	칼슘 (mg)	인 (mg)
쌀밥											
	쌀	90	333	10.1	4.7	0.3	74.2	0.4	0.4	5.4	81.9
	물	120	0	120	0	0	0	0	0	0	0
	합계	210	333	131.1	4.7	0.3	74.2	0.4	0.4	5.4	81.9
미역국											
	쇠고기,사태	10	13	7.4	2	0.5	0	0	0.1	0.3	15.6
	미역,말린것	4	8.1	0.6	0.8	0.1	1.4	0.1	1	38.4	12.3
	참기름	1	8.8	0	0	1	0	0	0	0	0
	마늘	1	1.3	0.6	0.1	0	0.3	0	0	0	1.7
	재래간장	2	1.1	1.4	0.2	0	0.1	0	0.3	0.8	3.1
	물	182	0	182	0	0	0	0	0	0	0
	합계	200	32.3	192	3.1	1.6	1.8	0.1	1.4	39.5	32.7
쇠고기불고기											
	쇠고기,안심	80	118.4	57.3	16.6	5	0.2	0	0.9	18.4	140
	설탕	5	19.4	0	0	0	5	0	0	0.2	0
	왜간장	5	2.6	3.6	0.4	0	0.2	0	0.8	2	7.8
	파,대파	7	1.8	6.4	0.1	0	0.4	0.1	0	5.7	2.4
	마늘	1	1.3	0.6	0.1	0	0.3	0	0	0	1.7
	참기름	2	17.7	0	0	2	0	0	0	0	0
	합계	100	161.2	67.9	17.2	7	6.1	0.1	1.7	26.3	151.9
도라지나물											
	도라지	20	16.6	15.1	0.3	0.1	3.9	0.4	0.2	7.8	6.8
	소금	1	0	0	0	0	0	0	1	0.4	0
	마늘	1	1.3	0.6	0.1	0	0.3	0	0	0	1.7
	참기름	1	8.8	0	0	1	0	0	0	0	0
	참깨,깨소금	2	11.9	0.1	0.4	1.1	0.2	0.1	0.1	24.5	12.8
	합계	25	38.6	15.8	0.8	2.2	4.4	0.5	1.3	32.7	21.3
시금치나물											
	시금치	50	15	44.7	1.6	0.2	2.6	0.4	0.5	20	14.5
	소금	1	0	0	0	0	0	0	1	0.4	0
	마늘	1	1.3	0.6	0.1	0	0.3	0	0	0	1.7
	참기름	1	8.8	0	0	1	0	0	0	0	0
	깨소금	2	11.9	0.1	0.4	1.1	0.2	0.1	0.1	24.5	12.8
	합계	55	37	45.4	2.1	2.3	3.1	0.5	1.6	44.9	29
배추김치											
	배추김치	50	9	45.4	1	0.2	1.3	0.6	1.4	23.5	29
우유											
	우유	190	114	167.6	6.1	6.1	8.9	0	1.3	199.5	169.1
사과											
	사과	100	44	87.3	0.5	0.2	11.2	0.6	0.2	4	10
선녀-합계			769.1	751.5	35.5	19.9	111	2.8	9.3	375.8	524.9

음식명	식품명	철 (mg)	나트륨 (mg)	칼륨 (mg)	비타민 A (RE)	레티놀 (μg)	베타카로틴 (μg)	비타민 B_1 (mg)	비타민 B_2 (mg)	나이아신 (mg)	비타민 C (mg)
쌀밥											
	쌀	1.1	13.5	94.5	0	0	0	0.18	0.027	0.9	0
	물	0	0	0	0	0	0	0	0	0	0
	합계	1.1	13.5	94.5	0	0	0	0.18	0.027	0.9	0
미역국											
	쇠고기,사태	0.2	7.5	34.4	1.2	1.2	0	0.004	0.014	0.1	0
	미역,말린것	0.4	244	220	22.2	0	133.2	0.01	0.04	0.2	0.72
	참기름	0	0	0	0	0	0	0	0	0	0
	마늘	0	0.1	7.3	0	0	0	0.002	0.001	0	0.31
	재래간장	0	143.1	7.8	0	0	0	0	0.002	0	0
	물	0	0	0	0	0	0	0	0	0	0
	합계	0.6	394.7	269.5	23.4	1.2	133.2	0.016	0.057	0.3	1.03
쇠고기불고기											
	쇠고기,안심	3.8	362.4	304.8	9.6	9.6	0	0.064	0.2	4.2	0
	설탕	0	0.1	0.2	0	0	0	0	0	0	0
	왜간장	0.1	292.9	20	0	0	0	0.002	0.004	0.1	0
	파,대파	0.1	0.1	13	9.03	0	54.2	0.004	0.006	0	1.47
	마늘	0	0.1	7.3	0	0	0	0.002	0.001	0	0.31
	참기름	0	0	0	0	0	0	0	0	0	0
	합계	4	655.6	345.3	18.63	9.6	54.2	0.072	0.211	4.3	1.78
도라지나물											
	도라지	0.4	2	92	0	0	0	0.016	0.026	0.1	2.4
	소금	0	336	1.4	0	0	0	0	0	0	0
	마늘	0	0.1	7.3	0	0	0	0.002	0.001	0	0.31
	참기름	0	0	0	0	0	0	0	0	0	0
	참깨,깨소금	0.4	0	0	0	0	0	0.01	0.003	0	0
	합계	0.8	338.1	100.7	0	0	0	0.028	0.03	0.1	2.71
시금치나물											
	시금치	1.3	27	251	303.5	0	1820	0.06	0.17	0.2	30
	소금	0	336	1.4	0	0	0	0	0	0	0
	마늘	0	0.1	7.3	0	0	0	0.002	0.001	0	0.31
	참기름	0	0	0	0	0	0	0	0	0	0
	깨소금	0.4	0	0	0	0	0	0.01	0.003	0	0
	합계	1.7	363.1	259.7	303.5	0	1820	0.072	0.174	0.2	30.31
배추김치											
	배추김치	0.4	573	150	24	0	145	0.03	0.03	0.4	7
우유											
	우유	0.2	104.5	281.2	53.2	49.4	22.8	0.076	0.266	0.2	1.9
사과											
	사과	0.8	4	99	0	0	0	0.02	0.01	0.1	5
선녀-합계		9.6	2446.5	1599.9	422.7	60.2	2175.2	0.494	0.805	6.5	49.73

표 8-3. 식품교환수를 이용한 영양분석과 메뉴젠 영양분석 자료

'선녀와 나무꾼'

	교환수	당질(g)	단백질(g)	지방질(g)	열량(kcal)
곡류	3.1	71.3	6.2		310.0
어육류저	2.4		19.2	4.8	120.0
어육류중	0.0		0.0	0.0	0.0
어육류고	0.0		0.0	0.0	0.0
채소군	4.5	13.5	9.0		90.0
지방군	1.5			7.5	67.5
우유군	1.1	12.1	6.6	6.6	137.5
과일군	1.0	12.0			50.0
선녀-총계		108.9	41.0	18.9	775.0
메뉴젠 분석		111.0	35.5	19.9	769.1

'선녀와 나무꾼' 조정치

	교환수	당질(g)	단백질(g)	지방질(g)	열량(kcal)
곡류	3.0	69.0	6.0		300.0
어육류저	2.5		20.0	5.0	125.0
어육류중	0.0		0.0	0.0	0.0
어육류고	0.0		0.0	0.0	0.0
채소군	4.5	13.5	9.0		90.0
지방군	1.5			7.5	67.5
우유군	1.0	11.0	6.0	6.0	125.0
과일군	1.0	12.0			50.0
선녀-총계		105.5	41.0	18.5	757.5
메뉴젠분석		111.0	35.5	19.9	769.1

표 8-4. '아름다운 발란스'의 음식재료명과 식품교환수

음식명	식품명	중량(g)	e-교환량 (g)	교환수	곡류	어육류 저	어육류 중	어육류 고	채소	지방	우유	과일
현미밥												
	멥쌀	60	30	2.0	2.0							
	현미쌀	30	30	1.0	1.0							
	물	120	100									
	합계	210			3.0							
된장찌개												
	된장	15	30	0.5		0.5						
	멸치	5	15	0.3		0.3						
	양파	10	50	0.2					0.2			
	두부	30	85	0.4			0.4					
	마늘	1	15	0.1					0.1			
	대파	7	65	0.1					0.1			
	풋고추	9	85	0.1					0.1			
	물	73	100									
	합계	150				0.8	0.4		0.3			
생선전												
	명태	60	60	1.0		1.0						
	소금	1	*									
	밀가루,중력	5	25	0.2	0.2							
	달걀	11	55	0.2			0.2					
	콩기름	3	5	0.6						0.6		
	합계	80			0.2	1.0	0.2			0.6		
무생채												
	무	50	110	0.5					0.5			
	설탕	3	25	0.1	0.1							
	고춧가루	1	9	0.1					0.1			
	소금	1	*									
	마늘	1	15	0.1					0.1			
	대파	4	65	0.1					0.1			
	합계	60			0.1				0.8			
열무김치												
	열무김치	50	75	0.7					0.7			
야채쥬스												
	당근	55	55	1.0					1.0			
	미나리	50	100	0.5					0.5			
	케일	45	95	0.5					0.5			
	합계	150							2.0			
수박	수박	150	150	1.0								1.0
총합계					3.3	1.8	0.6		3.8	0.6		1.0
조정 단위수					3.5	2.0	0.5		4.0	0.5		1.0

표 8-5. '아름다운 발란스'의 메뉴젠 영양분석

음식명	식품명	중량 (g)	에너지 (kcal)	수분 (%)	단백질 (g)	지질 (g)	탄수화물 (g)	섬유소 (g)	회분 (g)	칼슘 (mg)	인 (mg)
현미밥											
	멥쌀	60	222	6.7	3.1	0.2	49.5	0.2	0.2	3.6	54.6
	현미쌀	30	105	3.5	2.3	0.6	22.3	0.8	0.5	1.8	83.7
	물,식수	120	0	120	0	0	0	0	0	0	0
	합계	210	327	130.2	5.4	0.8	71.8	1	0.7	5.4	138.3
된장찌개											
	된장	15	24.2	7.5	1.8	0.7	2.7	0.5	1.8	8	27.2
	큰멸치	7	21.2	1.8	3.3	0.7	0.2	0	1	133.4	100
	양파	10	3.4	9	0.1	0	0.8	0	0	1.6	3
	두부	30	25.2	24.8	2.8	1.7	0.4	0.1	0.3	37.8	42
	마늘	1	1.3	0.6	0.1	0	0.3	0	0	0	1.7
	대파	5	1.3	4.6	0.1	0	0.3	0	0	4	1.8
	풋고추	9	1.1	7.5	0.2	0	0	1.1	0.1	1.4	5.1
	물,식수	73	0	73	0	0	0	0	0	0	0
	합계	150	77.7	128.8	8.4	3.1	4.7	1.7	3.2	186.2	180.8
생선전											
	명태	60	48	48.2	10.5	0.4	0	0	0.9	65.4	121.2
	소금	1	0	0	0	0	0	0	1	0.4	0
	밀가루,중력분	5	18.9	0	0.6	0.1	4.3	0	0	1.6	3.9
	달걀	11	17.4	8.2	1.4	1.2	0.1	0	0.1	4.3	26.4
	콩기름	3	26.5	0	0	3	0	0	0	0	0
	합계	80	110.8	56.4	12.5	4.7	4.4	0	2	71.7	151.5
무생채											
	무	50	9	47.2	0.4	0	1.9	0.3	0.2	13	11.5
	설탕	3	11.6	0	0	0	3	0	0	0.1	0
	고춧가루	1	2.6	0.1	0.1	0.1	0.4	0.2	0	0.6	2.1
	소금	1	0	0	0	0	0	0	1	0.4	0
	마늘	1	1.3	0.6	0.1	0	0.3	0	0	0	1.7
	파,대파	4	1	3.6	0.1	0	0.2	0	0	3.2	1.4
	합계	60	25.5	51.5	0.7	0.1	5.8	0.5	1.2	17.3	16.7
열무김치											
	열무김치	50	11.5	44.8	1.2	0.2	1.8	0.6	1.4	41	21.5
야채쥬스											
	당근	55	18.7	49.2	0.6	0.1	4.3	0.4	0.4	22	20.9
	미나리	50	8	46.5	0.8	0	1.6	0.5	0.6	12	22.5
	케일	45	7.2	41.5	1.3	0.2	0.7	0.5	0.7	144	20.2
	합계	150	33.9	137.2	2.7	0.3	6.6	1.4	1.7	178	63.6
수박											
	수박	150	46.5	136.5	1	0.2	11.7	0.2	0.4	9	16.5
아름-합계			632.9	685.4	31.9	9.4	106.8	5.4	10.6	508.6	588.9

음식명	식품명	철 (mg)	나트륨 (mg)	칼륨 (mg)	비타민 A (RE)	레티놀 (μg)	베타 카로틴 (μg)	비타민 B_1 (mg)	비타민 B_2 (mg)	나이아신 (mg)	비타민 C (mg)
현미밥											
	멥쌀	0.7	9	63	0	0	0	0.12	0.018	0.6	0
	현미쌀	0.2	23.7	97.8	0	0	0	0.069	0.024	1.1	0
	물,식수	0	0	0	0	0	0	0	0	0	0
	합계	0.9	32.7	160.8	0	0	0	0.189	0.042	1.7	0
된장찌개											
	된장	0.2	603	60.4	0	0	0	0.004	0.015	0.2	0
	큰멸치	1.1	61.5	79.8	0	0	0	0.008	0.008	0.9	0
	양파	0	0.2	14.4	0	0	0	0.004	0.001	0	0.8
	두부	0.4	1.5	27	0	0	0	0.009	0.006	0.1	0
	마늘	0	0.1	7.3	0	0	0	0.002	0.001	0	0.31
	대파	0	0	9.3	6.45	0	38.8	0.003	0.004	0	1.05
	풋고추	0.1	0.9	21.2	121.5	0	729	0.018	0.031	0.1	8.28
	물,식수	0	0	0	0	0	0	0	0	0	0
	합계	1.8	667.2	219.4	127.95	0	767.8	0.048	0.066	1.3	10.44
생선전											
	명태	0.9	79.2	175.8	10.2	10.2	0	0.024	0.078	1.4	0.001
	소금	0	336	1.4	0	0	0	0	0	0	0
	밀가루,중력분	0.1	1	5.4	0	0	0	0.01	0.001	0.1	0
	달걀	0.2	1	13.2	17.49	16.5	2	0.007	0.046	0	0
	콩기름	0	0	0	0	0	0	0	0	0	0
	합계	1.2	430.5	195.8	27.69	26.7	2	0.041	0.125	1.5	0.001
무생채											
	무	0.4	6.5	106.5	4	0	23	0.015	0.01	0.2	7.5
	설탕	0	0.1	0.1	0	0	0	0	0	0	0
	고춧가루	0.1	0.2	24	34.4	0	206.4	0.004	0.012	0.1	0.32
	소금	0	336	1.4	0	0	0	0	0	0	0
	마늘	0	0.1	7.3	0	0	0	0.002	0.001	0	0.31
	파,대파	0	0	7.4	5.16	0	31	0.002	0.004	0	0.84
	합계	0.5	342.9	146.7	43.56	0	260.4	0.023	0.027	0.3	8.97
열무김치											
	열무김치	0.9	425.5	162	254	0	1125	0.02	0.04	0.3	12.5
야채쥬스											
	당근	0.4	16.5	217.2	698.5	0	4191	0.033	0.028	0.4	4.4
	미나리	1	9	206	125	0	749.5	0.03	0.06	0.8	5
	케일	0.5	20.2	145.8	136.35	0	817.6	0.063	0.112	0.6	37.35
	합계	1.9	45.7	569	959.85	0	5758.1	0.126	0.2	1.8	46.75
수박											
	수박	0.3	1.5	208.5	42	0	247.5	0.09	0.03	0.3	9
아름-합계		7.5	1946	1662.2	1455	26.7	8160.8	0.537	0.53	7.2	87.661

표 8-6. '아름다운 발란스'의 식품교환수를 이용한 영양분석과 메뉴젠 영양분석 자료

'아름다운 발란스'					
	교환수	당질(g)	단백질(g)	지방질(g)	열량(kcal)
곡류	3.3	75.9	6.6		330.0
어육류저	1.8		14.4	3.6	90.0
어육류중	0.6		4.8	3.0	45.0
어육류고					
채소군	3.8	11.4	7.6		76.0
지방군	0.6			3.0	27.0
우유군	0.0	0.0	0.0	0.0	0.0
과일군	1.0	12.0			50.0
아름-총계		99.3	33.4	9.6	618.0
메뉴젠 분석		106.8	31.9	9.4	632.9

'아름다운 발란스' 조정치					
	교환수	당질(g)	단백질(g)	지방질(g)	열량(kcal)
곡류	3.5	80.5	7.0		350.0
어육류저	2.0		16.0	4.0	100.0
어육류중	0.5		4.0	2.5	37.5
어육류고	0.0		0.0	0.0	0.0
채소군	4.0	12.0	8.0		80.0
지방군	0.5			2.5	22.5
우유군	0.0	0.0	0.0	0.0	0.0
과일군	1.0	12.0			50.0
아름-총계		104.5	35.0	9.0	640.0
메뉴젠분석		106.8	31.9	9.4	632.9

표 8-7. '추운날의 따스함'의 식품재료명과 식품교환수

음식명	식품명	중량(g)	e-교환량(g)	교환수	곡류	어육류 저	어육류 중	어육류 고	채소	지방	우유	과일
오곡밥												
	찹쌀	30	30	1.0	1.0							
	쌀	30	30	1.0	1.0							
	차조	10	30	0.3	0.3							
	팥	10	30	0.3	0.3							
	차수수	10	30	0.3	0.3							
	물	120	100									
	합계	210			2.9							
칠절판												
	쇠고기, 안심	20	40	0.5		0.5						
	오이	30	150	0.2					0.2			
	당근	30	55	0.5					0.5			
	달걀	40	55	0.7			0.7					
	석이버섯	2	6	0.3					0.3			
	마늘	3	15	0.2					0.2			
	소금	2	*									
	참기름	2	5	0.4						0.4		
	대파	7	65	0.1					0.1			
	옥수수기름	10	5	2.0						2.0		
	밀가루, 중력	25	25	1.0	1.0							
	물	19	100									
	왜간장	10	100	0.1		0.1						
	합계	200			1.0	0.6	0.7		1.3	2.4		
나박김치	나박김치	150	150	1.0					1.0			
두유	대두	20	20	1.0			1.0					
	물	130	100	1.3								
	합계	150					1.0					
귤	귤	100	100	1.0								1.0
총합계					3.9	0.6	1.7		2.3	2.4		1.0
조정 단위수					4.0	0.5	1.5		2.5	2.5		1.0

표 8-8. '추운날의 따스함'의 메뉴젠 영양분석

음식명	식품명	중량 (g)	에너지 (kcal)	수분 (%)	단백질 (g)	지질 (g)	탄수화물 (g)	섬유소 (g)	회분 (g)	칼슘 (mg)	인 (mg)
오곡밥											
	찹쌀	30	112.2	2.9	2.2	0.1	24.4	0.2	0.2	1.2	45.3
	멥쌀	30	111	3.4	1.6	0.1	24.8	0.1	0.1	1.8	27.3
	차조	10	36.3	1.2	0.9	0.3	7.3	0.1	0.2	1.7	30.1
	팥	10	33.7	0.9	1.9	0	6.4	0.5	0.3	8.2	42.4
	차수수	10	35.4	1.4	1	0.2	7.2	0	0.1	1.1	26.5
	물	120	0	120	0	0	0	0	0	0	0
	합계	210	328.6	129.8	7.6	0.7	70.1	0.9	0.9	14	171.6
칠절판											
	쇠고기,안심	20	29.6	14.3	4.2	1.3	0	0	0.2	4.6	35
	오이	30	3.3	28.8	0.3	0.1	0.5	0.2	0.2	8.4	23.1
	당근	30	10.2	26.8	0.3	0	2.3	0.2	0.2	12	11.4
	달걀	40	63.2	30	5	4.3	0.4	0	0.4	15.6	96
	석이버섯	2	5.6	0.3	0.1	0	1.4	0.1	0	1.6	1.1
	마늘	3	3.8	1.9	0.2	0	0.8	0	0	0.2	5.2
	소금	2	0	0	0	0	0	0	2	0.8	0
	참기름	2	17.7	0	0	2	0	0	0	0	0
	파,대파	7	1.8	6.4	0.1	0	0.4	0.1	0	5.7	2.4
	옥수수기름	10	88.4	0	0	10	0	0	0	0	0
	밀가루, 중력분	25	94.5	0.1	2.9	0.3	21.6	0	0.1	7.8	19.5
	물	19	0	19	0	0	0	0	0	0	0
	왜간장	10	5.3	7.2	0.8	0	0.5	0	1.6	3.9	15.5
	합계	200	323.4	134.8	13.9	18	27.9	0.6	4.7	60.6	209.2
나박김치											
	나박김치	210	18.9	199.7	1.7	0.2	3.6	1.7	3.2	75.6	14.7
두유											
	대두	20	35	12.3	3.6	1.5	1.9	0.3	0.3	15	44
	물	130	0	130	0	0	0	0	0	0	0
	합계	150	35	142.3	3.6	1.5	1.9	0.3	0.3	15	44
귤											
	귤	100	47	86.5	0.8	0.2	11.8	0.3	0.4	18	10
추운-합계			747.5	636	27.1	20.6	114.3	3.3	8.5	161.6	445.3
3끼 합계			2149.5	2072.9	94.5	49.9	332.1	11.5	28.4	1046	1559.1

음식명	식품명	철 (mg)	나트륨 (mg)	칼륨 (mg)	비타민 A (RE)	레티놀 (μg)	베타 카로틴 (μg)	비타민 B_1 (mg)	비타민 B_2 (mg)	나이아신 (mg)	비타민 C (mg)
오곡밥											
	찹쌀	0.7	0.9	57.3	0	0	0	0.042	0.024	0.5	0
	멥쌀	0.4	4.5	31.5	0	0	0	0.06	0.009	0.3	0
	차조	0.3	0.5	32.9	0	0	0	0.024	0.011	0.4	0
	팥	0.6	0.1	118	0	0	0	0.054	0.014	0.3	0
	차수수	0.3	0.3	28.5	0	0	0	0.011	0.003	0.3	0
	물	0	0	0	0	0	0	0	0	0	0
	합계	2.3	6.3	268.2	0	0	0	0.191	0.061	1.8	0
칠절판											
	쇠고기,안심	0.9	90.6	76.2	2.4	2.4	0	0.016	0.05	1	0
	오이	0.2	0.6	93.6	3	0	16.8	0.012	0.006	0.1	2.7
	당근	0.2	9	118.5	381	0	2286	0.018	0.015	0.2	2.4
	달걀	0.8	52	48	63.6	60	7.2	0.024	0.168	0	0
	석이버섯	1.1	0.8	1.8	0	0	0	0.002	0	0	0
	마늘	0	0.2	21.9	0	0	0	0.006	0.003	0	0.93
	소금	0	4.8	2.7	0	0	0	0	0	0	0
	참기름	0	0	0	0	0	0	0	0	0	0
	파,대파	0.1	0.1	13	9.03	0	54.2	0.004	0.006	0	1.47
	옥수수기름	0	0	0	0	0	0	0	0	0	0
	밀가루, 중력분	0.4	4.8	27	0	0	0	0.052	0.005	0.4	0
	물	0	0	0	0	0	0	0	0	0	0
	왜간장	0.2	585.8	40	0	0	0	0.003	0.008	0.1	0
	합계	3.9	1416	442.7	459.03	62.4	2364.2	0.137	0.261	1.8	7.5
나박김치											
	나박김치	0.2	1884	138.6	161.7	0	966	0.063	0.126	1	21
두유											
	대두	0.6	0.4	101.8	0	0	0	0.046	0.02	0.3	0.2
	물	0	0	0	0	0	0	0	0	0	0
	합계	0.6	0.4	101.8	0	0	0	0.046	0.02	0.3	0.2
귤											
	귤	0.2	3	130	8	0	49	0.11	0.06	0.5	39
추운-합계		7.2	3310	1041.7	582.5	62.4	3103.2	0.529	0.492	5.2	61.7
3끼 합계		24.3	7702	4303.8	2460	149.3	13439.2	1.56	1.827	18.9	199.09

표 8-9. '추운날의 따스함'의 식품교환수를 이용한 영양분석과 메뉴젠 영양분석 자료

'추운날의 따스함'	교환수	당질 (g)	단백질 (g)	지방질 (g)	열량 (kcal)
곡류	3.9	89.7	7.8		390.0
어육류저	0.6		4.8	1.2	30.0
어육류중	1.7		13.6	8.5	127.5
어육류고					
채소군	2.3	6.9	4.6		46.0
지방군	2.4			12.0	108.0
우유군	0.0	0.0	0.0	0.0	0.0
과일군	1.0	12.0			50.0
추운-총계		108.6	30.8	21.7	751.5
메뉴젠 분석		114.3	27.1	20.6	747.5

'추운날의 따스함' 조정치	교환수	당질 (g)	단백질 (g)	지방질 (g)	열량 (kcal)
곡류	4.0	92.0	8.0		400.0
어육류저	0.5		4.0	1.0	25.0
어육류중	1.5		12.0	7.5	112.5
어육류고					
채소군	2.5	7.5	5.0		50.0
지방군	2.5			12.5	112.5
우유군	0.0	0.0	0.0	0.0	0.0
과일군	1.0	12.0			50.0
추운-총계		111.5	29.0	21.0	750.0
메뉴젠 분석		114.3	27.1	20.6	747.5

샘플식단의 식품교환수로 계산한 영양분석자료와 조정된 식품교환수는 다음과 같으며 동시에 메뉴젠으로 분석한 자료를 표시하였으며 3가지로 분석된 영양정보는 큰 차이를 보이지 않았다.

표 8-10. 1일 3끼 식품군별 식품교환수

식단명	곡류	어육류 저	어육류 중	어육류 고	채소	지방	우유	과일
선녀와 나무꾼	3.1	2.4			4.5	1.5	1.1	1.0
아름다운 발란스	3.3	1.8	0.6		3.8	0.6		1.0
추운날의 따스함	3.9	0.6	1.7		2.3	2.4		1.0
1일(3끼) 총단위수	10.3	4.8	2.3		10.6	4.5	1.1	3.0

표 8-11. 1일 3끼 식품군별 식품교환수(조정치)

식단명	곡류	어육류 저	어육류 중	어육류 고	채소	지방	우유	과일
선녀와 나무꾼	3.0	2.5			4.5	1.5	1.0	1.0
아름다운 발란스	3.5	2.0	0.5		4.0	0.5		1.0
추운날의 따스함	4.0	0.5	1.5		2.5	2.5		1.0
1일(3끼) 총 조정 단위수	10.5	5.0	1.5		11.0	4.5	1.0	3.0

표 8-12. 1일(3끼)의 영양분석

1일(3끼) 총단위수					
	교환수	당질(g)	단백질(g)	지방질(g)	열량(kcal)
곡류	10.3	236.9	20.6		1030.0
어육류 저	4.8		38.4	9.6	240.0
어육류 중	2.3		18.4	11.5	172.5
어육류 고					
채소군	10.6	31.8	21.2		212.0
지방군	4.5			22.5	202.5
우유군	1.1	12.1	6.6	6.6	137.5
과일군	3.0	36.0			150.0
1일 총계		316.8	105.2	50.2	2144.5
메뉴젠 분석		332.1	94.5	49.9	2149.5

1일(3끼) 총 조정단위수					
	교환수	당질(g)	단백질(g)	지방질(g)	열량(kcal)
곡류	10.5	241.5	21.0		1050.0
어육류저	5.0		40.0	10.0	250.0
어육류중	2.0		16.0	10.0	150.0
어육류고					
채소군	11.0	33.0	22.0		220.0
지방군	4.5			22.5	202.5
우유군	1.0	11.0	6.0	6.0	125.0
과일군	3.0	36.0			150.0
1일 총계		321.5	105.0	50.0	2147.5
메뉴젠 분석		332.1	94.5	49.9	2149.5

제9장

음식의 식품교환량 이해와 활용

본 장에서는 한국음식 44개에 대한 식품교환군별 식품교환량과 음식의 식품교환수를 계산하였다. 계산된 음식의 식품교환수를 0.5단위로 조정한 식품교환량을 음식사진과 함께 식품군별 심볼과 식품교환량을 표시하였다. 우리는 단일 식품으로 음식을 먹기보다는 여러 가지 식품의 들어있는 음식으로 식사를 한다. 그러므로 음식에 대한 식품교환량을 아는 것이 매우 필요하나 그에 대한 자료가 없으므로 본 서에서는 알기 쉽도록 조정된 식품교환량을 제시하였으며 영양분석자료와 함께 제시하여 알기 쉽도록 하였다. 또한 음식의 영양분석은 인터넷상의 메뉴젠(MenuGen)을 사용하여 분석하여 제시하였다. 이러한 음식의 식품교환량은 음식의 식품군별 식품구성과 열량과 3대 영양소를 이해하기 쉬우며, 당뇨병, 비만 등의 식사요법에 유용하게 활용할 수 있다.

44종의 음식은 대분류에 따른 음식분류와 음식번호와 음식명 순서에 따라 분류하여 참고하기 쉽도록 하였다.

표 9-1. 음식분류에 따른 음식명

음식 대분류	음식 중분류	음식 소분류
밥류	채소밥류	콩나물밥
	비빔밥,볶음밥류	비빔밥
빵 · 과자류	과자류	매작과
면 · 만두류	면류	국수장국, 칼국수
	만두류	만두국
찌개류	어패류찌개	생선찌개
	기타	두부젓국찌개
찜류	어패류찜	어선
	육류찜	돼지갈비찜
	채소류찜	호박선
	기타	수란
구이류	어패류구이	북어구이, 생선양념구이
	육류구이	파산적, 지짐누름적, 섭산적, 너비아니구이, 제육구이
	기타	더덕구이
전 · 부침류	어패류전	생선전
	육류전	육원전
	채소류전	표고전, 풋고추전
	부침류	알쌈
	기타	떡산적, 화양적, 화전
볶음류	채소류볶음	오이선
	기타	칠절판
조림류	어패류조림	홍합초
	두류조림	두부조림
나물 · 무침류	생채류 및 샐러드류	도라지생채, 무생채, 탕평채,더덕생채, 겨자채
	어패류무침	북어보푸라기
김치류	김치류	나박김치, 보쌈김치
회류	채소류회	미나리강회
장아찌류	장아찌	무숙장아찌, 오이숙장아찌
음료 · 주류 · 차류	음료 · 주류 · 차류	배숙

표 9-2. 음식의 영양정보 음식번호별, 음식명(가나다순)

음식번호	음식명
1	콩나물밥
2	비빔밥
3	매작과
4	국수장국
5	칼국수
6	만두국
7	생선찌개
8	두부젓국찌개
9	어선
10	돼지갈비찜
11	호박선
12	수란
13	북어구이
14	생선양념구이
15	파산적
16	지짐누름적
17	섭산적
18	너비아니구이
19	제육구이
20	더덕구이
21	생선전
22	육원전
23	표고전
24	풋고추전
25	알쌈
26	떡산적
27	화양적
28	화전
29	오이선
30	칠절판
31	홍합초
32	두부조림
33	도라지생채
34	무생채
35	탕평채
36	더덕생채
37	겨자채
38	북어보푸라기
39	나박김치
40	보쌈김치
41	미나리강회
42	무숙장아찌
43	오이숙장아찌
44	배숙

음식명(가나다순)	음식번호
겨자채	37
국수장국	4
나박김치	39
너비아니구이	18
더덕구이	20
더덕생채	36
도라지생채	33
돼지갈비찜	10
두부젓국찌개	8
두부조림	32
떡산적	26
만두국	6
매작과	3
무생채	34
무숙장아찌	42
미나리강회	41
배숙	44
보쌈김치	40
북어구이	13
북어보푸라기	38
비빔밥	2
생선양념구이	14
생선전	21
생선찌개	7
섭산적	17
수란	12
알쌈	25
어선	9
오이선	29
오이숙장아찌	43
육원전	22
제육구이	19
지짐누름적	16
칠절판	30
칼국수	5
콩나물밥	1
탕평채	35
파산적	15
표고전	23
풋고추전	24
호박선	11
홍합초	31
화양적	27
화전	28

1. 콩나물밥의 영양정보

콩나물밥	조정된 식품교환량과 영양소

식품군	심볼	교환량		
곡류	○	3.0		
어육류 저	□	0.5		
중	□			
고	□			
채소	△	1.5	열량	350.6kcal
지방	☆		당질	69.0 g
우유	◇		단백질	10.0 g
과일	♡		지방	2.9 g

대분류	밥류	중분류	채소밥류	음식코드	D013049
음식명	콩나물밥			음식중량(g)	229.0

식품명	중량(g)	e-식품 교환량	교환수	곡류	어육류 저	어육류 중	어육류 고	채소	지방	우유	과일
쌀	80	30	2.7	2.7							
쇠고기,사태	10	40	0.3		0.3						
콩나물	50	45	1.1					1.1			
쪽파	5	75	0.1					0.1			
마늘	1	15	0.1					0.1			
고춧가루	1	7	0.1					0.1			
흰깨	10	9	0.1						0.1		
왜간장	10	100	0.1	0.1							
물	70										
참기름	1	7	0.1						0.1		
합계	229.0			2.8	0.3			1.4	0.2		
조정 교환량				3.0	0.5			1.5	0.0		

2. 비빔밥의 영양정보

비빔밥	조정된 식품교환량과 영양소

식품군	심볼	교환량		
곡류	○	3.5		
어육류 저	□	0.5		
중	□	0.5		
고	□			
채소	△	1.5	열량	457.6kcal
지방	☆	0.5	당질	86.8 g
우유	◇		단백질	12.3 g
과일	♡		지방	5.3 g

대분류	밥류	중분류	비빔밥,볶음밥류	음식코드	D014029
음식명	비빔밥			음식중량(g)	322.5

식품명	중량(g)	e-식품교환량	교환수	곡류	어육류 저	어육류 중	어육류 고	채소	지방	우유	과일
쌀	90	30	3.0	3.0							
물	120										
호박	15	65	0.2					0.2			
고사리,삶은것	15	65	0.2					0.2			
도라지	10	20	0.5					0.5			
쇠고기,사태	15	40	0.4		0.4						
달걀	14	55	0.3			0.3					
녹두묵	25	260	0.1	0.1							
마늘	0.5	15	0.0					0.0			
대파	0.5	130	0.0					0.0			
흰깨,볶은것	1	20	0.1						0.1		
소금	1		0.0								
설탕	5	25	0.2	0.2							
왜간장	2	100	0.0	0.0							
콩기름	1	5	0.2						0.2		
참기름	1	5	0.2						0.2		
다시마,말린것	1.5	10	0.2					0.2			
고추장	5	10	0.5					0.5			
합계	322.5			3.3	0.4	0.3		1.6	0.5		
조정 교환량				3.5	0.5	0.5		1.5	0.5		

3. 매작과의 영양정보

매작과	조정된 식품교환량과 영양소

식품군	심볼	교환량		
곡류	○	1.0		
어육류 저	□			
중	□			
고	□			
채소	△		열량	167.5kcal
지방	☆	1.0	당질	28.4 g
우유	◇		단백질	1.9 g
과일	♡		지방	6.0 g

대분류	빵,과자류	중분류	과자류	음식코드	
음식명	매작과			음식중량(g)	56.0

식품명	중량 (g)	e-식품 교환량	교환수	곡류	어육류 저	어육류 중	어육류 고	채소	지방	우유	과일
밀가루	15	25	0.6	0.6							
생강	3	35	0.1					0.1			
잣	1	25	0.0						0.0		
소금	2										
설탕	15	15	0.6	0.6							
물	15										
콩기름	5	5	1.0						1.0		
합계	56.0			1.2				0.1	1.0		
조정 교환량				1.0				0.0	1.0		

4. 국수장국의 영양정보

국수장국	조정된 식품교환량과 영양소

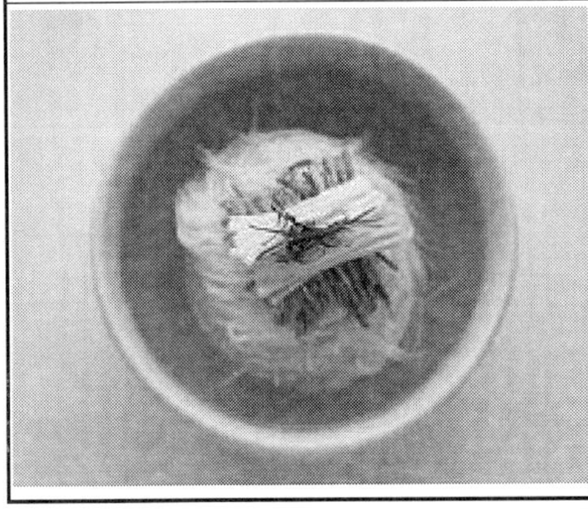

식품군		심볼	교환량		
곡류		○	2.0		
어육류	저	□	0.5		
	중	□			
	고	□			
채소		△		열량	247.5kcal
지방		☆	0.5	당질	50.1 g
우유		◇		단백질	8.4 g
과일		♡		지방	2.8 g

대분류	면,만두류	중분류	면류	음식코드	D031169
음식명	국수장국			음식중량(g)	417.6

식품명	중량(g)	e-식품 교환량	교환수	곡류	어육류 저	어육류 중	어육류 고	채소	지방	우유	과일
국수,삶은것	170	80	2.1	2.1							
쇠고기,사태	10	40	0.3		0.3						
달걀	5	55	0.1			0.1					
호박	4.5	65	0.1					0.1			
석이버섯,말린것	0.2	6	0.0					0.0			
붉은고추,말린것	0.2	9	0.0					0.0			
마늘	1	15	0.1					0.1			
대파	1	65	0.0					0.0			
소금	1										
후추	0.2	7	0.0					0.0			
재래간장	3	100	0.0	0.0							
물	220										
참기름	1.5	5	0.3						0.3		
합계	417.6			2.1	0.3	0.1		0.2	0.3		
조정 교환량				2.0	0.5	0.0		0.0	0.5		

5. 칼국수의 영양정보

칼국수	조정된 식품교환량과 영양소

식품군	심볼	교환량		
곡류	○	3.0		
어육류 저	□	0.5		
중	□			
고	□			
채소	△	0.5	열량	341.9kcal
지방	☆	0.5	당질	66.8 g
우유	◇		단백질	15.2 g
과일	♡		지방	3.5 g

대분류	면,만두류	중분류	면류	음식코드	D031219
음식명	칼국수			음식중량(g)	335.0

식품명	중량 (g)	e-식품 교환량	교환수	곡류	어육류 저	어육류 중	어육류 고	채소	지방	우유	과일
밀가루	75	25	3.0	3.0							
쇠고기,우둔	15	40	0.4		0.4						
멸치	5	15	0.3		0.3						
호박	5	65	0.1					0.1			
표고버섯,삶은것	10	65	0.2					0.2			
마늘	1	15	0.1					0.1			
대파	5	65	0.1					0.1			
소금	0.5										
재래간장	7	100	0.1	0.1							
물	210										
참기름	1.5	5	0.3						0.3		
합계	335.0			3.1	0.7			0.5	0.3		
조정 교환량				3.0	0.5			0.5	0.5		

6. 만두국의 영양정보

만두국	조정된 식품교환량과 영양소
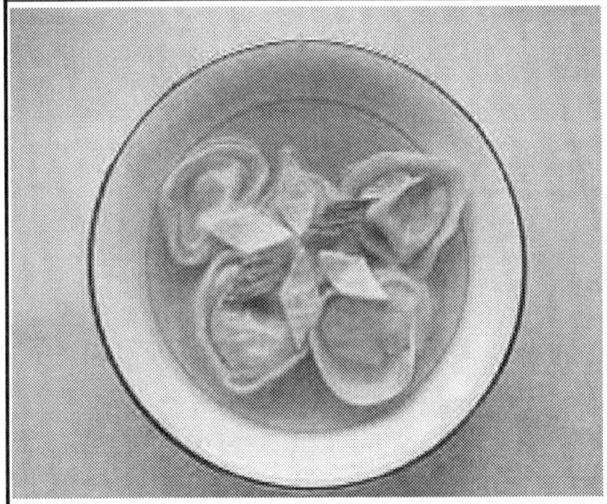	

식품군	심볼	교환량		
곡류	○	3.0		
어육류 저	□	1.5		
중	□	0.5		
고	□			
채소	△	1.0	열량	436.8kcal
지방	☆	0.5	당질	68.0 g
우유	◇		단백질	25.2 g
과일	♡		지방	9.6 g

대분류	면,만두류	중분류	만두류	음식코드	D032029
음식명	만두국			음식중량(g)	455.6

식품명	중량 (g)	e-식품 교환량	교환수	곡류	어육류 저	어육류 중	어육류 고	채소	지방	우유	과일
밀가루	75	25	3.0	3.0							
쇠고기,우둔	50	40	1.3		1.3						
두부	30	85	0.4			0.4					
숙주나물,삶은것	30	180	0.2					0.2			
배추김치	30	100	0.3					0.3			
대파	2	65	0.0					0.0			
마늘	2	45	0.1					0.1			
참기름	2	5	0.4						0.4		
참깨	1	9	0.1						0.1		
후추	0.1	7	0.0					0.0			
소금	2.5										
물	200										
달걀	10	55	0.2			0.2					
미나리	20	100	0.2					0.2			
콩기름	1	5	0.2						0.2		
합계	455.6			3.0	1.3	0.6		0.8	0.7		
조정 교환량				3.0	1.5	0.5		1.0	0.5		

7. 생선찌개의 영양정보

생선찌개	조정된 식품교환량과 영양소

식품군	심볼	교환량		
곡류	○			
어육류 저	□	1.0		
중	□	0.5		
고	□			
채소	△	2.5	열량	125.4kcal
지방	☆		당질	10.3 g
우유	◇		단백질	16.2 g
과일	♡		지방	2.5 g

대분류	찌개류	중분류	어패류찌개	음식코드	D061159
음식명	생선찌개			음식중량(g)	350

식품명	중량 (g)	e-식품 교환량	교환수	곡류	어육류 저	어육류 중	어육류 고	채소	지방	우유	과일
명태,동태	70	60	1.2		1.2						
무	30	110	0.3					0.3			
애호박	30	65	0.5					0.5			
두부	30	85	0.4			0.4					
물	150										
고추장	10	10	1.0					1.0			
고춧가루	3	7	0.4					0.4			
마늘	3	15	0.2					0.2			
생강	3	35	0.1					0.1			
소금	1										
붉은고추,생것	5	50	0.1					0.1			
풋고추	5	130	0.0					0.0			
실파	5	130	0.0					0.0			
쑥갓	5	55	0.1					0.1			
합계	350.0				1.2	0.4		2.7			
조정 교환량					1.0	0.5		2.5			

8. 두부젓국찌개의 영양정보

<table>
<tr><td>두부젓국찌개</td><td>조정된 식품교환량과 영양소</td></tr>
<tr><td></td><td>

식품군	심볼	교환량		
곡류	○			
어육류 저	□	0.5		
중	□	1.0		
고	□			
채소	△		열량	105.9kcal
지방	☆		당질	2.9 g
우유	◇		단백질	10.8 g
과일	♡		지방	6.3 g

</td></tr>
</table>

대분류	찌개류	중분류	기타	음식코드	D065019
음식명	두부젓국찌개			음식중량(g)	273.0

식품명	중량(g)	e-식품교환량	교환수	곡류	어육류 저	어육류 중	어육류 고	채소	지방	우유	과일
두부	80	85	0.9			0.9					
굴,생것	30	60	0.5		0.5						
실파	5	130	0.0					0.0			
붉은고추,생것	5	50	0.1					0.1			
물	150										
새우젓	2	110	0.0		0.0						
참기름	1	5	0.2						0.2		
합계	273.0				0.5	0.9		0.1	0.2		
조정 교환량					0.5	1.0		0.0	0.0		

9. 어선의 영양정보

어선	조정된 식품교환량과 영양소

식품군	심볼	교환량		
곡류	○	0.5		
어육류 저	□	1.0		
중	□	0.5		
고	□			
채소	△	0.5	열량	132.3kcal
지방	☆	0.5	당질	8.2 g
우유	◇		단백질	13.8 g
과일	♡		지방	4.5 g

대분류	찜류	중분류	어패류찜	음식코드	D071119
음식명	어선			음식중량(g)	128.2

식품명	중량(g)	e-식품 교환량	교환수	곡류	어육류 저	어육류 중	어육류 고	채소	지방	우유	과일
명태,생것	60	55	1.1		1.1						
오이	10	150	0.1					0.1			
표고버섯,삶은것	10	65	0.2					0.2			
당근	10	55	0.2					0.2			
달걀	20	55	0.4			0.4					
소금	2										
후추	0.2	7	0.0					0.0			
전분	5	30	0.2	0.2							
콩기름	2	5	0.4						0.4		
왜간장	5	100	0.1	0.1							
식초	2										
설탕	2	25	0.1	0.1							
합계	128.2			0.4	1.1	0.4		0.5	0.4		
조정 교환량				0.5	1.0	0.5		0.5	0.5		

10. 돼지갈비찜의 영양정보

돼지갈비찜	조정된 식품교환량과 영양소

식품군	심볼	교환량		
곡류	○	0.5		
어육류 저	□			
중	□	2.0		
고	□			
채소	△	1.5	열량	310.2kcal
지방	☆	2.0	당질	19.1 g
우유	◇		단백질	16.1 g
과일	♡		지방	18.9 g

대분류	찜류	중분류	육류찜	음식코드	D072029
음식명	돼지갈비찜			음식중량(g)	197.8

식품명	중량(g)	e-식품 교환량	교환수	곡류	어육류 저	어육류 중	어육류 고	채소	지방	우유	과일
돼지고기,갈비	70	40	1.8			1.8					
감자	30	150	0.2					0.2			
양파	30	50	0.6					0.6			
당근	20	55	0.4					0.4			
콩기름	3	5	0.6						0.6		
붉은고추,생것	5	50	0.1					0.1			
대파	3	75	0.0					0.0			
마늘	3	15	0.2					0.2			
생강	2	35	0.1					0.1			
왜간장	15	100	0.2	0.2							
참기름	5	5	1.0						1.0		
소금	2										
설탕	7.5	25	0.3	0.3							
후추	0.3	7	0.0					0.0			
흰깨,볶은것	2	9	0.2						0.2		
합계	197.8			0.5		1.8		1.6	1.8		
조정 교환량				0.5		2.0		1.5	2.0		

11. 호박선의 영양정보

호박선	조정된 식품교환량과 영양소

식품군	심볼	교환량		
곡류	○			
어육류 저	□	0.5		
중	□			
고	□			
채소	△	1.5	열량	98.7kcal
지방	☆	0.5	당질	7.1 g
우유	◇		단백질	7.0 g
과일	♡		지방	4.8 g

대분류	찜류	중분류	채소류찜	음식코드	D073039
음식명	호박선			음식중량(g)	106.4

식품명	중량(g)	e-식품 교환량	교환수	곡류	어육류 저	어육류 중	어육류 고	채소	지방	우유	과일
애호박	30	65	0.5					0.5			
쇠고기,우둔	15	40	0.4		0.4						
표고버섯,삶은것	10	65	0.2					0.2			
당근	10	55	0.2					0.2			
달걀	10	55	0.2			0.2					
왜간장	5	100	0.1	0.1							
대파	2	65	0.0					0.0			
마늘	2	15	0.1					0.1			
설탕	2	25	0.1	0.1							
참기름	1	5	0.2						0.2		
흰깨,볶은것	1	9	0.1						0.1		
물	10										
소금	1										
석이버섯,말린것	0.2	6	0.0					0.0			
붉은고추,말린것	0.2	9	0.0					0.0			
잣	1	25	0.0						0.0		
겨자,분말	3	5	0.6					0.6			
양조식초	3										
합계	106.4			0.2	0.4	0.2		1.6	0.3		
조정 교환량				0.0	0.5	0.0		1.5	0.5		

12. 수란의 영양정보

수란	조정된 식품교환량과 영양소

식품군	심볼	교환량	
곡류	○		
어육류 저	□		
중	□	1.0	
고	□		
채소	△		열량 80.0kcal
지방	☆		당질 0.7 g
우유	◇		단백질 6.3 g
과일	♡		지방 5.3 g

대분류	찜류	중분류	기타	음식코드	D074009
음식명	수란			음식중량(g)	52.6

식품명	중량 (g)	e-식품 교환량	교환수	곡류	어육류 저	어육류 중	어육류 고	채소	지방	우유	과일
달걀	50	55	0.9			0.9					
석이버섯,말린것	0.2	6	0.0					0.0			
붉은고추,말린것	0.2	9	0.0					0.0			
실파	0.2	130	0.0					0.0			
소금	2										
합계	52.6					0.9		0.0			
조정 교환량						1.0		0.0			

13. 북어구이의 영양정보

북어구이	조정된 식품교환량과 영양소

식품군	심볼	교환량		
곡류	○			
어육류 저	□	1.0		
중	□			
고	□			
채소	△	0.5	열량	84.7kcal
지방	☆	0.5	당질	5.9 g
우유	◇		단백질	10.3 g
과일	♡		지방	2.0 g

대분류	구이류	중분류	어패류구이	음식코드	D081199
음식명	북어구이			음식중량(g)	59.0

식품명	중량(g)	e-식품 교환량	교환수	곡류	어육류 저	어육류 중	어육류 고	채소	지방	우유	과일
명태,말린것	15	15	1.0		1.0						
물	25										
고추장	5	10	0.5					0.5			
왜간장	5	100	0.1	0.1							
대파	2	65	0.0					0.0			
마늘	2	15	0.1					0.1			
설탕	3	25	0.1	0.1							
참기름	1	5	0.2						0.2		
흰깨,볶은것	1	9	0.1						0.1		
합계	59.0			0.2	1.0			0.6	0.3		
조정 교환량				0.0	1.0			0.5	0.5		

14. 생선양념구이의 영양정보

생선양념구이	조정된 식품교환량과 영양소

식품군	심볼	교환량		
곡류	○			
어육류 저	□	2.5		
중	□			
고	□			
채소	△	1.0	열량	171.5kcal
지방	☆	0.5	당질	7.9 g
우유	◇		단백질	25.1 g
과일	♡		지방	3.8 g

대분류	구이류	중분류	어패류구이	음식코드	D081349
음식명	생선양념구이			음식중량(g)	155.0

식품명	중량 (g)	e-식품 교환량	교환수	곡류	어육류 저	어육류 중	어육류 고	채소	지방	우유	과일
조기,생것	130	50	2.6		2.6						
고추장	10	10	1.0					1.0			
대파	2	65	0.0					0.0			
마늘	1	15	0.1					0.1			
왜간장	5	100	0.1	0.1							
소금	2										
설탕	3	25	0.1	0.1							
참기름	1	5	0.2						0.2		
흰깨,볶은것	1	9	0.1						0.1		
합계	155.0			0.2	2.6			1.1	0.3		
조정 교환량				0.0	2.5			1.0	0.5		

15. 파산적의 영양정보

파산적	조정된 식품교환량과 영양소

식품군	심볼	교환량		
곡류	○			
어육류 저	□	0.5		
중	□			
고	□			
채소	△		열량	85.2kcal
지방	☆	1.0	당질	1.8 g
우유	◇		단백질	5.5 g
과일	♡		지방	6.2 g

대분류	구이류	중분류	육류구이	음식코드	D082017
음식명	파산적			음식중량(g)	54.6

식품명	중량 (g)	e-식품 교환량	교환수	곡류	어육류 저	어육류 중	어육류 고	채소	지방	우유	과일
쇠고기,사태	25	40	0.6		0.6						
실파	20	130	0.2					0.2			
마늘	0.5	15	0.0					0.0			
소금	1										
설탕	1	25	0.0	0.0							
왜간장	2	100	0.0	0.0							
후추	0.1	7	0.0					0.0			
참기름	1	5	0.2						0.2		
콩기름	4	5	0.8						0.8		
합계	54.6			0.0	0.6			0.2	1.0		
조정 교환량				0.0	0.5			0.0	1.0		

16. 지짐누름적의 영양정보

지짐누름적	조정된 식품교환량과 영양소

식품군	심볼	교환량		
곡류	○			
어육류 저	□			
중	□			
고	□			
채소	△	0.5	열량	105.6kcal
지방	☆	1.0	당질	7.6 g
우유	◇		단백질	3.7 g
과일	♡		지방	7.0 g

대분류	구이류	중분류	육류구이	음식코드	D082018
음식명	지짐누름적			음식중량(g)	50.0

식품명	중량(g)	e-식품 교환량	교환수	곡류	어육류 저	어육류 중	어육류 고	채소	지방	우유	과일
쇠고기,사태	6	40	0.2		0.2						
달걀	10	55	0.2			0.2					
표고버섯,삶은것	6	65	0.1					0.1			
당근	5	55	0.1					0.1			
도라지	5	20	0.3					0.3			
대파	2.5	65	0.0					0.0			
마늘	1	15	0.1					0.1			
소금	1										
설탕	1	25	0.0	0.0							
밀가루	5	25	0.2	0.2							
왜간장	2	100	0.0	0.0							
콩기름	5	5	1.0						1.0		
참기름	0.5	5	0.1						0.1		
합계	50.0			0.2	0.2	0.2		0.6	1.1		
조정 교환량				0.0	0.0	0.0		0.5	1.0		

17. 섭산적의 영양정보

섭산적	조정된 식품교환량과 영양소

식품군	심볼	교환량		
곡류	○			
어육류 저	□	1.0		
중	□			
고	□			
채소	△		열량	109.5kcal
지방	☆	0.5	당질	3.2 g
우유	◇		단백질	10.4 g
과일	♡		지방	6.2 g

대분류	구이류	중분류	육류구이	음식코드	D082019
음식명	섭산적			음식중량(g)	65.1

식품명	중량(g)	e-식품 교환량	교환수	곡류	어육류 저	어육류 중	어육류 고	채소	지방	우유	과일
쇠고기,우둔	40	40	1.0		1.0						
두부	10	85	0.1			0.1					
왜간장	3	100	0.0	0.0							
대파	2	65	0.0					0.0			
마늘	2	15	0.1					0.1			
소금	1										
설탕	2	25	0.1	0.1							
참기름	1	5	0.2						0.2		
흰깨,볶은것	1	9	0.1						0.1		
후추	0.1	7	0.0					0.0			
잣	3	25	0.1						0.1		
합계	65.1			0.1	1.0	0.1		0.1	0.4		
조정 교환량				0.0	1.0	0.0		0.0	0.5		

18. 너비아니의 영양정보

너비아니	조정된 식품교환량과 영양소

식품군	심볼	교환량		
곡류	○			
어육류 저	□	1.5		
중	□			
고	□			
채소	△		열량	119.1kcal
지방	☆	0.5	당질	6.3 g
우유	◇		단백질	13.5 g
과일	♡		지방	4.2 g

대분류	구이류	중분류	육류구이	음식코드	D082139
음식명	너비아니구이			음식중량(g)	94.1

식품명	중량(g)	e-식품 교환량	교환수	곡류	어육류 저	어육류 중	어육류 고	채소	지방	우유	과일
쇠고기,우둔	60	40	1.5		1.5						
배,신고	20	120	0.2								0.2
대파	2	35	0.0					0.0			
마늘	2	15	0.1					0.1			
왜간장	5	100	0.1	0.1							
설탕	3	25	0.1	0.1							
참기름	1	5	0.2						0.2		
후추	0.1	7	0.0					0.0			
흰깨,볶은것	1	9	0.1						0.1		
합계	94.1			0.2	1.5			0.1	0.3		0.2
조정 교환량				0.0	1.5			0.0	0.5		0.0

19. 제육구이의 영양정보

제육구이	조정된 식품교환량과 영양소

식품군		심볼 교환량	
곡류		○	
어육류	저	□	
	중	□	
	고	□ 1.5	
채소		△ 0.5	열량 193.8kcal
지방		☆ 0.5	당질 5.1 g
우유		◇	단백질 11.2 g
과일		♡	지방 13.4 g

대분류	구이류	중분류	육류구이	음식코드	D082079
음식명	제육구이			음식중량(g)	77.1

식품명	중량(g)	e-식품교환량	교환수	곡류	어육류 저	어육류 중	어육류 고	채소	지방	우유	과일
돼지고기,등심	60	45	1.3				1.3				
고추장	5	10	0.5					0.5			
대파	2	65	0.0					0.0			
마늘	2	15	0.1					0.1			
생강	1	35	0.0					0.0			
왜간장	2	100	0.0	0.0							
설탕	2	25	0.1	0.1							
소금	1										
후추	0.1	7	0.0					0.0			
흰깨,볶은것	1	9	0.1						0.1		
참기름	1	5	0.2						0.2		
합계	77.1			0.1			1.3	0.6	0.3		
조정 교환량				0.0			1.5	0.5	0.5		

20. 더덕구이의 영양정보

더덕구이	조정된 식품교환량과 영양소

식품군	심볼	교환량		
곡류	○			
어육류 저	□			
중	□			
고	□			
채소	△	2.5	열량	82.0kcal
지방	☆	0.5	당질	10.3 g
우유	◇		단백질	2.8 g
과일	♡		지방	3.6 g

대분류	구이류	중분류	기타	음식코드	D083029
음식명	더덕구이			음식중량(g)	69.0

식품명	중량(g)	e-식품 교환량	교환수	곡류	어육류 저	어육류 중	어육류 고	채소	지방	우유	과일
더덕	50	30	1.7					1.7			
왜간장	4	100	0.0	0.0							
참기름	3	5	0.6						0.6		
고추장	5	10	0.5					0.5			
대파	2	65	0.0					0.0			
마늘	2	15	0.1					0.1			
설탕	2	25	0.1	0.1							
흰깨,볶은것	1	9	0.1						0.1		
합계	69.0			0.1				2.3	0.7		
조정 교환량				0.0				2.5	0.5		

21. 생선전의 영양정보

생선전	조정된 식품교환량과 영양소

식품군	심볼	교환량		
곡류	○	0.5		
어육류 저	□	1.0		
중	□	0.5		
고	□			
채소	△		열량	154.2kcal
지방	☆	1.0	당질	6.9 g
우유	◇		단백질	14.0 g
과일	♡		지방	7.6 g

대분류	전,부침류	중분류	어패류전	음식코드	D091049
음식명	생선전			음식중량(g)	102.1

식품명	중량(g)	e-식품 교환량	교환수	곡류	어육류 저	어육류 중	어육류 고	채소	지방	우유	과일
명태,생것	60	55	1.1		1.1						
소금	2										
후추	0.1	7	0.0					0.0			
밀가루	5	25	0.2	0.2							
달걀	20	55	0.4			0.4					
콩기름	5	5	1.0						1.0		
왜간장	5	100	0.1	0.1							
양조식초	3										
설탕	2	25	0.1	0.1							
합계	102.1			0.4	1.1	0.4		0.0	1.0		
조정 교환량				0.5	1.0	0.5		0.0	1.0		

22. 육원전의 영양정보

육원전	조정된 식품교환량과 영양소

품군	심볼	교환량		
류	○	1.0		
어육류 저	□	1.0		
중	□	0.5		
고	□			
채소	△		열량	234.2kcal
지방	☆	1.0	당질	17.8 g
우유	◇		단백질	16.2 g
과일	♡		지방	11.0 g

대분류	전,부침류	중분류	육류전	음식코드	D092059
음식명	육원전			음식중량(g)	128.1

식품명	중량 (g)	e-식품 교환량	교환수	곡류	어육류 저	어육류 중	어육류 고	채소	지방	우유	과일
쇠고기,우둔	45	40	1.1		1.1						
두부	30	85	0.4			0.4					
대파	2	65	0.0					0.0			
마늘	2	15	0.1					0.1			
소금	2										
후추	0.1	7	0.0					0.0			
참기름	1	5	0.2						0.2		
밀가루	15	25	0.6	0.6							
달걀	10	55	0.2			0.2					
옥수수기름	5	5	1.0						1.0		
왜간장	10	100	0.1	0.1							
양조식초	3										
설탕	3	25	0.1	0.1							
합계	128.1			0.8	1.1	0.6		0.1	1.2		
조정 교환량				1.0	1.0	0.5		0.0	1.0		

23. 표고전의 영양정보

표고전	조정된 식품교환량과 영양소

식품군	심볼	교환량	
곡류	○	0.5	
어육류 저	□	1.0	
중	□		
고	□		
채소	△	0.5	열량 142.9kcal
지방	☆	1.5	당질 8.2 g
우유	◇		단백질 9.0 g
과일	♡		지방 8.7 g

대분류	전,부침류	중분류	채소류전	음식코드	D093099
음식명	표고전			음식중량(g)	87.1

식품명	중량 (g)	e-식품 교환량	교환수	곡류	어육류 저	어육류 중	어육류 고	채소	지방	우유	과일
표고버섯,삶은것	25	65	0.4					0.4			
쇠고기,우둔	30	40	0.8		0.8						
두부	10	85	0.1			0.1					
왜간장	3	100	0.0	0.0							
대파	2	65	0.0					0.0			
마늘	2	15	0.1					0.1			
설탕	1.5	25	0.1	0.1							
소금	1.5										
참기름	1	5	0.2						0.2		
후추	0.1	7	0.0					0.0			
흰깨,볶은것	1	9	0.1						0.1		
밀가루	5	25	0.2	0.2							
옥수수기름	5	5	1.0						1.0		
합계	87.1			0.3	0.8	0.1		0.5	1.3		
조정 교환량				0.5	1.0	0.0		0.5	1.5		

24. 풋고추전의 영양정보

풋고추전	조정된 식품교환량과 영양소

식품군	심볼	교환량		
곡류	○			
어육류 저	□	1.0		
중	□	0.5		
고	□			
채소	△	0.5	열량	148.6kcal
지방	☆	1.5	당질	6.1 g
우유	◇		단백질	9.8 g
과일	♡		지방	9.8 g

대분류	전,부침류	중분류	채소류전	음식코드	D093149
음식명	풋고추전			음식중량(g)	88.1

식품명	중량(g)	e-식품 교환량	교환수	곡류	어육류 저	어육류 중	어육류 고	채소	지방	우유	과일
풋고추	20	85	0.2					0.2			
쇠고기,우둔	30	40	0.8		0.8						
두부	10	85	0.1			0.1					
대파	2	65	0.0					0.0			
마늘	2	15	0.1					0.1			
소금	2										
흰깨,볶은것	1	9	0.1						0.1		
후추	0.1	7	0.0					0.0			
참기름	1	5	0.2						0.2		
밀가루	5	25	0.2	0.2							
달걀	10	55	0.2	0.2		0.2					
콩기름	5	5	1.0						1.0		
합계	88.1			0.2	0.8	0.3		0.3	1.3		
조정 교환량				0.0	1.0	0.5		0.5	1.5		

25. 알쌈의 영양정보

알쌈	조정된 식품교환량과 영양소

식품군	심볼	교환량		
곡류	○			
어육류 저	□	0.5		
중	□	1.0		
고	□			
채소	△		열량	146.0kcal
지방	☆	0.5	당질	2.5 g
우유	◇		단백질	11.0 g
과일	♡		지방	9.7 g

대분류	전,부침류	중분류	부침류	음식코드	D094009
음식명	알쌈			음식중량(g)	82.1

식품명	중량(g)	e-식품교환량	교환수	곡류	어육류 저	어육류 중	어육류 고	채소	지방	우유	과일
달걀	50	55	1.0			1.0					
쇠고기,우둔	20	40	0.5		0.5						
마늘	2	15	0.1					0.1			
실파	2	130	0.0					0.0			
소금	1										
설탕	1	25	0.0	0.0							
왜간장	2	100	0.0	0.0							
참기름	1	5	0.2						0.2		
흰깨,볶은것	1	9	0.1						0.1		
후추	0.1	7	0.0					0.0			
옥수수기름	2	5	0.4						0.4		
합계	82.1			0.0	0.5	1.0		0.1	0.7		
조정 교환량				0.0	0.5	1.0		0.0	0.5		

26. 떡산적의 영양정보

떡산적	조정된 식품교환량과 영양소

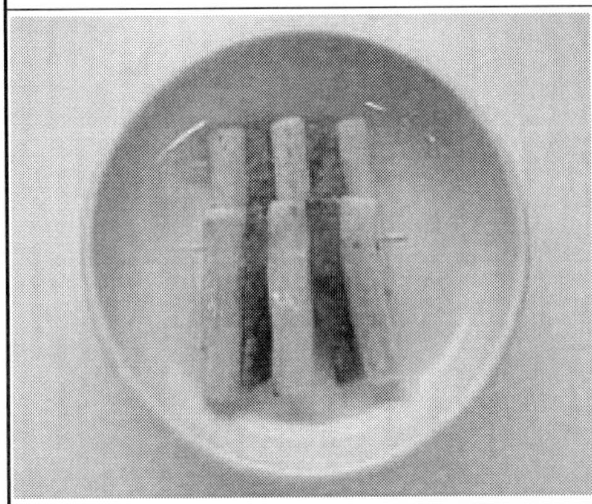

식품군	심볼	교환량		
곡류	○	1.5		
어육류 저	□	0.5		
중	□			
고	□			
채소	△		열량	192.0kcal
지방	☆	0.5	당질	34.0 g
우유	◇		단백질	5.9 g
과일	♡		지방	3.2 g

대분류	전,부침류	중분류	기타	음식코드	D095009
음식명	떡산적			음식중량(g)	85.0

식품명	중량(g)	e-식품교환량	교환수	곡류	어육류 저	어육류 중	어육류 고	채소	지방	우유	과일
가래떡	60	48	1.3	1.3							
쇠고기,사태	15	40	0.4		0.4						
마늘	2	15	0.1					0.1			
대파	2	65	0.0					0.0			
설탕	1.5	25	0.1	0.1							
후추	0.5	7	0.1					0.1			
왜간장	2	100	0.0	0.0							
참기름	2	5	0.4						0.4		
합계	85.0			1.4	0.4			0.2	0.4		
조정 교환량				1.5	0.5			0.0	0.5		

27. 화양적의 영양정보

화양적	조정된 식품교환량과 영양소

식품군	심볼	교환량	
곡류	○		
어육류 저	□	0.5	
중	□		
고	□		
채소	△	1.0	열량 80.4kcal
지방	☆	1.0	당질 6.5 g
우유	◇		단백질 3.3 g
과일	♡		지방 4.8 g

대분류	전,부침류	중분류	기타	음식코드	D0950659
음식명	화양적			음식중량(g)	65.0

식품명	중량 (g)	e-식품 교환량	교환수	곡류	어육류 저	어육류 중	어육류 고	채소	지방	우유	과일
쇠고기,사태	10	40	0.3		0.3						
도라지	10	20	0.5					0.5			
오이	10	150	0.1					0.1			
당근	10	55	0.2					0.2			
표고버섯,삶은것	10	65	0.2					0.2			
마늘	1	15	0.1					0.1			
대파	1	65	0.0					0.0			
잣	0.5	25	0.0						0.0		
소금	1										
설탕	2	25	0.1	0.1							
후추	0.5	7	0.1					0.1			
왜간장	5	100	0.1	0.1							
참기름	1	5	0.2						0.2		
콩기름	3	5	0.6						0.6		
합계	65.0			0.2	0.3			1.2	0.8		
조정 교환량				0.0	0.5			1.0	1.0		

28. 화전의 영양정보

화전	조정된 식품교환량과 영양소

식품군	심볼	교환량	
곡류	○	4.5	
어육류 저	□		
중	□		
고	□		
채소	△		열량 498.1kcal
지방	☆	1.0	당질 103.3 g
우유	◇		단백질 8.4 g
과일	♡		지방 5.1 g

대분류	전,부침류	중분류	기타	음식코드	D095049
음식명	화전			음식중량(g)	145.0

식품명	중량(g)	e-식품 교환량	교환수	곡류	어육류 저	어육류 중	어육류 고	채소	지방	우유	과일
찹쌀가루	100	25	4.0	4.0							
대추	3	15	0.2					0.2			
쑥갓	1	55	0.0					0.0			
소금	1										
설탕	15	25	0.6	0.6							
물	20										
옥수수기름	5	5	1.0						1.0		
합계	145.0			4.6				0.2	1.0		
조정 교환량				4.5				0.0	1.0		

29. 오이선의 영양정보

오이선	조정된 식품교환량과 영양소

식품군	심볼	교환량	
곡류	○	0.5	
어육류 저	□	0.5	
중	□	0.5	
고	□		
채소	△	0.5	열량 119.2kcal
지방	☆	1.0	당질 7.5 g
우유	◇		단백질 5.9 g
과일	♡		지방 7.2 g

대분류	볶음류	중분류	채소류볶음	음식코드	D103239
음식명	오이선			음식중량(g)	105.1

식품명	중량(g)	e-식품교환량	교환수	곡류	어육류 저	어육류 중	어육류 고	채소	지방	우유	과일
오이	35	150	0.2					0.2			
표고버섯,삶은것	10	65	0.2					0.2			
쇠고기,우둔	10	40	0.3		0.3						
달걀	20	55	0.4			0.4					
대파	2	65	0.0					0.0			
마늘	2	15	0.1					0.1			
왜간장	5	100	0.1	0.1							
설탕	5	25	0.2	0.2							
후추	0.1	7	0.0					0.0			
참기름	1	5	0.2						0.2		
흰깨,볶은것	1	9	0.1						0.1		
소금	3										
콩기름	3	5	0.6						0.6		
양조식초	5										
물	3										
합계	105.1			0.3	0.3	0.4		0.5	0.9		
조정 교환량				0.5	0.5	0.5		0.5	1.0		

30. 칠절판의 영양정보

칠절판	조정된 식품교환량과 영양소

식품군	심볼	교환량	
곡류	○	0.5	
어육류 저	□	0.5	
중	□	0.5	
고	□		
채소	△	1.0	열량 209.0kcal
지방	☆	1.0	당질 19.2 g
우유	◇		단백질 10.5 g
과일	♡		지방 10.4 g

대분류	볶음류	중분류	기타	음식코드	D105009
음식명	칠절판			음식중량(g)	137.0

식품명	중량(g)	e-식품교환량	교환수	곡류	어육류 저	어육류 중	어육류 고	채소	지방	우유	과일
쇠고기,우둔	20	40	0.5		0.5						
달걀	30	55	0.6			0.6					
당근	20	55	0.4					0.4			
오이	20	150	0.1					0.1			
석이버섯,말린것	2	6	0.3					0.3			
왜간장	3	100	0.0	0.0							
대파	1	65	0.0					0.0			
마늘	1	15	0.1					0.1			
설탕	2	25	0.1	0.1							
소금	2										
참기름	1	5	0.2						0.2		
옥수수기름	5	5	1.0						1.0		
밀가루	15	25	0.6	0.6							
물	15										
합계	137.0			0.7	0.5	0.6		0.9	1.2		
조정 교환량				0.5	0.5	0.5		1.0	1.0		

31. 홍합초의 영양정보

홍합초	조정된 식품교환량과 영양소

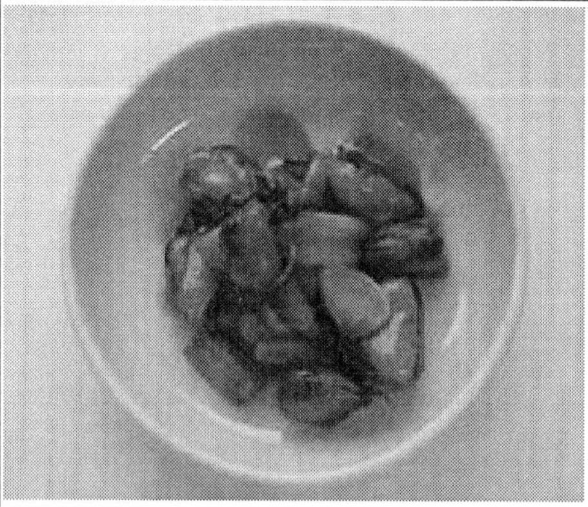

식품군	심볼	교환량		
곡류	○			
어육류 저	□	1.0		
중	□			
고	□			
채소	△	0.5	열량	84.0kcal
지방	☆	0.5	당질	6.5 g
우유	◇		단백질	6.6 g
과일	♡		지방	3.4 g

대분류	조림류	중분류	어패류조림	음식코드	D111369
음식명	홍합초			음식중량(g)	94.6

식품명	중량 (g)	e-식품 교환량	교환수	곡류	어육류 저	어육류 중	어육류 고	채소	지방	우유	과일
홍합	60	50	1.2		1.2						
마늘	3	15	0.2					0.2			
대파	5	65	0.1					0.1			
생강	1	35	0.0					0.0			
잣	1	25	0.0						0.0		
설탕	2.5	25	0.1	0.1							
후추	0.1	7	0.0					0.0			
왜간장	5	100	0.1	0.1							
물	15										
참기름	2	5	0.4						0.4		
합계	94.6			0.2	1.0			0.3	0.4		
조정 교환량				0.0	1.0			0.5	0.5		

32. 두부조림의 영양정보

두부조림	조정된 식품교환량과 영양소
	(see table below)

식품군	심볼	교환량		
곡류	○			
어육류 저	□			
중	□	1.0		
고	□			
채소	△		열량	122.6kcal
지방	☆	1.0	당질	3.9 g
우유	◇		단백질	7.2 g
과일	♡		지방	9.4 g

대분류	조림류	중분류	두류조림	음식코드	D114019
음식명	두부조림			음식중량(g)	89.1

식품명	중량 (g)	e-식품 교환량	교환수	곡류	어육류 저	어육류 중	어육류 고	채소	지방	우유	과일
두부	70	85	0.8			0.8					
소금	1										
콩기름	5	5	1.0						1.0		
왜간장	5	100	0.1	0.1							
설탕	2	25	0.1	0.1							
흰깨,볶은것	1	9	0.1						0.1		
마늘	2	15	0.1					0.1			
대파	3	65	0.0					0.0			
붉은고추,말린것	0.1	9	0.0					0.0			
합계	89.1			0.2		0.8		0.1	1.1		
조정 교환량				0.0		1.0		0.0	1.0		

33. 도라지생채의 영양정보

도라지생채	조정된 식품교환량과 영양소

식품군	심볼	교환량	
곡류	○		
어육류 저	□		
중	□		
고	□		
채소	△	2.0	열량 42.9kcal
지방	☆		당질 9.9 g
우유	◇		단백질 0.9 g
과일	♡		지방 0.1 g

대분류	나물,무침류	중분류	생채류 및 샐러드류	음식코드	D131079
음식명	도라지생채			음식중량(g)	42.3

식품명	중량(g)	e-식품 교환량	교환수	곡류	어육류 저	어육류 중	어육류 고	채소	지방	우유	과일
도라지	30	20	1.5					1.5			
마늘	1	15	0.1					0.1			
대파	1	65	0.0					0.0			
고춧가루	0.3	7	0.0					0.0			
고추장	5	10	0.5					0.5			
소금	2	35									
설탕	1.5	25	0.1	0.1							
감식초	1.5										
합계	42.3			0.1				2.1			
조정 교환량				0.0				2.0			

34. 무생채의 영양정보

무생채	조정된 식품교환량과 영양소

식품군	심볼	교환량	
곡류	○		
어육류 저	□		
중	□		
고	□		
채소	△	1.0	열량 25.0kcal
지방	☆		당질 5.4 g
우유	◇		단백질 0.6 g
과일	♡		지방 0.3 g

대분류	나물,무침류	중분류	생채류 및 샐러드류	음식코드	D131119
음식명	무생채			음식중량(g)	62.2

식품명	중량 (g)	e-식품 교환량	교환수	곡류	어육류 저	어육류 중	어육류 고	채소	지방	우유	과일
무	50	110	0.5					0.5			
마늘	2	15	0.1					0.1			
대파	2	65	0.0					0.0			
생강	3	35	0.1					0.1			
고춧가루	1	7	0.1					0.1			
소금	0.1										
설탕	2	25	0.1	0.1							
사과식초	2										
깨소금	0.1	9	0.0						0.0		
합계	62.2			0.1				0.8	0.0		
조정 교환량				0.0				1.0	0.0		

35. 탕평채의 영양정보

탕평채	조정된 식품교환량과 영양소

식품군	심볼	교환량		
곡류	○	0.5		
어육류 저	□	0.5		
중	□			
고	□			
채소	△	0.5	열량	100.8kcal
지방	☆	0.5	당질	10.8 g
우유	◇		단백질	6.0 g
과일	♡		지방	3.8 g

대분류	나물,무침류	중분류	생채류 및 샐러드류	음식코드	D131269
음식명	탕평채			음식중량(g)	121.1

식품명	중량(g)	e-식품 교환량	교환수	곡류	어육류 저	어육류 중	어육류 고	채소	지방	우유	과일
녹두묵	40	260	0.2	0.2							
쇠고기,우둔	15	40	0.4		0.4						
숙주나물,삶은것	25	180	0.1					0.1			
미나리	10	100	0.1					0.1			
대파	2	65	0.0					0.0			
마늘	2	15	0.1					0.1			
왜간장	10	100	0.1	0.1							
설탕	5	25	0.2	0.2							
참기름	1	5	0.2						0.2		
흰깨,볶은것	1	9	0.1						0.1		
후추	0.1	7	0.0					0.0			
달걀	5	55	0.1			0.1					
콩기름	1	5	0.2						0.2		
식초	3										
김,구운것	1	5	0.2					0.2			
합계	121.1			0.5	0.4	0.1		0.5	0.5		
조정 교환량				0.5	0.5	0.0		0.5	0.5		

36. 더덕생채의 영양정보

더덕생채	조정된 식품교환량과 영양소

식품군	심볼	교환량		
곡류	○			
어육류 저	□			
중	□			
고	□			
채소	△	2.5	열량	73.7kcal
지방	☆	0.5	당질	19.0 g
우유	◇		단백질	2.9 g
과일	♡		지방	1.9 g

대분류	나물,무침류	중분류	생채류 및 샐러드류	음식코드	D131069
음식명	더덕생채			음식중량(g)	67.0

식품명	중량(g)	e-식품 교환량	교환수	곡류	어육류 저	어육류 중	어육류 고	채소	지방	우유	과일
더덕	40	30	1.3					1.3			
고추장	10	10	1.0					1.0			
고춧가루	2	7	0.3					0.3			
대파	2	65	0.0					0.0			
마늘	2	15	0.1					0.1			
왜간장	3	10	0.0	0.0							
설탕	2	25	0.1	0.1							
소금	1										
식초	3										
참기름	1	5	0.2						0.2		
흰깨,볶은것	1	9	0.1						0.1		
합계	67.0			0.1				2.7	0.3		
조정 교환량				0.0				2.5	0.5		

37. 겨자채의 영양정보

겨자채	조정된 식품교환량과 영양소

식품군	심볼	교환량		
곡류	○			
어육류 저	□	0.5		
중	□	0.5		
고	□			
채소	△	1.5	열량	141.7kcal
지방	☆		당질	8.8 g
우유	◇		단백질	10.5 g
과일	♡		지방	7.0 g

대분류	나물,무침류	중분류	생채류 및 샐러드류	음식코드	D131199
음식명	겨자채			음식중량(g)	126.0

식품명	중량(g)	e-식품 교환량	교환수	곡류	어육류 저	어육류 중	어육류 고	채소	지방	우유	과일
양배추	15	90	0.2					0.2			
오이	15	150	0.1					0.1			
당근	15	55	0.3					0.3			
배,신고	10	120	0.1								0.1
쇠고기,우둔	20	40	0.5		0.5						
달걀	30	55	0.6			0.6					
밤	5	65	0.1	0.1							
콩기름	1	5	0.2						0.2		
겨자,분말	5	5	1.0					1.0			
물	3										
소금	1										
설탕	2	25	0.1	0.1							
식초	2										
왜간장	1	100	0.0	0.0							
잣,볶은것	1	25	0.0						0.0		
합계	126.0			0.2	0.5	0.6		1.6	0.2		0.1
조정 교환량				0.0	0.5	0.5		1.5	0.0		0.0

38. 북어보푸라기의 영양정보

북어보푸라기	조정된 식품교환량과 영양소
	(see below)

식품군	심볼	교환량		
곡류	○			
어육류 저	□	1.5		
중	□			
고	□			
채소	△		열량	106.8kcal
지방	☆	0.5	당질	3.8 g
우유	◇		단백질	15.7 g
과일	♡		지방	2.8 g

대분류	나물,무침류	중분류	어패류무침	음식코드	D133079
음식명	북어보푸라기			음식중량(g)	28.5

식품명	중량(g)	e-식품교환량	교환수	곡류	어육류 저	어육류 중	어육류 고	채소	지방	우유	과일
명태,말린것	20	15	1.3		1.3						
소금	1										
설탕	3	25	0.1	0.1							
고춧가루	1	7	0.1					0.1			
깨소금	2	9	0.2						0.2		
왜간장	0.5	100	0.0	0.0							
참기름	1	5	0.2						0.2		
합계	28.5			0.1	1.3			0.1	0.4		
조정 교환량				0.0	1.5			0.0	0.5		

39. 나박김치의 영양정보

나박김치	조정된 식품교환량과 영양소

식품군	심볼	교환량	
곡류	○		
어육류 저	□		
중	□		
고	□		
채소	△	0.5	열량 19.7kcal
지방	☆		당질 3.6 g
우유	◇		단백질 1.1 g
과일	♡		지방 0.4 g

대분류	김치류	중분류	김치류	음식코드	D140051
음식명	나박김치			음식중량(g)	213.5

식품명	중량(g)	e-식품 교환량	교환수	곡류	어육류 저	어육류 중	어육류 고	채소	지방	우유	과일
배추	10	130	0.1					0.1			
배,신고	20	120	0.2								0.2
무	20	110	0.2					0.2			
미나리	3	100	0.0					0.0			
쪽파	3	75	0.0					0.0			
마늘	2	15	0.1					0.1			
생강	2	35	0.1					0.1			
붉은고추,말린것	1.5	9	0.2					0.2			
굵은소금	2										
물	150										
합계	213.5							0.7			0.2
조정 교환량								0.5			0.0

40. 보쌈김치의 영양정보

보쌈김치	조정된 식품교환량과 영양소
	(see below)

식품군	심볼	교환량		
곡류	○			
어육류 저	□			
중	□			
고	□			
채소	△	2.5	열량	94.4kcal
지방	☆		당질	15.4 g
우유	◇		단백질	4.7 g
과일	♡		지방	2.5 g

대분류	김치류	중분류	김치류	음식코드	D140139
음식명	보쌈김치			음식중량(g)	122.0

식품명	중량(g)	e-식품 교환량	교환수	곡류	어육류저	어육류중	어육류고	채소	지방	우유	과일
배추김치	30	100	0.3					0.3			
배,신고	20	120	0.2								0.2
무	20	110	0.2					0.2			
실파	5	130	0.0					0.0			
미나리	5	100	0.1					0.1			
밤	5	65	0.1	0.1							
낙지	5	80	0.1		0.1						
굴	5	60	0.1		0.1						
고춧가루	10	7	1.4					1.4			
마늘	3	15	0.2					0.2			
생강	3	35	0.1					0.1			
멸치,액젓	2	160	0.0		0.0						
굵은소금	2										
설탕	2	25	0.1	0.1							
흰깨,볶은것	1	9	0.1						0.1		
석이버섯,말린것	1	6	0.2					0.2			
대추	2	15	0.1					0.1			
잣,볶은것	1	25	0.0						0.0		
합계	122.0			0.2	0.2			2.6	0.1		0.2
조정 교환량				0.0	0.0			2.5	0.0		0.0

41. 미나리강회의 영양정보

미나리강회	조정된 식품교환량과 영양소

식품군	심볼 교환량		
곡류	○		
어육류 저	□ 0.5		
중	□ 0.5		
고	□		
채소	△ 1.0	열량	124.7kcal
지방	☆	당질	6.3 g
우유	◇	단백질	9.9 g
과일	♡	지방	6.3 g

대분류	회류	중분류	채소류회	음식코드	D153009
음식명	미나리강회			음식중량(g)	100.0

식품명	중량 (g)	e-식품 교환량	교환수	곡류	어육 류저	어육 류중	어육 류고	채소	지방	우유	과일
미나리	20	100	0.2					0.2			
쇠고기,우둔	20	40	0.5		0.5						
달걀	40	55	0.7			0.7					
붉은고추,생것	3	50	0.1					0.1			
소금	2										
콩기름	1	5	0.2						0.2		
고추장	5	10	0.5					0.5			
식초	3	0									
설탕	3	25	0.1	0.1							
물	3										
합계	100.0			0.1	0.5	0.7		0.8	0.2		
조정 교환량				0.0	0.5	0.5		1.0	0.0		

42. 무숙장아찌의 영양정보

무숙장아찌	조정된 식품교환량과 영양소

식품군	심볼	교환량	
곡류	○		
어육류 저	□	0.5	
중	□		
고	□		
채소	△	0.5	열량 47.9kcal
지방	☆	0.5	당질 4.3 g
우유	◇		단백질 3.1 g
과일	♡		지방 2.1 g

대분류	장아찌류	중분류	장아찌	음식코드	D170029
음식명	무숙장아찌			음식중량(g)	58.2

식품명	중량 (g)	e-식품 교환량	교환수	곡류	어육 류저	어육 류중	어육 류고	채소	지방	우유	과일
무	30	110	0.3					0.3			
쇠고기,한우	10	40	0.3		0.3						
미나리	5	100	0.1					0.1			
왜간장	5	100	0.1	0.1							
대파	2	65	0.0					0.0			
마늘	2	15	0.1					0.1			
설탕	2	25	0.1	0.1							
후추	0.1	7	0.0					0.0			
깨소금	1	9	0.1						0.1		
참기름	1	5	0.2						0.2		
붉은고추,말린것	0.1	9	0.0					0.0			
합계	58.2			0.2	0.3			0.5	0.3		
조정 교환량				0.0	0.5			0.5	0.5		

43. 오이숙장아찌의 영양정보

오이숙장아찌	조정된 식품교환량과 영양소

식품군	심볼	교환량	
곡류	○		
어육류 저	□	0.5	
중	□		
고	□		
채소	△	0.5	열량 60.8kcal
지방	☆	0.5	당질 4.2 g
우유	◇		단백질 3.3 g
과일	♡		지방 3.6 g

대분류	장아찌류	중분류	장아찌	음식코드	D170089
음식명	오이숙장아찌			음식중량(g)	66.9

식품명	중량(g)	e-식품교환량	교환수	곡류	어육류저	어육류중	어육류고	채소	지방	우유	과일
오이	30	150	0.2					0.2			
쇠고기,사태	10	40	0.3		0.3						
표고버섯,삶은것	15	65	0.2					0.2			
붉은고추,말린것	0.2	9	0.0					0.0			
마늘	1	15	0.1					0.1			
대파	1	65	0.0					0.0			
소금	1										
설탕	2	25	0.1	0.1							
후추	0.2	7	0.0					0.0			
깨소금	2	9	0.2						0.2		
왜간장	2.5	100	0.0	0.0							
참기름	2	5	0.4						0.4		
합계	66.9			0.1	0.3			0.5	0.6		
조정 교환량				0.0	0.5			0.5	0.5		

44. 배숙의 영양정보

배숙	조정된 식품교환량과 영양소

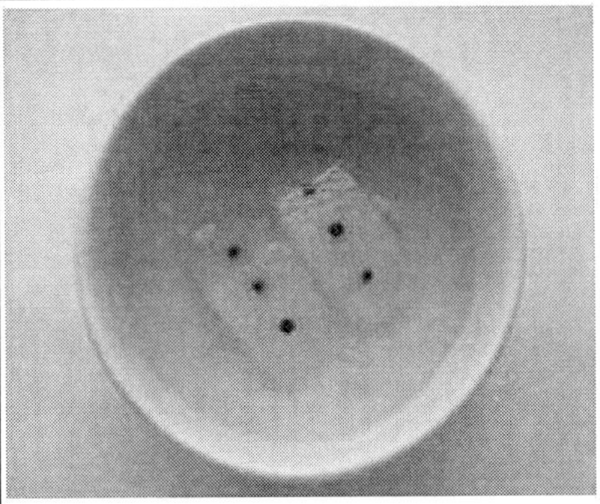

식품군	심볼	교환량		
곡류	○	1.0		
어육류 저	□			
중	□			
고	□			
채소	△	0.5	열량	160.1kcal
지방	☆		당질	35.3 g
우유	◇		단백질	1.0 g
과일	♡	0.5	지방	2.4 g

대분류	음료,주류,차류	중분류	음료,주류,차류	음식코드	D200069
음식명	배숙			음식중량(g)	221.0

식품명	중량(g)	e-식품 교환량	교환수	곡류	어육류 저	어육류 중	어육류 고	채소	지방	우유	과일
배,신고	30	120	0.3								0.3
후추	3	7	0.4					0.4			
물	150										
황설탕	30	25	1.2	1.2							
생강	5	25	0.2					0.2			
잣,볶은것	3	35	0.1						0.1		
합계	221.0			1.2				0.6	0.1		0.3
조정 교환량				1.0				0.5	0.0		0.5

제10장

e-Food Exchange(e-식품교환표) 프로그램

10-1. e-Food Exchange(e-식품교환표) 프로그램 개발 필요성

현대인에게 있어 생활수준의 향상과 의학의 발달은 수명을 연장시키고 보다 높은 삶의 질을 위한 건강증진에 대한 관심을 불러일으키게 하였다. 우리나라는 1990년대 들어서면서 사회 환경이 급변하였는데, 식품공업의 발달로 새로운 편의식품의 개발, 식품의 유용성 증가, 생활방식, 신체활동, 평균 체위 등 여러 면에서 변화가 있었다. 지난 20년간 식품의 섭취량에는 큰 변화가 없었으나 식품섭취의 양상에서 많은 변화가 있었으며, 당질의 섭취감소와 지방질의 섭취증가 이에 따른 심혈관계 질환이 급증하는 추세이다. 이러한 현실은 건강에 대한 명확한 기준을 요구하게 되었으며, 1986년 WHO의 건강증진을 위한 Ottawa협정 이후 각 나라들이 건강 증진법을 제정, 우리나라도 1995년 국민건강 증진법을 만들게 되었다. 보건복지부장관은 2003년 5월 15일 보건복지부 고시 제2003-30호에서 국민건강요양급여의기준에관한규칙 제8조제2항 및 제9조제1항의 규정에 의한 "행위급여·비급여목록표및상대가치점수(보건복지부 고시 제2002-88호, 2002.12.18)"를 다음과 같이 개정·고시하였다. 제1조1항중 "Ⅰ. 요양급여비용의 일부를 본인이 부담하는 항목"에 별첨1을, 동조 제2항중 "Ⅱ. 요양급여비용의 100분의100을 본인이 부담하는 항목"에 별첨2를, "Ⅲ. 비급여항목"에 별첨3을 각각 추가 신설한다. 이 고시는 2003년 6월 1일부터 적용한다. 비급여 항목으로는 교육. 상담료는 당뇨병, 고혈압, 심장질환, 암, 장루수술, 투석 및 치주질환에 대하여 교육·상담 등을 통하여 환자가 자신의 질병을 이해하고 합병증을 예방할 수 있도록 관리체계를 수립한 경우에 산정한다"이다. 교육별 필수교육자는 당뇨병교육, 고혈압교육, 심장질환교육, 암환자교육은 의사, 간호사, 영양사가 하도록 하였다. 이와 같이 영양교육과 상담이 비급여항목으로 중요한 영양사의 역할이 되고 있다.

한편, 21세기 정보화시대를 맞이하여 영양상태판정 등의 정보처리에 컴퓨터의 중요성이 대두되고 있는데, 컴퓨터는 업무의 처리 및 계획, 연구뿐만 아니라 인터넷을 통하여 다양한 정보를 제공하고 있어 현대인의 일상생활에 있어서 필수적인 요소가 되고 있다. 일반적으로 영양에 관한 정보를 제공하거나 교육을 하기 위한 방법은 "stand-alone applications"과 "on-line applications"이 있으며, 앞에 것은 일반 디스켓이나 CD-ROM으로 제품화된 것을 말하고 뒤에 것은 인터넷이나 PC통신을 이용하여 정보를 제공하는 것을 말한다. 최근에는 인터넷을 통한 영양정보제공과 교육이 증가하고 있다. 미국의 경우 1980년과 1990년 사이에 많은 영양소 분석의 소프트웨어 상품이 개발되어 USDA(United States Department of Agriculture)와 FNIC(Food and Nutrition Information Center)는 200여개 이상의 영양소 분석 소프트웨어 프로그램을 한 사이트에서 제공하고 있다. 우리나라의 경우도 많은 전산 프로그램이 개발되고 있으며 최근에 와서는 일부 보편화되어 사용되고있다. 이는 컴퓨터가 업무처리의 기능뿐 아니라 다양한 정보를 제공해주며 On-line상의 상담까지도 가능하게 해주고 있기 때문이다. 지금 국내·외에서 이용되고 있는 Off-line 상의 영양소분석 및 영양평가 프로그램은 영양소분석, 영양평가 및 관리, 영양교육 및 상담, 임상영양 및 관리 뿐만 아니라 식단 계획, 구매관리, 재고 및 재무관리, 위생관리 등이 있다. 하지만 이들은 프로그램상의 미흡함과 빠른 upgrade가 어려우며 프로그램을 구입한 사람에 한하여 이용이 가능하다. 최근에는 인터넷의 급속한 보급으로 인하여 정보의 흐름이 빨라지고 일방적인 단방향 운영이 아니라 운영자와 네티즌간의 쌍방향 운영을 할 수 있게 되었으며 이로 인해 일반인들에게도 여러 가지 영양정보가 제공되고 있다. 그러나 아직까지 대학이나 공인된 기관에서 운영되는 웹사이트는 제한적이며 개인 홈페이지가 주를 이루고 있어 그 질이 높지 않고 비슷한 내용이 많다. 외국의 경우에는 국가공인기관이 운영을 하거나 인증을 받은 기관이 운영을 하고 있으나 우리의 실정과 맞지 않는 부분이 많아 우리나라의 영양정보에 대한 전문성이 있는 웹페이지 구성이 시급하다. 한편 Lee 등에 의하면, 여러 컴퓨터 식이 섭취 분석 프로그램의 일반적인 운용 특성과 영양소 DB를 USDA NDB(Nutrient Data-base)와 비교한 결과 프로그램의 비용, 식품과 영양소 DB의 수, 매뉴얼, help screen, 식품입력, 분석 결과, 출력 형식과 수, 프로그램 사용의 용이성에 차이가 있다고 보고하였다. 계산결과에서는 몇 가지 프로그램의 에너지, 단백질, 총 지방, 총 탄수화물 값이 USDA NDB의 15% 이내였다고 한다. 이런 차이는 프로그램의 DB가 가지고있는 식품수와 missing nutrient value의 수에 의해 발생하며, USDA NDB 자체가 7.9%의 missing nutrient value를 가지고 있기 때문이라고 보고하였다. 이는 표준이 되는 영양소 DB가 완성을 위한 계속적인 노력이 필요함을 의미한다. 이런 프로그램의 계속적인 개발과 함께 식품영양관련 분야에서 식품교환표는 매우 중요하다 할 수 있는데, 식품군별 1교환량을 표시하는 교환량 식품이 너무 적어서 영양교육상담이나 식단작성에 어려움이 있으리라 생각한다. 현재 식품성분분석표의 식품수가 3,000여개인 실정인데 비해 극히 일부 식품에 대한 교환량이 제시되고 있다. 이러한 이유로 on-line상에서 식품별 교환량이 절실히 필요할 것이라 생각된다. 식단의 작성에 있어 가능하면 자연식품을 이용하는 것이 중요하겠지만 가공된 식품이나 음식을 이용시에 식품교환군과 식품교환량의 정보가 거의 없는 실정으로 현재 사용되는 식품교환표에는 교환군의 대표가 되는 식품들만을 사용하고 있어 매일 쏟아져 나오는 식품들을 따라가기에는 한계가 있다.

본인이 연구한 e-식품교환표는 각 식품군에 포함되는 식품의 교환량을 구할 수 있는 on-line system으로 ENECC/e-식품교환량(E-Nutrition Education and Counseling Center)를 구축하고 검색하는 프로그램이다. 이 시스템에서 식품군별 1교환량의 산출방법을 개발하여 2,261개의 ENECC/e-식품교환량 데이터베이스를 구축하고 손쉽게 검색할 수 있게 하였으며 현재 사용되고 있는 각 식품교환량과의 비교하였다. 그리고 ENECC/e-식품교환량 검색은 식품군이나 식품명으로 검색하며 각 식품군의 교환량과 기존의 식품성분표에서 제공하는 100g 당 영양소정보도 검색할 수 있다.

앞으로 현재 사용하고 있는 식품교환군의 사용 식품이 너무 적어 제한적이므로 더 많은 식품교환량이 산출되어야 할 것이며 본 연구에서 제시된 ENECC/e-식품교환량을 일반화하기 위하여는 계속적인 연구와 논의가 이루어져야 할 것이다. 또한 다양한 식품과 새로이 개발되는 식품 대한 데이터베이스의 계속적인 update가 이루어져야할 것이다. 그리고 식품교환표가 식품뿐만 아니라 음식의 식품군별 교환량을 산출하는데도 쉽게 적용될 수 있도록 하여야 할 것이다. 본 연구의 결과 ENECC/e-식품교환량의 산출된 교환량은 계산된 자료이며 100g당 영양소의 양이므로 식품교환량에 따른 영양소의 데이터베이스도 구축하여야 하여야 할 것이다. 또한 음식이나 식단작성에 식품

교환표를 활용하여 계산되어지는 프로그램들도 연구 개발되어야 하며 인터넷화하여야 할 것이다.

10-2. e-식품 데이터베이스 파일

본 프로그램의 식품데이터베이스는 농촌진흥청의 식품성분표에 수록된 식품을 기본으로 하였으며 한국인 영양권장량을 참고로 하여 2,261개의 e-식품 데이터베이스를 구축하였다. 식품교환군에 사용된 e-식품 데이터베이스의 구성내용은 표 10-1과 같다. 식품교환표 분류는 직접 수작업으로 이루어졌으며, 어육류의 경우에는 저(2g)·중(5g)·고(8g)를 지방량에 따라 자동으로 나눠지게 하였다. 식품교환군은 현재 사용하고 있는 곡류군, 어육류군(저,중,고), 채소군, 지방군, 우유군, 과일군 등 6개로 알코올은 따로 알코올군을 만들어 분류하였다. 식품군별 1 교환량 산출식을 위하여 곡류는 1로, 어육류는 분류하여 2,3,4, 채소군은 5, 지방은 6, 우유는 7, 과일은 8, 알코올은 9로 구분하여 인터넷상에서 입력하여 자동으로 계산되도록 하였다. 식품성분표의 식품들을 7개의 식품교환군으로 나누었으며 곡류군 410개, 어육류군 976개, 채소군 527개, 지방군 84개, 우유군 40개, 과일군 187개 그리고 알코올군 36개 등 총 2,261개의 식품으로 구성되어있다.

표 10-1. 식품교환량의 식품교환군의 식품수와 ENECC의 식품수 비교

식품군		식품교환군의 식품수	ENECC 식품수
곡류군		26개	410개
어육류군	저지방	31개	967개
	중지방	19개	
	고지방	11개	
채소군		42개	527개
지방군		12개	84개
우유군		7개	40개
과일군		25개	187개
알코올군		-	36개
합계		173개	2,261개

10-3. 사용기기 및 프로그램 개발

본 프로그램은 인터넷 기반의 웹 애플리케이션이다. 서버는 리눅스를 기반으로 하고 있다. 개발환경으로는 아파치(Apache) 웹서버와 서버측 스크립트 언어로 PHP, 데이터베이스로는 MySQL을 사용하고 있다. 본 프로그램은 인터넷 브라우저를 통한 사용자 인터페이스로 구현되어 있으므로 사용자(클라이언트)측 시스템 환경은 별반 제한사항이 없다. 인터넷 익스플로러 4.0 이상이면 접속이 가능하며, 인터넷의 기존 인터페이스를 따르므로 별도의 사용교육이 필요 없이 즉각적으로 활용할 수 있는 친 사용자 형태로 구성되어 있다.

10-4. 식품교환량 산출방법 기준

식품교환량 산출방법의 기준은 표 10-2 식품군별 식품교환표의 당질, 단백질, 지방과 열량 기준에 따라 식품데이터베이스를 6개의 식품군으로 분류하였고 어육류군인 경우에는 지방량에 따라 세분하였으며 에너지는 식품성분표상 3대 영양소를 기준으로 에너지를 따로 산출하여 계산하는 방법으로 인터넷화하여 ENECC/e-식품교환량을 자동 계산할 수 있는 ENECC 산출식을 개발하였다. 식품성분표에 나타난 에너지는 당질 단백질과 지방의 양에 각각 4, 4와 9를 곱한 에너지와는 다소 차이가 있으므로 본 프로그램에서는 3대 영양소로 에너지를 산출하였다. ENECC 실험값은 개발된 공식의 계산으로 산출된 값이며 교환량이 10이하일 때에는 소수점 첫째자리에서 반올림하였고, 100미만일 때에는 5단위로 반올림을 하였으며 100이상일 때는 10단위로 반올림하여 그 값으로 통계처리를 하였다. 기본교환군 이외의 교환군의 수는 소수점 둘째 자리에서 반올림하여 소수점 첫째자리로 보정하여 보정된 ENECC/e-식품교환량으로 표시하였다. 현재의 식품군별 식품교환량과 본 연구에서 산출된 ENECC/e-식품교환량과는 pearson 상관관계를 분석하였다.

표 10-2. 식품군별 식품교환표 영양소 기준

군 별		당질(g)	단백질(g)	지방(g)	열량(Kcal)
곡 류 군		23	2		100
어육류군	저지방		8	2	50
	중지방		8	5	75
	고지방		8	8	100
채 소 군		3	2		20
지 방 군				5	45
우 유 군		11	6	6	125
과 일 군		12			50

10-5. 식품군별 ENECC/e-식품교환량(g)교환량 산출식

기존의 식품데이터베이스는 식품의 가식부위 100g의 영양소를 나타내고 있으므로 다음의 식품군별 교환량 산출식을 개발하여 인터넷상에서 자동으로 계산하여 교환량이 산출되도록 ENECC 산출식에 대입을 하였다.

1단계는 각 식품군의 기준이 되는 영양소로 각 식품군의 교환수를 다음의 (I)의 방법에 의해 산출하고 추가나 부족되는 영양소는 (II)의 방법으로 계산되도록 하였다. 모든 수식은 1단계를 우선순위로 한다. 식품 교환표에 있는 영양기준을 기본으로 하며 3대 영양소의 양을 수식의 기본으로 하고 있다.

2단계는 3대 영양소로 계산한 에너지를 기준으로 하였으며, 식품군별로 추가나 부족 에너지의 합이 각 군별 기준에너지의 ±10%내인 경우는 교환량은 적정한 것으로 간주하였고 식품군별로 추가나 부족 에너지의 합이 각 군별 기준에너지의 ±10%부터 ±50%까지인 경우는 차이에 해당하는 부분을 추가나 감소된 에너지에 해당하는 식품의 중량을 추가나 감소시켰다. 하지만 식품군별로 추가나 부족 에너지의 합이 각 군별 기준에너지의 ±50% 이상인 경우에는 1단계의 수식의 값을 사용하지 않고 각 열량영양소의 에너지 합을 구하고 그것을 각 식품군별 기준 에너지로 환산하여 계산한 것을 사용하여 표시하였다. 이는 가능한 한 식품교환표의 3대 영양소와 에너지 기준을 모두 맞추기 위한 것이다.

1단계의 3대 영양소를 기준으로 계산한 산출식은 다음과 같다.

1) 곡류군

곡류군은 1교환이 당질 23g, 단백질 2g, 열량 100㎉이며 당질이 주성분이기 때문에 먼저 당질의 양을 기준으로 계산하며 산출식은 다음과 같다.

(Ⅰ) 곡류군의 교환량 산출방법[C = 당질(g), P = 단백질(g), F = 지방(g)]

$$\text{Ⅰ-①} = \frac{\text{Cg (선택식품 100g당 당질의 양)}}{\text{23g (곡류 1교환의 단백질양)}}$$

: 당질의 양을 기준으로 하기 때문에 선택식품의 당질의 양을 23으로 나누면 100g에 대한 교환수가 산출된다.

$$\text{Ⅰ-②} = \frac{\text{100g (식품성분표 양)}}{\text{(Ⅰ-①)의 값 (선택식품의 교환수)}}$$

: 식품 100g을 교환수로 나누면 교환량이 산출이 된다.(Ⅰ-②는 선택된 식품의 교환량)

(Ⅱ) 단백질, 지질의 교환단위를 구하는 공식

$$\text{Ⅱ-①} = \text{2g} \times \text{선택식품의 교환수}$$

: 곡류군의 기준 단백질이 2g이며, 식품성분표가 100g을 기준으로 하고 있기 때문에 2g과 선택식품의 교환수를 곱하면 100g일 때 있어야할 단백질의 기준량이 산출된다.

$$\text{Ⅱ-②} = \text{P(g)} - \text{(Ⅱ-①)의 값}$$

: 100g당 실제 있는 단백질의 양(P)에서 (Ⅱ-①)의 값을 빼면 ±단백질 양이 나오게 되며 이는 단백질의 추가 혹은 부족분의 단백질 교환량이 된다.

$$\text{Ⅱ-③} = \frac{\text{(Ⅱ-②)의 값(여분의 단백질양)}}{\text{8g (어육류군의 단백질 기준)}}$$

: 어육류군 1교환의 단백질 양 8g을 나누어 교환단위를 구한다.

$$\text{Ⅱ-④} = \frac{\text{(Ⅱ-③)의 값(여분의 단백질 교환)}}{\text{(Ⅰ-①)의 값(선택식품의 교환수)}}$$

: (Ⅱ-③)값의 기준이 식품 100g이므로 교환수로 나누어 교환량에 대한 단백질 교환단위를 구한다. 여기에서는 곡류군이므로 단백질의 기준을 어육류군의 저지방에 표시한다.

$$\text{II-⑤} = \frac{\text{F(g) (선택식품의 지방의 양)}}{\text{5(g) (지방군의 1교환 기준양)}}$$

: 지방군 1교환의 지방 양 5g을 나누어 교환단위를 구한다.

$$\text{II-⑥} = \frac{\text{(II-⑤)의 값(선택식품의 지방교환량)}}{\text{(I-①)의 값(선택식품의 교환수)}}$$

: (Ⅱ-⑤)값의 기준이 식품 100g이므로 교환수로 나누어 교환량에 대한 지방 교환단위를 구한다. 여기에서는 지방군에 표시를 한다. 선택된 식품의 교환량은 (Ⅰ-②)의 값이고, 곡류군 1교환과 어육류군 (Ⅱ-④)교환, 지방군 (Ⅱ-⑥)교환을 추가 혹은 부족분의 식품교환량이 산출되게 된다.

2) 어육류군

어육류군은 1교환이 단백질 8g과 지질 2g(저), 5g(중), 8g(고), 열량 50㎉, 75㎉, 100㎉이며, 단백질의 양이 일정하므로 이것을 기준으로 하여 계산하였다.

(Ⅰ) 어육류군의 교환량 산출방법[C = 당질(g), P = 단백질(g), F = 지방(g)]

$$\text{I-①} = \frac{\text{Pg (선택식품 100g당 단백질의 양)}}{\text{8g (어육류 1교환의 단백질양)}}$$

: 단백질의 양을 기준으로 하기 때문에 선택식품의 단백질의 양을 8로 나누면 식품 100g에 대한 교환수가 산출된다.

$$\text{I-②} = \frac{\text{100g (식품성분표 양)}}{\text{(I-①)의 값 (선택식품의 교환수)}}$$

: 식품 100g을 교환수로 나누면 교환량이 산출이 된다.
(Ⅰ-②는 선택된 식품의 교환량)

3) 채소군

채소군은 1교환이 단위가 당질 3g, 단백질 2g, 열량 20㎉이며, 당질을 기준으로 계산하였다.

(Ⅰ) 채소군의 교환량 산출방법[C = 당질(g), P = 단백질(g), F = 지방(g)]

$$\text{I-①} = \frac{\text{Cg (선택식품 100g당 당질의 양)}}{\text{3g (채소군 1교환의 당질양)}}$$

: 당질을 기준으로 하기 때문에 선택식품의 당질의 양을 3으로 나누면 100g에 대한 교환수가 산출된다.

$$\text{I-②} = \frac{\text{100g (식품성분표 양)}}{\text{(I-①)의 값 (선택식품의 교환수)}}$$

: 식품 100g을 교환수로 나누면 교환량이 산출이 된다.
(I-②는 선택된 식품의 교환량)

4) 지방군

지방군은 1교환의 단위가 지방 5g, 열량 45㎉이며, 지방량을 기준으로 수식을 작성하였다.

(I) 지방군의 교환량 산출방법[C = 당질(g), P = 단백질(g), F = 지방(g)]

$$\text{I-①} = \frac{\text{Fg (선택식품 100g당 지방의 양)}}{\text{5g (지방군 1교환의 지질양)}}$$

: 지방을 기준으로 하기 때문에 선택식품의 지방의 양을 5로 나누면 100g에 대한 교환수가 산출된다.

$$\text{I-②} = \frac{\text{100g (식품성분표 양)}}{\text{(I-①)의 값 (선택식품의 교환수)}}$$

: 식품 100g을 교환수로 나누면 교환량이 산출이 된다.
(I-②는 선택된 식품의 교환량)

5) 우유군

우유군은 1교환의 단위가 당질 11g, 단백질 6g, 지질 6g, 열량 125㎉이며, 영양소가 다양하게 포함이 되어있어 주성분을 고르기가 어려워 양이 많은 당질을 기준으로 계산하였다.

(I) 우유군의 교환량 산출방법[C = 당질(g), P = 단백질(g), F = 지방(g)]

$$\text{I-①} = \frac{\text{Cg (선택식품 100g당 당질의 양)}}{\text{11g (우유군 1교환의 당질양)}}$$

: 당질을 기준으로 하기 때문에 선택식품의 당질의 양을 11로 나누면 100g에 대한 교환수가 산출된다.

$$\text{Ⅰ-②} = \frac{\text{100g (식품성분표 양)}}{\text{(Ⅰ-①)의 값 (선택식품의 교환수)}}$$

: 식품 100g을 교환수로 나누면 교환량이 산출이 된다.
(Ⅰ-②는 선택된 식품의 교환량)

6) 과일군

과일군은 1교환의 단위가 당질 12g, 열량 50㎉이며, 당질을 기준으로 수식을 작성하였다.

(Ⅰ) 과일군의 교환량 산출방법[C = 당질(g), P = 단백질(g), F = 지방(g)]

$$\text{Ⅰ-①} = \frac{\text{Cg (선택식품 100g당 당질의 양)}}{\text{12g (과일군 1교환의 당질양)}}$$

: 당질을 기준으로 하기 때문에 선택식품의 당질의 양을 12로 나누면 100g에 대한 교환수가 산출된다.

$$\text{Ⅰ-②} = \frac{\text{100g (식품성분표 양)}}{\text{(Ⅰ-①)의 값 (선택식품의 교환수)}}$$

: 식품 100g을 교환수로 나누면 교환량이 산출이 된다.
(Ⅰ-②는 선택된 식품의 교환량)

10-6. 식품교환량과 ENECC/e-식품교환량의 비교

1) 곡류군

표 10-3은 식품교환군의 곡류군 식품이며 본 연구에서 산출한 ENECC/e-식품교환량과 비교한 것이다. 표에서 보면 1단계의 ENECC실험값과 2단계의 보정된 ENECC/e-식품교환량을 나타내고 있다. 그리고 ENECC/e-식품교환량과 식품교환량의 pearson 상관관계를 분석한 결과 상관계수가 0.985로 P<0.01에서 유의한 것으로 나타났다. 현재까지 식품군별 식품교환량을 제시한 적이 없는 식품인 경우에는 본 시스템에서 산출하고 보정한 ENECC/e-식품교환량은 타당하다고 여겨지며 참고로 사용할 수 있을 것이며 일반화하는데는 많은 연구와 논의가 있어야 할 것으로 사료된다. 현재 인터넷 홈페이지(http://nutrition.ulsan.ac.kr)에는 산출된 식품교환량이 검색되도록 하였다.

표 10-3. 곡류군 1교환단위의 식품교환량과 ENECC/e-식품교환량

식 품	식품교환량(g)	ENECC 실험값(g)[1]	추가 혹은 부족된 식품 교환수[2]		ENECC/ e-식품교환량(g)[3]
			어육류군 (저지방)	지방군	
백 미	30	28	-	-	30
현 미	30	31	-	(+)0.1	30
율 무	30	35	(+)0.4	(+)0.5	25
보 리 쌀	30	30	(+)0.1	(+)0.1	30
찹 쌀	30	31	-	(+)0.2	30
차 수 수	30	32	(+)0.2	(+)0.1	30
밀 가 루	30	32	(+)0.3	(+)0.1	30
마 른 국 수	30	30	(+)0.1	-	30
국 수 삶은것	90	95	(+)0.3	(+)0.1	85
보리미숫가루	30	31	(+)0.2	(+)0.1	30
당 면	30	27	(-)0.2	-	25
팥	30	36	(+)0.6	-	30
식 빵	35	45	(+)0.2	(+)0.5	35
시 루 떡	50	54	(+)0.1	(+)0.1	55
인 절 미	50	52	(+)0.1	(+)0.2	50
흰 떡	50	44	-	(+)0.1	45
찰 옥 수 수	50	80	(+)0.2	(+)0.2	75
밤	60	64	-	(+)0.1	65
쌀 밥	70	70	-	-	70
보리밥(30%)	70	71	-	-	70
고 구 마	70	76	(-)0.1	-	75
토 란	130	189	(+)0.3	(+)0.1	170
감 자	150	149	-	-	150
도 토 리 묵	200	227	(-)0.2	(+)0.1	230

1) 3대영양소를 기준으로 한 ENECC실험값(g) : 1단계
2) (+):기준보다 추가된 식품교환수, (-):기준보다 부족된 식품교환수 : 1단계
3) 에너지로 보정한 ENECC/e-식품교환량 : 2단계
** pearson 상관계수 : 0.985(P<0.01)에서 유의

2) 어육류군

어육류군은 저, 중, 고지방으로 나뉘는데 이는 식품의 부위에 따라 달라진다. 예를 들면, 닭의 여러 부위는 어육류-저지방 이외에도 중지방이나 고지방으로 산출된다.

[어육류군 저지방]

표 10-4는 현재 사용하고 있는 어육류(저)군의 대표식품으로 ENECC/e-식품교환량과 비교한 것이다. ENECC/e-식품교환량과 식품교환량의 pearson 상관계수가 0.836으로 P<0.01에서 유의한 것으로 나타났다. 특이할만한 것은 칠면조, 민어,

연어, 준치, 갈치, 병어 등은 일반적으로 중지방, 참치통조림은 일반적으로 고지방에 포함을 시키는 경우가 있으나 계산식에 의하면 저지방으로 나타났다.

표 10-4. 어육류(저)군 1교환단위의 식품교환량과 ENECC/e-식품교환량

식 품	식품교환량(g)	ENECC 실험값(g)[1]	추가 혹은 부족된 식품 교환수[2]		ENECC/ e-식품교환량(g)[3]
			지방군	과일군	
쇠고기 (양지)	40	38	(+)0.2	-	40
돼지고기	40	42	(+)0.1	-	40
쇠 간	40	42	-	(+)0.1	40
닭 간	40	43	(-)0.1	-	45
토끼고기	40	37	(-)0.1	-	35
뱅어포	15	13	(-)0.1	-	15
북 어	15	13	(-)0.3	-	15
건 오징어 채	15	12	(-)0.2	-	15
잔멸치	15	19	(-)0.2	-	20
가자미	50	36	(-)0.1	-	35
광 어	50	39	(-)0.3	-	45
동 태	50	50	(-)0.3	-	60
참 돔	50	37	(-)0.3	-	45
전갱어	50	37	(-)0.1	-	35
물오징어	50	41	(-)0.3	-	50
참다랑어	50	29	(-)0.3	-	35
삼 치	50	42	(+)0.1	-	40
복 어	50	43	(-)0.3	-	50
조 기	50	44	(-)0.2	-	50
새 우(대하)	50	44	(-)0.3	-	50
조 개(바지락)	50	62	(-)0.3	-	75
참전복	50	53	(-)0.3	-	55
깐홍합	50	83	(-)0.2	(+)0.3	80
꽃 게	50	58	(-)0.3	(+)0.1	60
생 굴	80	90	(-)0.2	(+)0.3	90
낙 지	80	69	(-)0.3	-	80
굴 비	15	18	(+)0.1	-	20
칠면조	40	34	(-)0.3	-	40
민 어	50	41	-	-	40
연 어	50	39	(-)0.2	-	40
준 치	50	40	-	-	40
갈 치	50	43	(+)0.2	-	40
병 어	50	45	(+)0.1	-	45
참치 통조림	40	37	(-)0.2	-	40

1) 3대영양소를 기준으로 한 ENECC실험값(g) : 1단계
2) (+):기준보다 추가된 식품교환수, (-):기준보다 부족된 식품교환수 : 1단계
3) 에너지로 보정한 ENECC/e-식품교환량 : 2단계
pearson 상관계수 : 0.836(P<0.01)에서 유의

[어육류군 중지방]

표 10-5는 현재 사용하고 있는 어육류(중)군의 대표식품으로 ENECC/e-식품교환량과 비교한 것이다. ENECC/e-식품교환량과 식품교환량의 pearson 상관계수가 0.982로 P<0.01에서 유의한 것으로 나타났다. 특이할만한 것은 닭고기, 도루묵은 저지방에서 고등어통조림은 고지방에서 계산식에 의해 중지방으로 나타났다.

표 10-5. 어육류(중)군 1교환단위의 식품교환량과 ENECC/e-식품교환량

식품	식품교환량(g)	ENECC 실험값(g)[1]	추가 혹은 부족된 식품 교환수[2]		ENECC/ e-식품교환량(g)[3]
			지방군	과일군	
닭고기	40	42	(-)0.1	-	40
도루묵	50	55	(-)0.2	-	55
청어	50	41	(-)0.3	-	45
햄	40	47	(-)0.1	(+)0.2	45
돼지발	50	42	-	-	40
고등어	50	40	(-)0.2	-	40
꽁치	50	41	(-)0.3		45
임연수어	50	41	(-)0.3	-	45
장어	50	41	-	-	40
검정콩	20	23	(-)0.2	(+)0.5	20
순두부	200	169	(+)0.1	(+)0.1	160
고등어통조림	50	49	-	-	50
두부	80	86	-	(+)0.1	85

1) 3대영양소를 기준으로 한 ENECC실험값(g) : 1단계
2) (+):기준보다 추가된 식품교환수, (-):기준보다 부족된 식품교환수 : 1단계
3) 에너지로 보정한 ENECC/e-식품교환량 : 2단계
pearson 상관계수 : 0.982(P<0.01)에서 유의

[어육류군 고지방]

표 10-6은 현재 사용하고 있는 어육류(고)군의 식품으로 ENECC/e-식품교환량과 비교한 것이다. 특이할만한 것은 개고기는 저지방에서 메추리알, 달걀 등은 중지방에서 계산식에 의해 자동으로 고지방으로 나타났다. 어육류군 저, 중, 고지방 전체의 교환량과 수식에 의한 교환량은 통계적으로 pearson 상관계수가 0.895로 P<0.01 수준에서 유의한 것으로 나타났다.

표 10-6. 어육류(고)군 1교환단위의 식품교환량과 ENECC/e-식품교환량

식 품	식품교환량(g)	ENECC 실험값(g)[1)]	추가 혹은 부족된 식품 교환수[2)]		ENECC/ e-식품교환량(g)[3)]
			지방군	과일군	
개고기	40	42	(+0)0.1	-	40
메추리알	40	65	(-)0.1	(+)0.1	65
달걀	50	64	(-)0.2	-	65
치즈	30	30	(-)0.2	-	30
유부	20	39	(+)0.8	(+)0.9	25
쇠갈비	30	43	(+0).2	-	45
쇠꼬리	40	46	(+)0.1	-	45
우설	40	62	(+)0.2	-	60
프랑크소시지	40	56	(+0).8	(+)0.2	35
꽁치 통조림	50	57	(+)0.6	-	45
뱀장어	50	56	(+)0.3	-	55
런천민트	40	64	(+)2.3	(+)0.1	30

1) 3대영양소를 기준으로 한 ENECC실험값(g) : 1단계
2) (+):기준보다 추가된 식품교환수, (-):기준보다 부족된 식품교환수 : 1단계
3) 에너지로 보정한 ENECC/e-식품교환량 : 2단계
pearson 상관계수 : 0.621(P<0.05)에서 유의

3) 채소군

표 10-7은 현재 사용하고 있는 채소군의 식품으로 ENECC/e-식품교환량과 비교한 것이다. 식품교환군의 채소군의 교환량과 ENECC/e-식품교환량은 통계적으로 pearson 상관계수가 0.530로 P<0.01 수준에서 유의한 것으로 나타났다.

표 10-7. 채소군 1교환단위의 식품교환량과 ENECC/e-식품교환량

식품	식품교환량(g)	ENECC 실험값(g)[1]	추가 혹은 부족된 식품 교환수[2]		ENECC/ e-식품교환량(g)[3]
			어육류군 (저지방)	지방군	
무말랭이	10	5	(-)0.2	-	7
고춧잎(생)	25	38	-	(+)0.1	35
더덕	25	28	(-)0.1	-	30
우엉	25	21	(-)0.2	-	30
냉이	50	79	(+)0.2	(+)0.1	50
도라지(생)	50	15	(-)0.2	-	20
두릅	50	130	(-)0.2	-	75
무청	50	85	-	-	85
생표고	50	56	(-)0.1	-	65
양파	50	37	(-)0.2	-	50
케일	50	189	(+)0.4	(+)0.1	95
깻잎	50	48	-	-	50
가지	70	67	(-)0.2	-	95
깍두기	70	45	(-)0.2	-	65
고구마순	70	58	(-)0.2	(+)0.1	70
고사리(삶)	70	100	(+)0.1	(+)0.1	65
고비(삶)	70	81	(-)0.1	-	95
근대(삶)	70	67	(-)0.1	-	75
느타리	70	65	-	-	65
단무지	70	103	(-)0.2	-	140
달래	70	70	-	(+)0.1	60
당근	70	38	(-)0.2	-	55
무	70	46	(-)0.2	-	65
물미역	70	68	(-)0.1	-	80
미나리	70	91	(-)0.1	-	100
부추	70	108	(+)0.1	(+)0.1	70
싸리버섯	70	70	-	(+)0.1	60
셀러리	70	111	(-)0.2	-	160
쑥갓	70	93	(+)0.2	-	55
시금치	70	64	-	(+)0.1	55
양배추	70	63	(-)0.2	-	90
양송이	70	79	(+)0.1	-	65
연근	70	19	(-)0.2	-	25
열무	70	83	-	-	85
취(생)	70	56	-	-	55
콩나물(삶)	70	97	(+)0.3	(+)0.2	50
포기김치	70	115	-	(+)0.1	100
풋고추	70	83	(-)0.1	(+)0.1	85
피망	70	59	(-)0.1	-	70
애호박	70	55	(-)0.1	-	65

1) 3대영양소를 기준으로 한 ENECC실험값(g) : 1단계
2) (+):기준보다 추가된 식품교환수, (-):기준보다 부족된 식품교환수 : 1단계
3) 에너지로 보정한 ENECC/e-식품교환량 : 2단계
pearson 상관계수 : 0.530(P<0.01)에서 유의

4) 지방군

표 10-8은 현재 사용하고 있는 지방군의 식품으로 ENECC/e-식품교환량과 비교한 것이다. 식품교환량과 ENECC/e-식품교환량은 통계적으로 pearson 상관계수가 0.834으로 P<0.01 수준에서 유의한 것으로 나타났다.

표 10-8. 지방군 1교환단위의 식품교환량과 ENECC/e-식품교환량

식품	식품교환량(g)	ENECC 계산값(g)	ENECC/ e-식품교환량(g)[2]
들기름	5	5	5
참기름	5	5	5
식용유(콩)	5	5	5
마가린	6	6	6
버터	6	6	6
마요네즈	6	7	7
땅콩버터	7	10	10
참깨	8	10	10
잣	8	7	7
호두	8	8	8
땅콩	10	10	10

1) 3대영양소를 기준으로 한 ENECC실험값(g) : 1단계
2) 에너지로 보정한 ENECC/e-식품교환량 : 2단계
pearson 상관계수 : 0.834(P<0.01)에서 유의

5) 우유군

표 10-9는 현재의 식품교환군중 우유군의 식품으로 ENECC/e-식품교환량과 비교한 것이다. 식품교환량과 ENECC/e-식품교환량은 통계적으로 pearson 상관계수가 0.941로 P<0.01 수준에서 유의한 것으로 나타났다.

표 10-9. 우유군 1교환단위의 식품교환량과 ENECC/e-식품교환량

식품	식품교환량(g)	ENECC 계산값(g)	추가 혹은 부족된 식품 교환수[2]		ENECC/ e-식품교환량(g)[3]
			어육류 (중지방)	지방군	
우유	200	233	(+)0.2	(+)0.5	190
무가당두유	200	233	(+)0.5	(+)1.0	180
무당연유	100	122	(+)0.5	(+)1.1	95
전지분유	25	29	(+)0.2	(+)0.6	20
조제분유	25	20	(−)0.4	(−)0.5	25
탈지분유	25	21	(+)0.1	(−)1.0	25
탈지우유	200	233	(+)0.1	(−)1.1	290

1) 3대영양소를 기준으로 한 ENECC실험값(g) : 1단계
2) (+):기준보다 추가된 식품교환수, (−):기준보다 부족된 식품교환수 : 1단계
3) 에너지로 보정한 ENECC/e-식품교환량 : 2단계
pearson 상관계수 : 0.941(P<0.01)에서 유의

6) 과일군

표 10-10은 현재 사용하고 있는 과일군의 식품으로 ENECC/e-식품교환량과 비교한 것이다. 채소군의 교환량과 ENECC/e-식품교환량은 통계적으로 pearson 상관계수가 0.772으로 p<0.01 수준에서 유의한 것으로 나타났다.

표 10-10. 과일군 1교환단위의 식품교환량과 ENECC/e-식품교환량

식품	식품교환량(g)	ENECC 계산값(g)	추가 혹은 부족된 식품 교환수[2]		ENECC/ e-식품교환량(g)[3]
			지방군	어육류 (저지방)	
건대추	20	17	(+)0.1	–	15
건포도	20	16	–	–	15
생대추	30	54	–	–	55
바나나	60	57	–	–	55
포도	80	79	(+)0.1	–	80
감(단감)	80	105	–	–	110
자두	80	125	(+)0.2	–	120
귤	100	122	–	–	120
배	100	116	–	–	120
사과(후지)	100	78	–	–	80
사과주스	100	103	–	–	100
오렌지	100	110	–	–	110
오렌지주스(무가당)	100	133	–	–	130
파인애플	100	204	–	–	200
파인애플주스	100	99	–	–	100
자몽	120	161	–	–	160
멜론	120	130	–	–	130
앵두	120	175	(+)0.1	–	180
참외	120	164	–	–	160
복숭아(황도)	150	208	(+)0.1	–	210
살구	150	185	(+)0.1	–	190
딸기	200	192	–	–	190
토마토 주스*	200	111	–	(–)0.1	130
토마토*	250	103	–	(–)0.1	120
수박	250	161	(+)0.1	–	160

1) 3대영양소를 기준으로 한 ENECC실험값(g) : 1단계
2) (+):기준보다 추가된 식품교환수, (–):기준보다 부족된 식품교환수 : 1단계
3) 에너지로 보정한 ENECC/e-식품교환량 : 2단계
pearson 상관계수 : 0.772(P<0.01)에서 유의
* 채소로 본 경우임

7) 알코올군의 식품군별 교환량 산출방법과 ENECC/e-식품교환량

알코올군은 식품 교환표에는 나와 있지가 않으나 요즘 사회적 문제가 되고 있으며 다른 군으로 분류하는 것은 무리가 있으므로 따로 분류하여 데이터베이스화하였다.

알코올군의 ENECC/e-식품교환량의 산출 방법은 알코올 1교환을 다른 영양소를 고려하지 않고 에너지(1교환=70㎉)로 기준을 정하였으며 이는 소주 50g정도의 양이 된다. 예를 들면, 소주는 계산상으로는 교환량이 49.75g이므로 50g으로 표시하였으며 알코올군 1교환 단위로 이루어져있다. 표 10-11은 ENECC/e-식품교환량 산출식으로 계산되어 나온 결과이다. 알코올군은 열량을 제외하고는 다른 영양소가 거의 없으며 소주 1잔(50g)을 1교환량의 기준으로 하였다. 위의 양을 1교환으로 하였을 때, 알코올군의 1교환은 곡류군 1교환의 70%의 에너지를 가지며 나머지 영양소는 거의 없다고 할 수 있다.

표 10-11. 알콜군 1교환단위의 ENECC/e-식품교환량

식품	ENECC 계산값(g)	ENECC/ e-식품교환량(g)[1]
매실주	45	45
맥주 (4.5%)	189	190
생맥주 (4.2%)	189	190
흑맥주 (4.2%)	152	150
보드카 (40%)	29	30
보드카 (50%)	24	25
브랜디 (1급,42%)	29	30
브랜디 (특급,43%)	28	30
소주 (25%)	50	50
청주 (16%)	65	65
진 (37%)	33	35
진 (47%)	25	25
맨하탄 (30.6%)	31	30
마티니 (32%)	31	30
샴페인 (6%)	159	160
데킬라선라이즈(10.9%)	64	65
진토닉 (7.1%)	91	90
페퍼민트(20%)	23	25
토닉워터	204	200
백포도주(12%)	94	95
적포도주(12%)	100	100
위스키(1급,42%)	30	30
위스키(특급,43%)	28	30
막걸리 (6%)	152	150

1) ENECC계산값(g)을 에너지로 보정하여 산출한 ENECC/e-식품교환량

제11장

메뉴젠(MenuGen) 프로그램 사용 매뉴얼

농촌진흥청 농촌자원개발연구소 홈페이지(http://www.rlsi.go.kr)에 접속하여 배너를 이용하거나 화면 11-1과 같이 MenuGen 홈페이지(http://www.rrdi.go.kr/menugen)으로 접속한다.

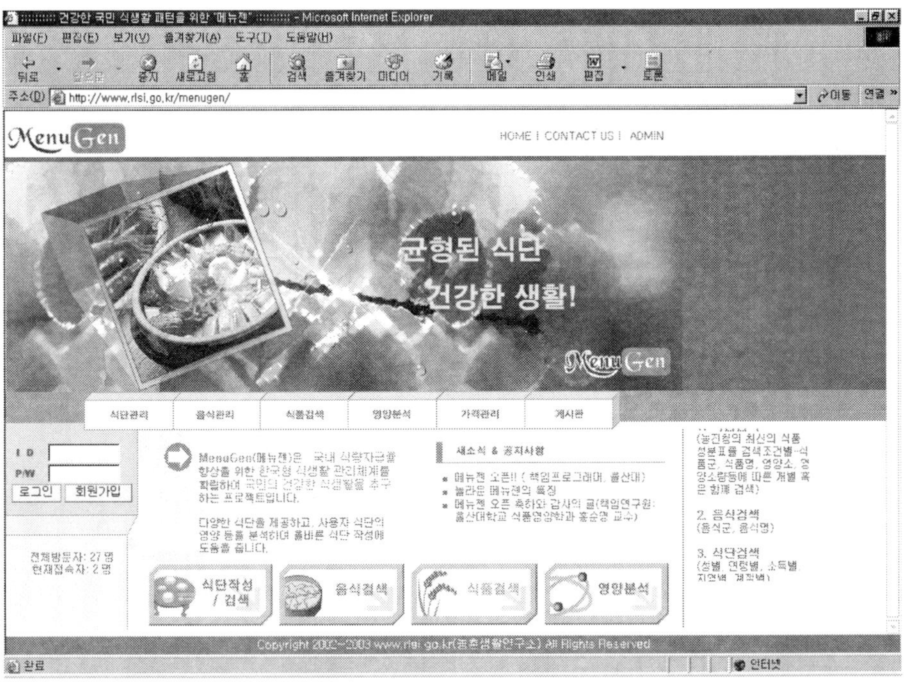

화면 11-1. MenuGen 홈페이지

로그인

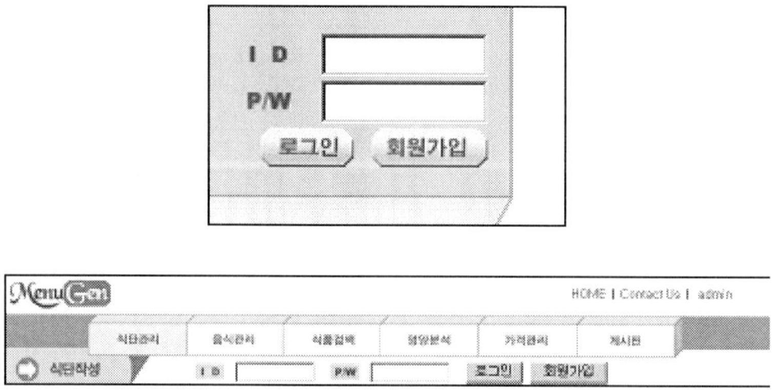

화면 11-2. 메뉴젠(MenuGen) 로그인 화면

회원가입

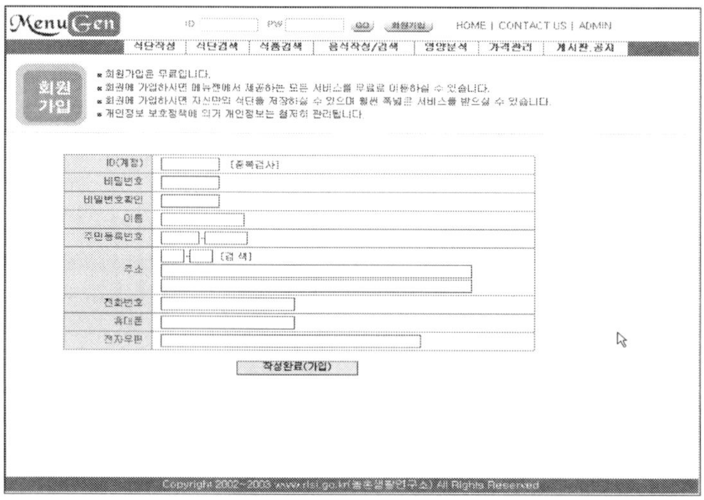

화면 11-3. 회원 가입화면

■ 기능 : 회원가입

■ 사용방법

1. "ID" 입력 : "중복검사"로 확인
2. "비밀번호" 입력 : 사용자 비밀번호
3. "이름" 입력 : 회원이름
4. "주민등록번호" 입력
5. "주소" 입력

- "검색" 버튼으로 주소 및 우편번호 확인
- 우편번호 확인 후 상세 주소 입력

6. "전화번호" 입력
7. "휴대폰" 입력
8. "전자우편" 입력
9. "가입" 버튼 : 신규 사용자 회원가입

■ 주의사항

1. 사용자 계정
   - 숫자, 영문 조합 8자

■ 식단작성방법

1. 식단작성을 클릭 하면 화면 10-4과 같다. 우선 (1) 음식분류 선택을 하고 대분류, 중분류를 선택하여 음식을 고르거나 음식이름을 써서 음식을 선택한다.

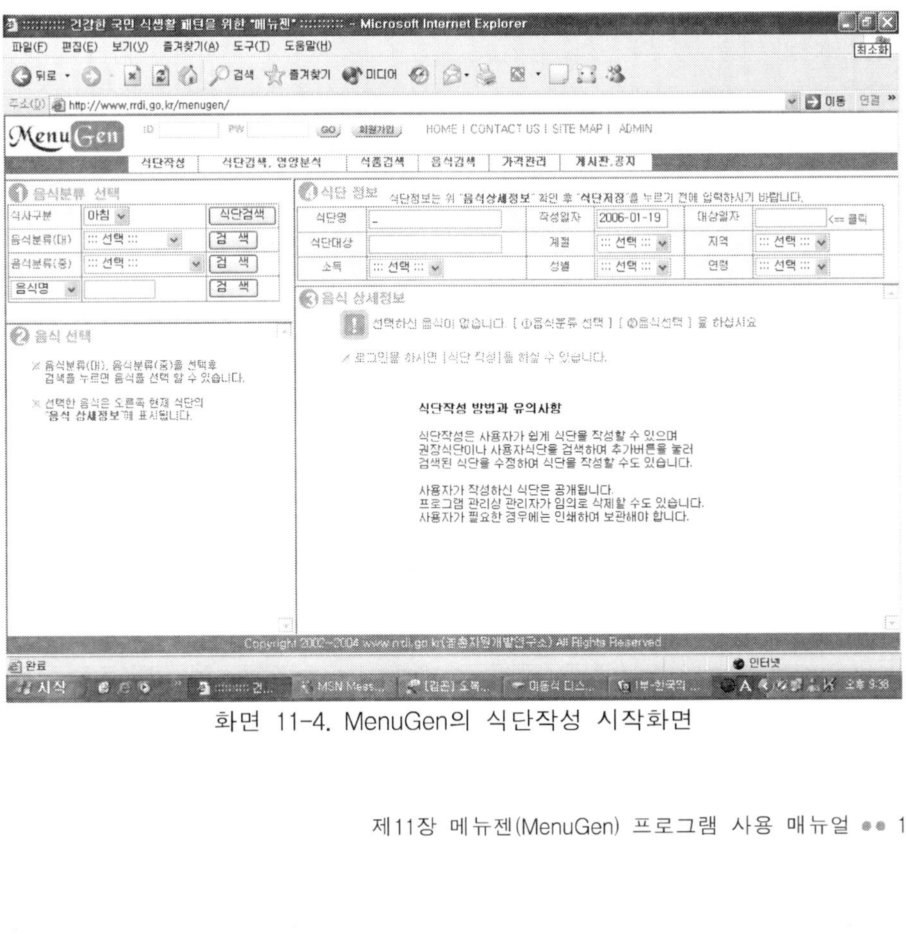

화면 11-4. MenuGen의 식단작성 시작화면

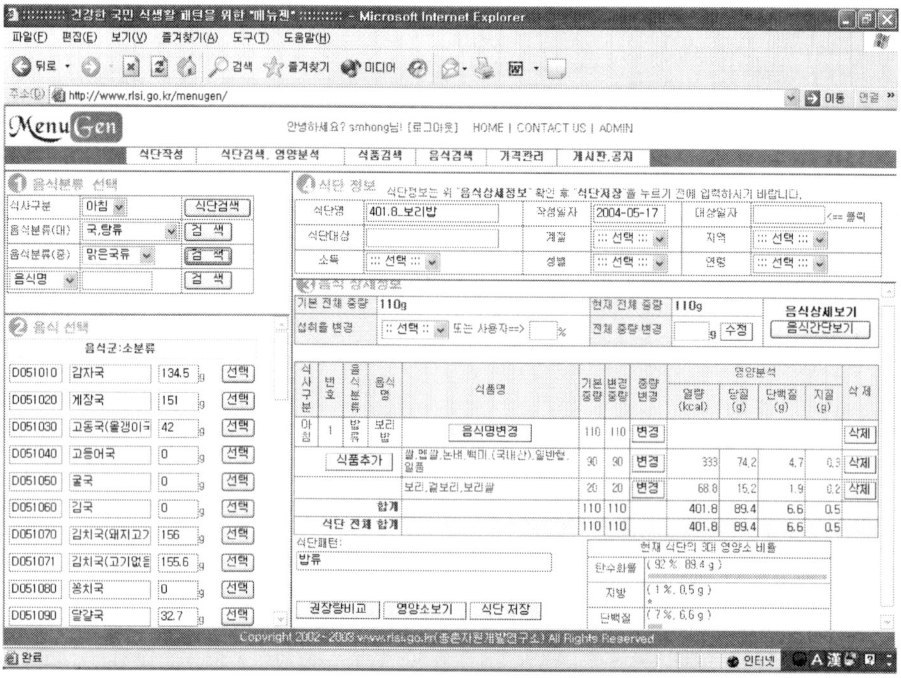

화면 11-5. MenuGen의 식단작성 실행화면

화면 11-5에서 보는 바와 같이 음식의 양이나 식품의 추가, 변경, 삭제가 가능하므로 나와 나의 가족의 식사를 한 사람씩 분석할 수 있다. 그림에서 보는 바와 같이 성별, 연령 등을 넣고 맨 아래로 가면 권장량비교, 영양소보기 단추가 있어 영양분석자료를 볼 수도 있고 프린트할 수 있고 또 저장할 수도 있다.

메뉴젠에는 한국의 식량을 사용하여 한국인에 맞는 권장식단을 저장하였으므로 검색하여 볼 수도 있고, 영양분석자료도 알 수 있다.

- 식단작성 기능
  - "식단 작성" : 부가 기능
  - 식단 특성 지정
  - 식사 구분
  - 식단검색 : 권장식단검색, 사용자식단검색
  - 음식검색, 음식추가
  - 중량변경 : 음식, 식품(섭취율별, 지정 %, 임의 %)

- 음식 및 식품의 삭제
- 권장량 비교, 3대 영양소비율 비교
- 음식 검색에서 단일식품으로 추가

■ 사용방법

1. 식단 특성 지정 : 식단별 특성(연령, 성별, 소득, 지역 등 지정)
2. 식사 구분 : 아침, 점심, 저녁 구분
3. 식단 검색(권장식단, 사용자식단)
   기존 식단 데이터베이스 검색 → 추가
4. 음식 검색 : 음식 검색 → 작성중인 식단에 추가
5. 음식 추가 : 검색한 음식을 작성중인 식단에 추가
6. 중량변경 : 식단에 포함된 음식 및 식품의 중량변경
   - 중량변경은 식단, 음식, 식품별로 작업할 수 있음.
   - 섭취율변경 : 식단 전체를 일괄적으로 섭취율에 따라 변경
   - 지정 % 변경 : 기 지정된 % 에 따라 식단전체를 일괄적으로 변경
   - 임의 % 변경 : 임의로 관리자가 지정한 %에 따라 식단 전체 변경
7. 간단보기
   - 식단의 음식항목만을 보기
8. 영양분석, 권장량 비교
   - 작성 중인 식단의 영양분석 보기(별창)
9. 3대 영양소 비교
   - 식단작성프레임 하단에 작성중인 식단의 3대 영양소 비교
10. 음식 삭제
   - 추가한 음식을 삭제
11. 식품 삭제
   - 음식의 식품을 삭제

■ 주의사항

1. 3대 영양소 비율은 작성 중인 식단에 포함된 음식의 3대 영양소만을 비교 → 반올림 과정에서 식품데이터베이스의 에너지(100g 기준) 환산값과 오차가 생길 수 있음.

[식단 특성]

식단명 :		작성일자 :	2003-04-07	대상일자 :		작성일자
식단대상		계절	::: 선택 :::	지역	::: 선택 :::	
소득	::: 선택 :::	성별	::: 선택 :::	연령	::: 선택 :::	

화면 11-6. 식단특성 입력 화면

■ 사용방법

1. "식단명"

   기본적으로 자동입력(열량_음식명)

2. "작성일자" : 자동입력(관리자 수정가능)

3. "대상일자" :

   - "작성일자"버튼을 누르면 작성일자와 일치함.
   - 관리자 임의로 대상일자 입력 가능

4. "식단대상" : 식단구분항목

   - 연령 > 성별 > 소득 > 지역 > 계절

   * 연령 : 4-6, 7-12, 13-19, 20-49, 50-64, 65

   7-12 : 10-12세 남자의 권장량에 맞춤

   * 성별 : 남, 여, 전(전체)

   * 소득 : 고, 중, 저, 전(전체)

   * 지역 : 대(대도시), 중(중소도시), 읍(읍면), 전(전체)

   * 계절 : 봄(봄), 여(여름), 가(가을), 겨(겨울), 전(전체)

   (예) : 20-49남고읍겨

   ⇒ 20-49세 남자 고소득 읍면 겨울

5. "연령", "성별", "소득", "지역", "계절" : 식단특성(검색조건)

[끼니 구분 및 음식 분류 선택]

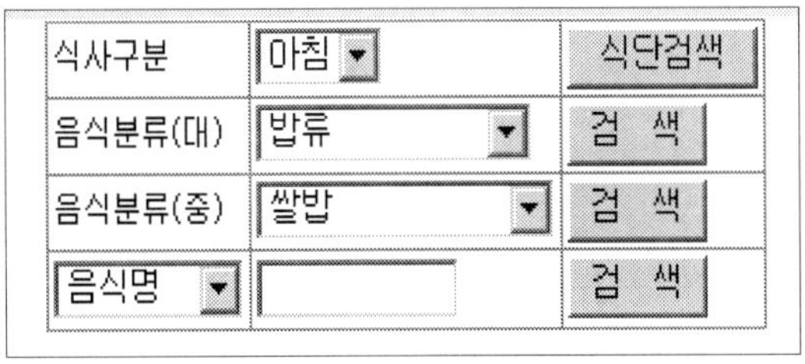

화면 11-7. 끼니 구분 및 음식 분류 선택

[음식 검색]

▷ 검색 결과

화면 11-8. 음식검색화면

■ 기능 : “선택” 버튼

식사구분(아침, 점심, 저녁)에 따라 현재 작성중인 식단에 추가

[식단검색]

권장식단, 다른 사용자식단, 본인의 식단을 검색할 수 있다.

화면 11-9. 식단검색 화면

[현재 식단 정보]

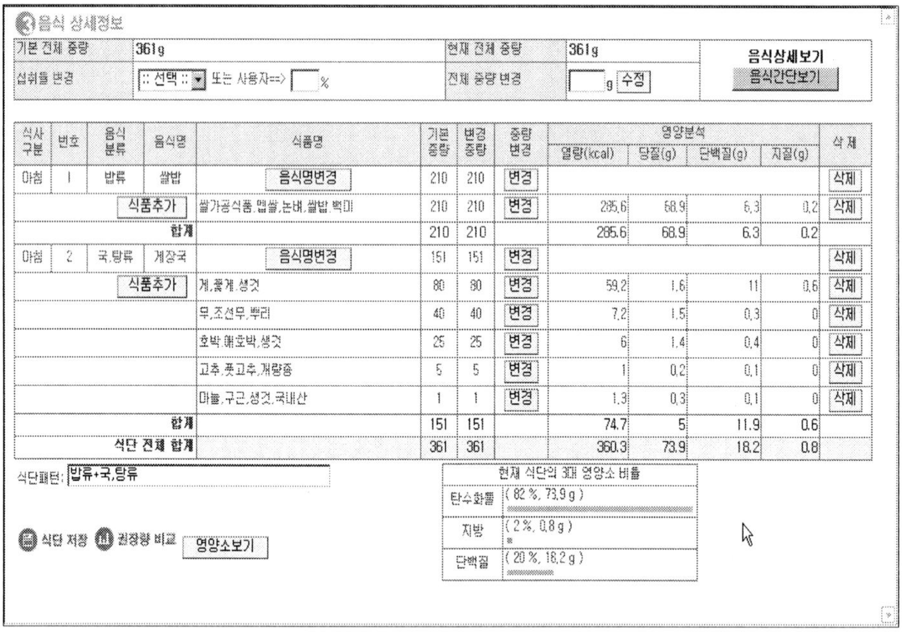

식사구분	번호	음식분류	음식명	식품명	기본중량	변경중량	중량변경	열량(kcal)	당질(g)	단백질(g)	지질(g)	삭제
아침	1	밥류	쌀밥	음식명변경	210	210	변경					삭제
			식품추가	쌀가공식품,멥쌀,논벼,쌀밥,백미	210	210	변경	285.6	68.9	6.3	0.2	삭제
			합계		210	210		285.6	68.9	6.3	0.2	
아침	2	국,탕류	계장국	음식명변경	151	151	변경					삭제
			식품추가	게,꽃게,생것	80	80	변경	59.2	1.6	11	0.6	삭제
				무,조선무,뿌리	40	40	변경	7.2	1.5	0.3	0	삭제
				호박,애호박,생것	25	25	변경	6	1.4	0.4	0	삭제
				고추,풋고추,개량종	5	5	변경	1	0.2	0.1	0	삭제
				마늘,구근,생것,국내산	1	1	변경	1.3	0.3	0.1	0	삭제
			합계		151	151		74.7	5	11.9	0.6	
			식단 전체 합계		361	361		360.3	73.9	18.2	0.8	

화면 11-10. 음식상세정보 화면

■ 사용방법

1. "음식간단보기" 버튼 : 식단의 음식명 목록

2. "음식상세보기" 버튼 : 식단의 음식, 식품 목록

3. "섭취율 변경" 버튼
   - 식단 전체를 일괄적으로 섭취율에 따라 변경(%)
   - "사용자 섭취율 변경" : 관리자가 지정한 %에 따라 전체 식단의 섭취율을 변경

4. "전체 중량 변경" 버튼
   - 관리자가 지정한 중량(g)으로 식단 전체 일괄 변경 : 기본중량과 지정한 중량의 비율에 따라 식단을 구성하는 음식, 식품의 중량도 일괄적으로 변경 됨.

5. "끼니 중량 변경" 버튼
   - 끼니별로 섭취율 변경, 관리자 지정섭취율 변경, 임의 중량 변경
   - 기본중량과 지정한 중량의 비율에 따라 끼니를 구성하는 음식, 식품의 중량도 일괄적으로 변경 됨.

6. "음식 중량 변경" 버튼
   - 음식별로 섭취율 변경, 관리자 지정섭취율 변경, 임의 중량 변경
   - 기본중량과 지정한 중량의 비율에 따라 음식변경 및 음식을 구성하는 식품의 중량도 일괄적으로 변경 됨
   - 한끼의 음식 중량 변경이 있을 경우 그 음식이 포함된 끼니의 전체 중량도 자동 변경 가능

7. "식품 중량 변경" 버튼
   - 식품별로 섭취율 변경, 관리자 지정섭취율 변경, 임의 중량 변경
   - 기본중량과 지정한 중량의 비율에 따라 식품 중량 변경
   - 한 식품의 중량 변경이 있을 경우 그 식품이 포함된 음식, 한끼, 식단의 전체 중량도 자동 변경

8. "삭제" 버튼 : 한끼, 음식, 식품 삭제

9. "식품추가" 버튼
   - 해당 음식에 식품 검색 후 추가
   - 식품이 추가되었을 경우 자동 중량 변경(식품, 음식, 끼니, 식단의 중량)

10. "식단저장" 버튼
    - 작성한 식단을 데이터베이스에 저장

11. "권장량비교" 버튼
    - 현재 작성중인 식단의 영양분석 및 권장량비교

식단작성-검색된 식단의 영양소 분석 및 1일 영양권장량과 비교 - Microsoft Internet Explorer

김치볶음밥배추김치라면생달걀_957.7	2003-10-15	2003-10-16	장희주(당뇨식2)	전체	대도시	중	여성	20-29세

끼니	음식명 Food and Description	중량 (g)	에너지 Energy (Kcal)	수분 Moi-sture (%)	단백질 Protein (g)	지질 Fat (g)	탄수화물 carbohydrate		회분 Ash (g)	칼슘 Calcium (mg)	인 Phosp-horus (mg)	철 Iron (mg)	나트륨 Sodium (mg)	칼륨 Pota-ssium (mg)	비타민	
							당질 Non-fibrous (g)	섬유소 Fiber (g)							Retinol Equi-valent (RE)	레티 Retir (μg
아침	김치볶음밥	232	685.6	299.8	13	17.8	127.8	2.4	3	36.6	132.6	2	1035.4	297.4	28.8	
아침	배추김치	60	21.6	109	2.4	0.6	3.2	1.6	3.4	56.4	69.6	1	1375.2	360	57.6	
	아침합계	292	**707.2**	408.8	**15.4**	18.4	131	4	6.4	93	**202.2**	3	2410.6	657.4	**86.4**	
	1일 영양권장량과 비교 (아침)		**28%**		**22%**					**13%**	**29%**	**25%**			**12%**	
점심	라면	169	1050.2	97.8	32.6	43.8	144.4	1.2	17.8	79.4	454.6	3.6	2481.6	746.2	325.26	
점심	생달걀	50	158	74.8	12.4	10.8	0.8	0	1	39	240	2	130	120	159	
	점심합계	219	**1208.2**	172.6	**45**	54.6	145.2	1.2	18.8	**118.4**	**694.6**	5.6	2611.6	866.2	**484.26**	
	1일 영양권장량과 비교 (점심)		**48%**		**64%**					**17%**	**99%**	**47%**			**69%**	
	김치볶음밥배추김치라면생달걀_957.7	511	1915.4	581.4	60.4	73	276.2	5.2	25.2	211.4	896.8	8.6	5022.2	1523.6	570.66	
	1일 영양권장량비교 (아침-점심)		77%		86%					30%	128%	72%			82%	
	1일 영양권장량		2500		70					700	700	12			700	

화면 11-11. 권장량 비교화면

12. "영양소보기" 버튼

- 현재 작성중인 식단의 식품재료별 영양분석 및 권장량 비교

식단 영양소 분석 - Microsoft Internet Explorer

식단명				식단패턴			
김치볶음밥배추김치라면생달걀_957.7				밥류 김치류 면,만두류 단일식품자체			
작성일자	**대상일자**	**식단대상**	**계절**	**지역**	**소득**	**성별**	**연령**
2003-10-15	2003-10-15	홍순명-2	전체	전체	전체	여성	20-29세

식단의 영양소 분석

끼니	음식명 Food and Description	식품명 Food and Description	중량 (g)	에너지 Energy (Kcal)	수분 Moi-sture (%)	단백질 Protein (g)	지질 Fat (g)	탄수화물 carbohydrate		회분 Ash (g)	칼슘 Calcium (mg)	Ph
								당질 Non-fibrous (g)	섬유소 Fiber (g)			
아침	김치볶음밥											
		쌀가공식품,멥쌀,논벼,쌀밥,백미	190	258.4	120.8	5.7	0.2	62.3	0.8	0.2	3.8	
		김치,배추김치	30	5.4	27.2	0.6	0.2	0.8	0.4	0.8	14.1	
		콩기름	6.5	57.5	0	0	6.5	0	0	0	0	
		마늘,구근,생것,국내산	3	3.8	1.9	0.2	0	0.8	0	0	0.2	
		참기름	2	17.7	0	0	2	0	0	0	0	
		소금,식염	0.5	0	0	0	0	0	0	0.5	0.2	
		아침-김치볶음밥 합계	232	342.8	149.9	6.5	8.9	63.9	1.2	1.5	18.3	
아침	배추김치											
		김치,배추김치	60	10.8	54.5	1.2	0.3	1.6	0.8	1.7	28.2	
		아침-배추김치 합계	292	10.8	54.5	1.2	0.3	1.6	0.8	1.7	28.2	
		아침합계	292	**353.6**	204.4	**7.7**	9.2	65.5	2	3.2	**46.5**	
		1일 영양권장량과 비교										

화면 11-12. 영양소보기 화면

■ 주의사항

1. 섭취율 및 중량은 숫자로 입력(단위 : %, g)

[음식관리]

음식분류선택 및 음식 검색결과

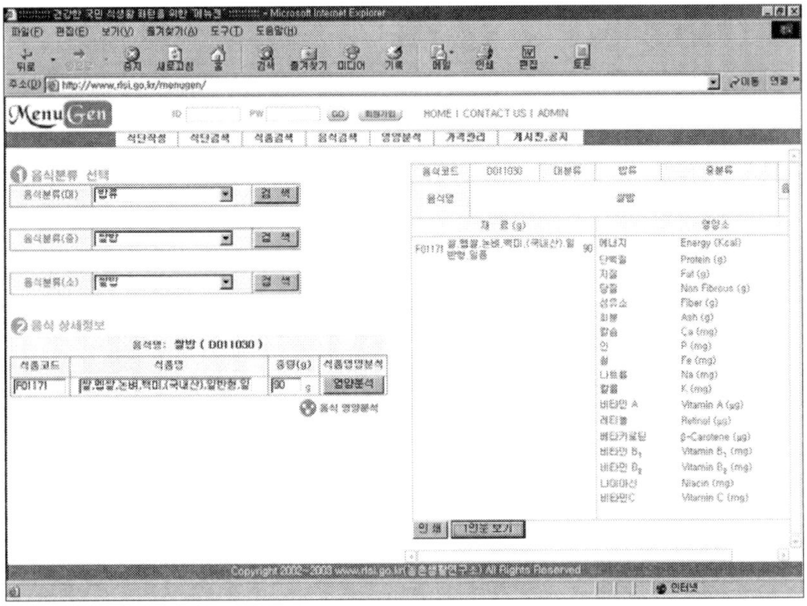

화면 11-13. 음식분류선택 및 음식 검색결과

■ 사용방법

1. “상세보기” 버튼 : 해당 음식의 상세정보를 보여준다(아래 그림)

▷ 음식분류(대)

- 음식대분류 선택
- 음식대분류를 선택하면 대분류에 해당하는 음식중분류 항목이 갱신됨

▷ 음식분류(중)

- 음식중분류 선택
- 음식중분류를 선택하면 해당하는 음식소분류 목록이 아래 프레임(음식검색결과)에 나타남

▷ 음식명

- 음식명을 입력하여 검색 가능
- 입력한 음식명을 포함한 음식 목록이 아래 프레임(음식검색결과)에 나타남

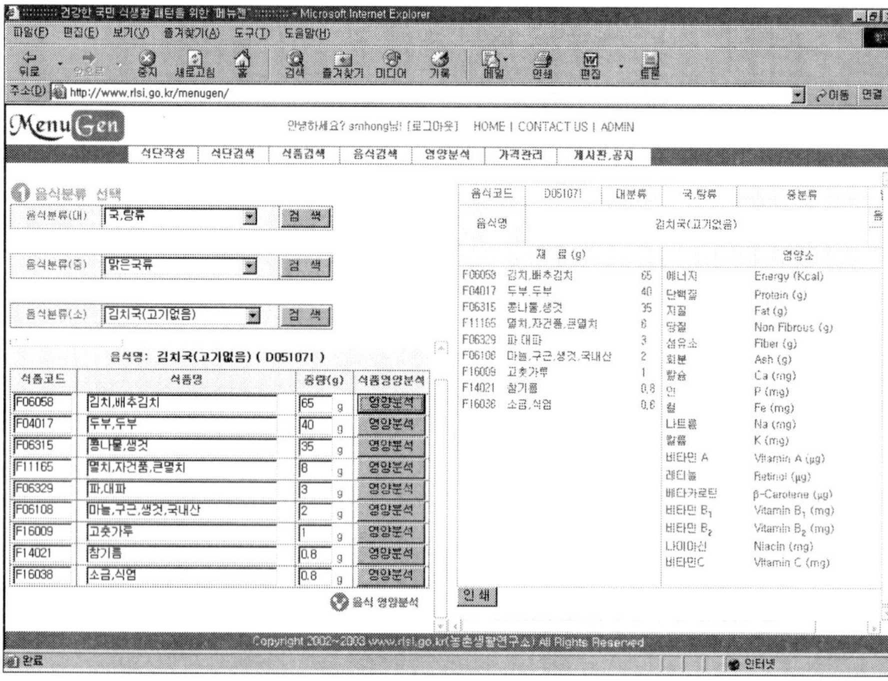

화면 11-14. 음식검색 화면

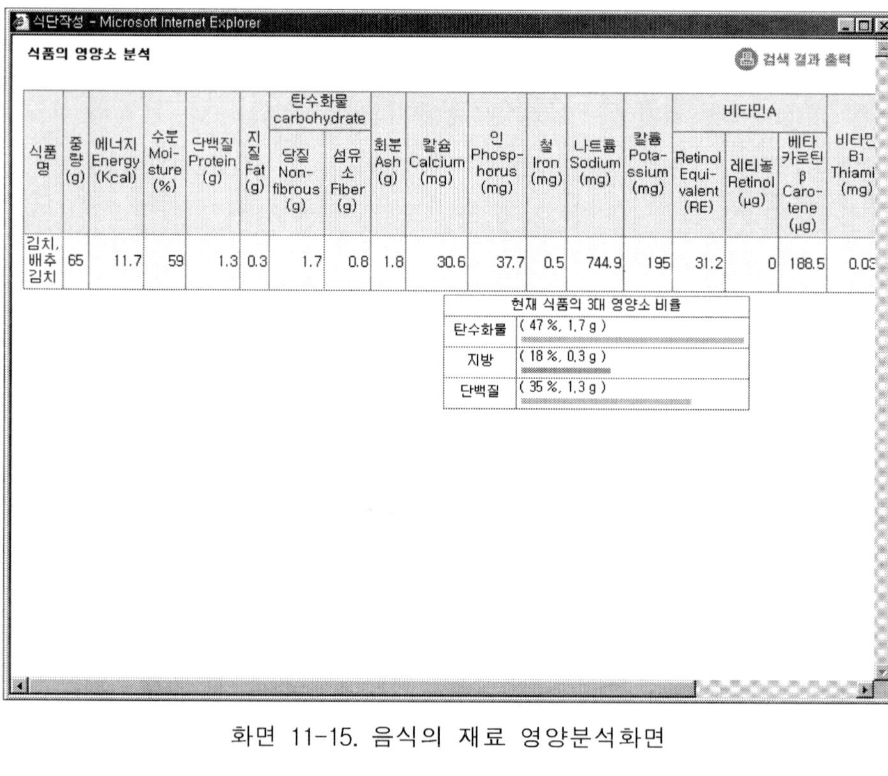

식품명	중량(g)	에너지 Energy (Kcal)	수분 Moisture (%)	단백질 Protein (g)	지질 Fat (g)	탄수화물 carbohydrate 당질 Non-fibrous (g)	탄수화물 carbohydrate 섬유소 Fiber (g)	회분 Ash (g)	칼슘 Calcium (mg)	인 Phosphorus (mg)	철 Iron (mg)	나트륨 Sodium (mg)	칼륨 Potassium (mg)	비타민A Retinol Equivalent (RE)	비타민A 레티놀 Retinol (μg)	비타민A 베타카로틴 β Carotene (μg)	비타민B1 Thiami (mg)
김치, 배추 김치	65	11.7	59	1.3	0.3	1.7	0.8	1.8	30.6	37.7	0.5	744.9	195	31.2	0	188.5	0.03

현재 식품의 3대 영양소 비율	
탄수화물	(47 %, 1.7 g)
지방	(18 %, 0.3 g)
단백질	(35 %, 1.3 g)

화면 11-15. 음식의 재료 영양분석화면

[음식상세보기]

음식코드	D011050	대분류	밥류	중분류	쌀밥
음식명	현미밥				음식중량(g)
					90

재 료(g)		영양소		
F01163 쌀,멥쌀,논벼,현미,일반형	90	에너지	Energy (Kcal)	350
		단백질	Protein (g)	7.6
		지질	Fat (g)	2.1
		당질	Non Fibrous (g)	74.4
		섬유소	Fiber (g)	2.7
		회분	Ash (g)	1.6
		칼슘	Ca (mg)	6
		인	P (mg)	279
		철	Fe (mg)	0.7
		나트륨	Na (mg)	79
		칼륨	K (mg)	326
		비타민 A	Vitamin A (μg)	0
		레티놀	Retinol (μg)	0
		베타카로틴	β-Carotene (μg)	0
		비타민 B_1	Vitamin B_1 (mg)	0.23
		비타민 B_2	Vitamin B_2 (mg)	0.08
		나이아신	Niacin (mg)	3.6
		비타민C	Vitamin C (mg)	0

인 쇄 | 음식 수정, 삭제

화면 11-16. 음식의 상세정보

■ 기능

- 선택한 음식의 상세정보를 보여준다.
- "인쇄" : 해당 음식의 상세 정보를 출력
- "음식 수정, 삭제" : 해당 음식의 정보를 수정 및 삭제한다.
- "음식 1인분 보기" : 해당 음식의 그림파일을 오픈한다.

■ 주의사항

1. "음식 1인분 보기" : 그림파일이 준비된 음식만 "버튼"이 생성됨
   - "음식 1인분 보기" (예)

화면 11-17. 음식 1인분 보기

▷ 음식 영양분석 : 선택한 음식의 영양분석(별창)

▷ 식품 영양분석 : 선택한 음식의 식품별 영양분석(별창)

[식품검색]

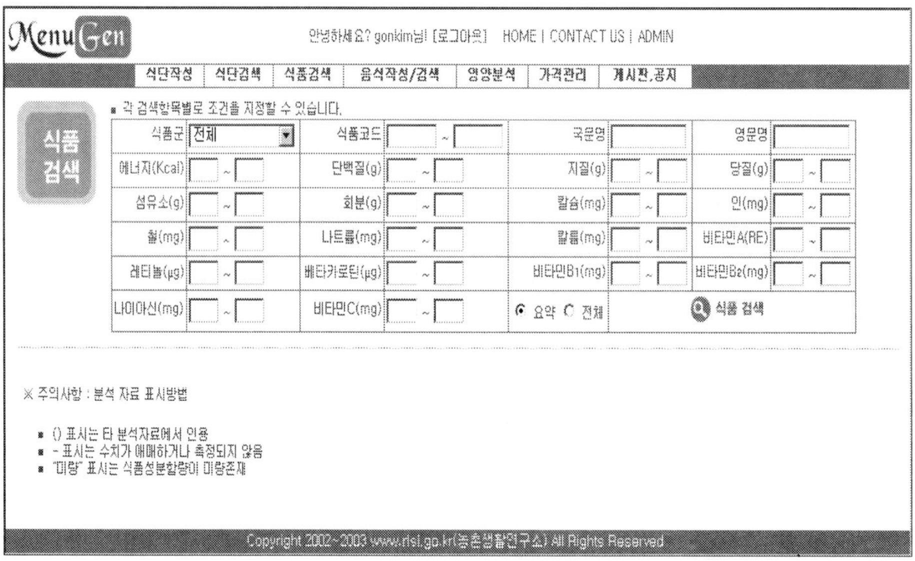

화면 11-18. 식품검색 화면

■ 사용방법

- 식품 특성별 검색

  식품군, 식품번호, 식품명, 영문명, 에너지(Kcal), 수분, 단백질, 지질, 당질, 섬유소, 회분, 칼슘, 인, 철, 나트륨, 칼륨, 비타민A, 레티놀, 베타카로틴, 비타민B_1, 비타민B_2, 나이아신, 비타민C, 폐기율, 자료출처, 동·식물 분류

- 조건별 검색

  각 조건별 범위 지정

  부분 단어 및 용어 검색

[식품검색 결과]

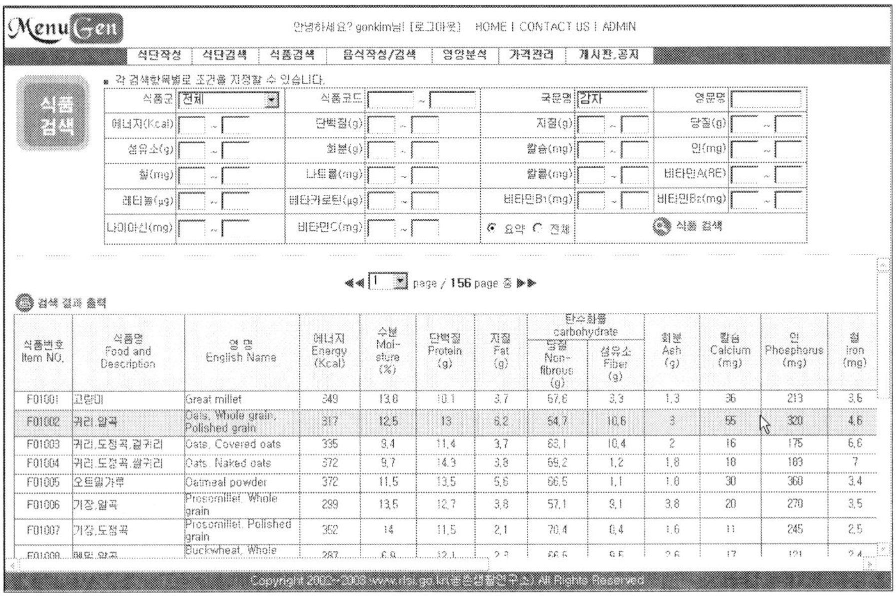

화면 11-19. 식품검색 결과화면

■ 사용방법

- 해당 식품 클릭

  ⇒ 해당식품 : 줄단위(마우스 오버 했을 때 배경색 변경)

  ⇒ 식품 상세 정보

- "현재페이지 출력"

  ⇒ A4 규격(가로쓰기)에 맞춘 식품 정보화면(별창)

  ⇒ 브라우저(인터넷 익스플로러) 옵션 변경

    "파일" ⇒ "페이지설정"

    * 출력시 화면이 부분적으로 출력이 되지 않는 경우에는 여백 조정

■ 식품검색 결과 : 출력화면

Food and Desonption	English Name	Energy (Kcal)	Moi-sture (%)	Protein (g)	Fat (g)	당질 Non-fibrous (g)	섬유소 Fiber (g)	Ash (g)	Cal-cium (mg)	Phos-phorus (mg)	Iron (mg)	Sod-ium (mg)	Pota-ssium (mg)	Retinol Equi-valent (RE)	레티놀 Retinol (µg)	카로틴 β-Caro-tene (µg)	Thi-amin (mg)	Ribof-lavin (mg)	이신 Niacin (mg)	Ascobic Acid (mg)	Refuse (%)	Source of Data
리,도정곡, 귀리	Oats, Naked oats	372	9.7	14.3	3.8	69.2	1.2	1.8	18	183	7	3	385	0	0	0	0.15	0.46	2.2	0	0	농영('93)
장,도정곡	Prosomillet, Polished grain	352	14	11.5	2.1	70.4	0.4	1.6	11	245	2.5	3	191	0	0	0	0.14	0.05	3.2	0	0	한식('96)
밀국수,마 른것(마른것)	Buckwheat noodle, (Dried)	360	12	13.6	2.6	70.2	0.4	1.2	25	250	1.9	2	240	0	0	0	0.27	0.09	3.3	0	0	Japan ('82)
밀냉면,인 스턴트	Naeng Myeon (Buckwheat vermicelli), instant	341	12.3	10.5	1.4	73.9	0.4	1.5	2	116	2.1	398	220	0	0	0	0.01	0.01	1.4	0	0	한식('96)
밀묵	Buckwheat starch jelly	58	84.5	1.7	0.2	12.8	0.2	0.6	6	40	0.2	111	23	0	0	0	0.01	0.01	1.1	0	0	한식('96)
,밀쌀	Wheat, Polished grain	325	10.6	10.6	1	73.6	2.2	2	52	254	[illegible]	17	538	0	0	0	0.43	0.12	2.4	0	0	농생('99)
가루,강력	Wheat flour, Hard, imported	366	13.7	13.8	1	70.9	0.2	0.4	13	119	0.8	(2)	86	0	0	0	0.1	0.05	0.6	0	0	농영('86)
가루,중력 ,국내산	Wheat flour, medium (Domestic)	378	0.3	11.5	1.1	86.6	0.2	0.3	31	78	1.5	19	108	0	0	0	0.21	0.02	1.8	0	0	농생('99)
가루	Bread crumbs	355	8.1	14.2	3.7	72.2	0.2	1.6	29	111	0.9	535	107	0	0	0	0.13	0.03	1.3	0	0	한식('96)
김가루	Frying powder	328	11.8	7.3	1.5	76.6	0.2	2.6	46	214	0.5	962	125	0	0	0	0.13	0.02	1	0	0	한식('96)
수,삶은것	Noodle, Boiled	125	70.6	4.6	0.4	24.2	0.1	0.1	12	30	0.2	-	-	0	0	0	0.02	0.02	0.2	0	0	농영('90)
면,라면	Ra Myeon, Ra Myeon	381	8.2	8.6	14.1	61.4	0.5	7.2	16	91	0.7	1005	263	69	0	413	0.55	0.38	0.9	0	0	한식('96)
수,소면,마 른것	So Myeon, Dried	324	11	8.7	0.2	77.1	0.2	2.8	7	66	1	1441	158	0	0	0	0.09	0.03	2.1	0	0	농생('01)
수,소면,삶 은것	So Myeon, Boiled	122	67.3	3.2	0.2	28.9	0.1	0.3	4	18	0.3	107	13	0	0	0	0.04	0.01	1	0	0	농생('01)
동국수,생	Udong, Raw	339	63.5	3.8	0.4	31.8	0.2	0.3	3	21	0.5	167	22	0	0	0	0.03	0.01	1.1	0	0	농생('01)

Rural Development Administration 농촌생활연구소 MenuGen

(http://menugen.rda.go.kr)

화면 11-20. 식품검색 결과화면

[영양분석]

■ 사용방법

1. "검색조건" 입력
2. "검색" 버튼
   - 권장식단검색, 사용자식단검색, 현재 사용자식단검색

[권장식단(끼니) 검색]

■ 사용방법

1. "식단명" 입력 : 부분명칭만 입력해도 검색가능
2. "음식명" 입력 : 부분명칭만 입력해도 검색가능
3. "식단대상" 입력 : 부분명칭만 입력해도 검색가능
4. "계절", "지역", "소득", "성별", "연령", "식단패턴" 선택
5. "칼로리" 입력 : 칼로리 입력 후 "식단", "끼니" 선택
6. "권장식단검색" 버튼

■ 주의사항

1. "칼로리"의 식단/끼니는 기본적으로 "식단"으로 설정되어 있음
2. "끼니검색"의 경우 반드시 칼로리를 입력하여야 함

▷ 권장식단(끼니)검색결과(목록)

화면 11-21. 권장식단 검색화면

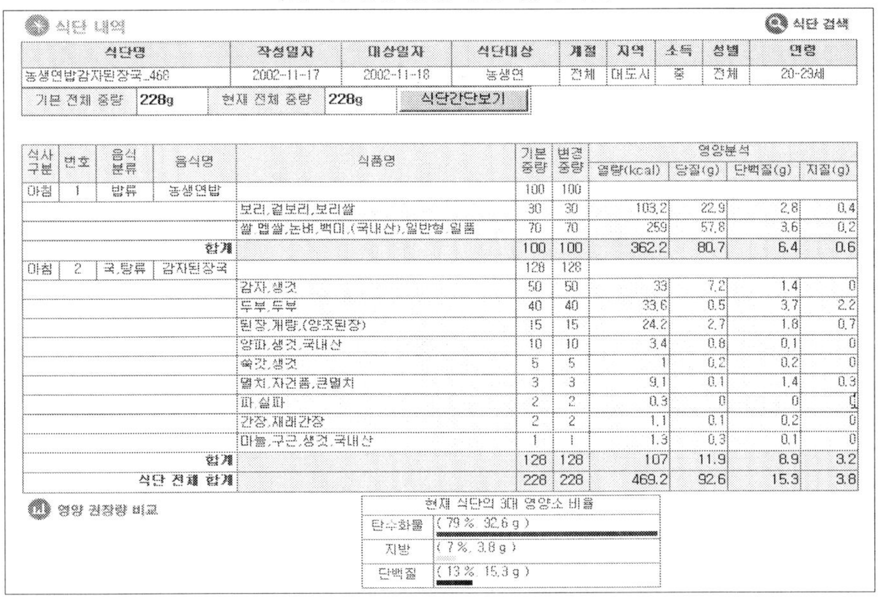

화면 11-22. 식단검색 간단보기 화면

MenuGen의 output을 할 경우에 컴퓨터나 프린터기종에 따라 인쇄상태가 달라진다. 다음의 box를 참고로 하여 조정하면 A4용지에 인쇄하도록 한다.

** MenuGen의 output의 프린트 설정방법

<식단상세보기 - 세로 출 >
인터넷 익스플로러 메뉴
파일 ⇒ 페이지 설정 ⇒ 좌우 여백을 10 으로 조정

<영양소 분석, 영양 권장량과 비교 - 가로 출력>
인터넷 익스플로러 메뉴
파일 ⇒ 페이지 설정 ⇒ 좌우 여백을 5 로 조정

<html 테이블 테두리가 나타나게 하는 방>
인터넷 익스플로러 메뉴 중
도구 ⇒ 인터넷 옵션 ⇒ 고급 에서
[인쇄]
"배경색 및 이미지 인쇄" 체크

그러나 컴퓨터에 따라 다를 수 있으므로 조정한다.

●●● 참고문헌 ●●●

강현주, 김경자, 김일. 식사 및 운동 종목에 대한 영양상담 프로그램개발 연구, 한국영양학회지 32(5):598-607, 1999

강현주, 김경자, 김일. 식품교환군을 이용한 식단작성 프로그램의 개발에 관한 연구, 한국영양학회지 31(7): 1192-1205, 1998

강현주, 김일. 개인용 컴퓨터를 이용한 단체급식 식단작성 프로그램에 관한 연구. 한국영양식량학회지 21(6): 662-671, 1992

강현주, 김경자, 김일. 식사 및 운동 종목에 대한 영양상담 프로그램개발 연구, 한국영양학회지 32(5):598-607, 1999.

김윤정, 윤은영. 인터넷을 이용한 영양교육 프로그램 개발 및 평가, 대한 지역사회영양학회지 4(4): 546-553, 1999.

김은미, 이정선, 우순자. 표준 식단 작성을 위한 computer program의 이용 개발, 한국영양학회지 23(5):363, 1990

김혜경 외. 건강과 영양(개정판), 울산대학교출판부, 2006

농업과학기술원. 농촌생활연구소(동덕여대, 울산대), 식량자급률 향상을 위한 한국형 식생활관리체계 확립, 제3차년도 완결보고서, 1-281, 2003.3

농촌 식생활 향상을 위한 식생활 평가 시스템 개발 연구. 농촌 진흥청 보고서, 2000

농촌진흥청 농촌생활연구소. 식품성분표 제6개정판(2001년) 제I편

모수미 외. 제2개정판 식사요법, 교문사 p16～17, 2002

모수미 외. 식사요법, 교문사, p42～45, 1996

문현경 외. 식품섭취 조사 분석시 영양가 계산 프로그램의 비교 연구, 대한영양사회 학술지, 5(1):100～115,1999

문정원, 김소희, 강현주, 김일. 새시대 단체급식, 효일문화사, 2000

문수재, 손경희, 양일선, 손춘영, 김대엽., 국방 표준 식단 작성을 위한 전산화 프로그램 개발에 관한 연구, 한국조리과학회지, 7(3):61-68, 1991

박광순, 이선영. 당뇨식단 작성용 전산프로그램의 개발, 대한지역사회영양학회 추계학

술대회 136, 2003년 11월 8일

박광순, 이선영. 당뇨식사관리를 위한 웹사이트의 평가, 대한지역사회영양학회 추계학술대회 137, 2003년 11월 8일

박신정, 최성경, 곽동경. 병원 영양과의 환자식 식단관리 전산 프로그램 개발에 관한 연구, 한국식문화학회지 8(3):257-266, 1993

보건복지부. 국민건강증진 법령 및 시행규칙, 1996

사단법인 한국인영양학회, 보건복지부 추천 한국인 영양권장량 (제7차개정), p262～435, 2000

사단법인 대한 영양사회. 프로영양상담 98, 사단법인 대한영양사회, 서울, 1998

서울중앙병원. 보건의료인을 위한 임상영양가이드. 광문각, pp577-592, 2000

이영미, 김정현. 영양판정(개정판). 도서출판 효일, p38, p348, 2001

이갑연·주정·이부옥(창원시보건소), 창원시 건강증진 시범학교 일부아동의 식습관, 체격지수, 혈액성상에 관한 연구, 대한영양사협회 학술지 7(4), 331～348, 2001

이경혜, cyber 영양정보와 국민건강. 춘계연합학술대회 초록집, 60-65, 2001

임경선. 급식관리 업무의 전산화 사례-서울대학교 기숙사의 예- 국민영양 : 11: 15-19, 1987

최혜미, 김현덕, 지선경, 곽충실, 김현아. 전산프로그램을 이용한 경제적 식품구입비 산출 및 식생활관리에의 이용 연구, 대한가정학회 29(3): 35-45, 1991

최혜미 외. 21세기 식생활 관리, 교문사, p138～139, 2001

한국영양학회. 한국인 영양권장량 7차개정, 2000.

한국영양학회 부설 영양정보센타. CAN Pro, 한국영양학회 부설 영양정보센타, 서울, 1998

한지숙. 인터넷을 이용한 식사섭취 진단 및 영양평가 시스템, 한국식품영양과학회지 29(6):1177-1184, 2000.

한지숙. 식이섭취의 진단 및 영양평가를 위한 전산 시스템: 제6차 한국인 영양권장량에 준함, 한국식품영양과학회지, 26(4):726-732, 1997a

한지숙. 고지혈증 환자를 위한 전산화된 식사처방 및 영양상담시스템, 한국식품영양과학회지, 26(4): 733-742, 1997b

한지숙. 인터넷을 이용한 식사섭취 진단 및 영양평가 시스템, 한국식품영양과학회지 29(6), 1177～1184, 2000

한지숙, 이숙희. 식품군별 영양평가를 위한 전산화 연구, 한국영양식량학회지 22(5): 559-564, 1993a

한지숙, 이숙희. 당뇨병환자를 위한 전산화된 영양상담시스템, 한국영양식량학회지 22(6): 734-742, 1993b

한지숙. 식이섭취의 진단 및 영양평가를 위한 전산 시스템: 제6차 한국인 영양권장량에 준함, 한국식품영양과학회지 26(4):726-732, 1997a.

한지숙. 고지혈증 환자를 위한 전산화된 식사처방 및 영양상담시스템, 한국식품영양과학회지 26(4): 733-742, 1997b.

한지숙, 이숙희. 당뇨병환자를 위한 전산화된 영양상담시스템, 한국영양식량학회지 22(6): 734-742, 1993b.

한지숙, 정지혜. 당뇨 환자의 웹기반 식사관리 및 영양상담 프로그램, 한국식품영양과학회지, 33(1):114-122, 2004

한지숙.영양교육 및 급식관리에서의 컴퓨터 이용현황과 전망, 식품산업과 영양 4(1): 50-58, 1999

허은실, 이경혜, 이경화. 초등학교 급식 운영을 위한 컴퓨터 프로그램 개발에 관한 연구(I)-급식관리를 중심으로, 대한지역사회영양학회지 5(2):208-216, 2000

허은실, 이경혜. 초등학교 급식 운영을 위한 컴퓨터 프로그램 개발에 관한 연구(II)-영양관리를 중심으로, 대한지역사회영양학회지 5(2):217-224, 2000

홍순명, 김곤. 인터넷 영양상담관리 시스템, 대한영양사협회지 학술지, 10(3):284-292, 2004

홍순명, 김곤, 인터넷 기반의 식품 및 음식관리 전문가 시스템, 대한지역사회영양학회 2005년도 춘계학술대회(유전자 상담과 맞춤형 영양관리), 충남대학교, p159, 2005.4.30

홍순명, 김곤, 조희선. 인터넷 기반의 식품 교환량 데이터베이스 구축과 검색, 대한영양사협회지 학술지, 9(2):159-171, 2003

홍순명, 김곤, 조희선. 인터넷 기반의 일상식품의 e-식품교환량(ENECC/E-Food Exchange)과 검색시스템 개선, 대한영양사협회지 학술지, 10(2):129-142, 2004

홍순명, 배재학, 김곤, 최정숙, 김영옥. MenuGen: 한국 식량자급률 향상을 위한 인터넷 기반의 권장식단검색 및 식단작성 프로그램, 대한영양사협회지 학술지, 10(3): 272-283, 2004

홍순명. 영양상담을 위한 전산화 프로그램 개발 연구, 한국영양학회지 22(4):275-289,

홍순명. 영양치료를 위한 영양상태판정 및 영양상담, 내하출판사, 2005

홍순명. 영양학분야의 software 개발현황과 활용방안, 한국영양학회지 29(10): 1170-1174, 1996

홍순명. 인체의 영양판정 및 상담(개정판), 지성출판사, pp79-92, pp262-263, 1999
홍순명, 황혜진. 인터넷 영양전산 프로그램의 현황과 요구도에 대한 조사연구, 대한영양사협회 학술지, 8(1);9-18, 2002,1989
홍순명. 인터넷 영양분석 프로그램의 활용, 울산대학교 출판부, 2005
홍순명. 심장질환의 맞춤영양 식사요법, 울산대학교 출판부, 2005
홍순명. 당뇨병의 맞춤영양 식사요법, 울산대학교 출판부, 2005
한국영양학회. 한국인의 영양섭취기준, 2005
후생노동성 등. 일본식사 섭취기준 2005
Anderson, K., Kennedy, B. and Acosta, P.B.: Computer implemented nutrition support of phenylketonuria. J.Am.Diet.Assoc., 85,1624～1629,1985
Bell, L., Hatcher, J., Chan, L., Fraser, D., Development of a computerized system of calculating nutrient intakes, J. Canadian Diet. Assoc. 40: 30-36, 1979
Day, K.C.: Recipe,a computer program for calculating the nutrient content of foods. J.Him. Nutr.,34, 181～187,1980
Executive Summary of Nutrient Reference Values for Australia and New Zealand including Recommended Dietary Intakes : Commonwealth Department of Health and Aging, Australia, Ministry of Health, New Zealand, National Health and Medical Research Council, December, 2004
FAO/WHO/UNU. Energy and Protein Requirements. Reports of a joint FAO/WHO/UNU Expert Consultation. WHO Technical Report Series. No. 724. Geneva, 1985.
Food and Nutrition Board, Institute of Medicine, Dietary Reference Intakes for energy, carbohydrate, fiber, fat, fatty acids, cholesterol, protein, and amino acids, Part Ⅰ, Ⅱ, Washington D.C., U.S.A : National Academy of Science, 2002
Food and Nutrition Board, Institute of Medicine, Dietary Reference Intakes for thiamin, riboflavin, niacin, vitamin B_6, folate, vitamin B_{12}, pantothenic acid, biotin and choline, Washington D.C., U.S.A : National Academy of Science, 1998
Fromm, B., Moore, A.N., Hoover, L.W., Computer-generated fiscal, J. Am. Diet. Assoc. 77: 170-178, 1980
Grace J. Petot, Cynthia Marling, Leon Sterling, An artificial intelligence system for computer-assisted menu planning, Journal of the American Dietetic Association, 98(9):1009-1014, 1998
Hatcher, J., Bell, L., Chan, L. and Fraser, A.: Development of a cpmputerized system

forcalculating nutritional intakes. J. Can. Diet. Assoc., 40,30～36,1979

Hong SM and Kim G. System for Nutrition Counseling and Screening, J Comm Nutr. 7(4):220~229, 2005

Hutton, C.W.and Davidson, S.H.: Self instructional learning packages as a teaching / learning tool in dietetic education. J. Am. Diet. Assoc., 75,678～681,1979

Institute of Medicine. Dietary Reference Intakes for Calcium, Phosphorus, Magnesium, Vitamin D, and Fluoride. National Academy Washington DC, Press 1997.

Institute of Medicine. Dietary Reference Intakes for Energy, Carbohydrate, Fiber, Fat, Fatty acids, Cholesterol, Protein, and Amino Acids(Macronutrients). National Academy Washington DC, Press 2002.

Joni Youngwirth, The evolution of computers in dietetics : A review, 32(1):62-67, 1983

Kolasa, K.M., Miller, M.G., New developments in nutrition education using computer technology. J. Nutr. Edu. 28(1): 7-14, 1996

Kolasa, K.M., Miller, M.G.. New developments in nutrition education using computer technology. J Nutr Edu 28(1): 7-14, 1996

Lee R.D., Nieman D.c., Rainwater M, Comparison of eight microcomputer dietary analsis programs with the USDA Nutrient Data Base for Standard Reference. J.Am. Diet.Assoc. 95: 858～867,1995.

Lee RD., Nieman DC.. Nutritional Assessment, 3rd ed., 144-162, 2003.

Margaret,G.F.: The computer as an aid in clinical managment. J.Am.Diet. Assoc., 87,497～502,1987

Miller, L.G.: Computerized interviewing system for the obese. J.Nutr.Educ.,8,169～173,1976

Peter GJ., Marling C., Sterling L.. An artificial intelligence system for computer-assisted menu planning, J Am Diet Assoc 98(9): 1009-1014, 1998

Reference Values for Nutrient Intake, German Nutrition Society, 2002

Slack, W., Porter, D., Witschi, J., Sullivan, M.Buxbaum,R. and Stare,F.J. : Dietary interviewing by computer ; An experimental approach to counseling. J. Am. Diet. Assoc., 69,514～517,1976

Suitor, C.W., Suitor, R.F. and Adelman, M.O.: Planning High carbohydrate, high fiber diets with a microcomputer. J.Am.Diet.Assoc., 82,280～284,1983

The Korean Dietetic Association. Pro Nurtrion Counseling 98, Seoul, 1998

The Korean Nutrition Information Center. CAN Pro, The Korean Nuitrition Society, Seoul, 1998.

The Korean Society of Community nutrition. Home page(http://www.dietnet.or.kr), 2004

Weathers, B.J., Hoover, L.W. and Warriner, W.J.: Computerized clinical dietetics management system. J.Am.Diet.Assoc., 86,1217～1223,1986

Witschi, J., Porter, D., Vogel, S., Buxbaum, R., Stare, F, J, and Slack,W.: A compuer based dietary counseling system. J.Am.Diet.Assoc., 69, 385～389, 1976

http://nutrition.ulsan.ac.kr/enecc/

http://nutrition.ulsan.ac.kr/webenecc

http://www.rrdi.go.kr

http://www.rrdi.go.kr/menugen

http://www.mypyramid.gov

부록 1.

식품군별 e-식품교환량

1. 곡류군 1교환단위의 e-식품교환량

순번	식품코드	식품명	e-식품교환량(g)
1	N01001	건빵	25
2	N01002	건포도빵	40
3	N01004	곰보빵(소보로)	25
4	N01006	국수,삶은것	85
5	N01007	국수,소면,마른것	30
6	N01008	국수,소면,삶은것	80
7	N01012	기장,도정곡	30
8	N01014	도우넛,링	25
9	N01017	도우넛,팥	30
10	N01019	라면,라면	25
11	N01034	메밀국수,마른것(마른것)	30
12	N01038	메밀냉면,인스턴트	30
13	N01039	메밀묵	180
14	N01049	밀가루,중력분,국내산	25
15	N01052	보리,겉보리,보리쌀	30
16	N01062	빵가루	30
17	N01093	식빵,식빵	35
18	N01095	식빵,토스트	35
19	N01099	쌀,멥쌀,논벼,백미,(국내산),일반형,일품	30
20	N01108	쌀,멥쌀,논벼,현미,일반형	30
21	N01118	쌀가공식품,멥쌀,논벼,떡류,가래떡(흰떡)	45
22	N01119	쌀가공식품,멥쌀,논벼,떡류,개피떡	50
23	N01120	쌀가공식품,멥쌀,논벼,떡류,꿀떡	50
24	N01121	쌀가공식품,멥쌀,논벼,떡류,백설기	45
25	N01123	쌀가공식품,멥쌀,논벼,떡류,송편,깨	50
26	N01125	쌀가공식품,멥쌀,논벼,떡류,시루떡	55
27	N01128	쌀가공식품,멥쌀,논벼,떡류,절편	55
28	N01129	쌀가공식품,멥쌀,논벼,떡류,증편	60
29	N01133	쌀가공식품,멥쌀,논벼,쌀밥,백미	70
30	N01137	쌀가공식품,멥쌀,논벼,죽,백미	410
31	N01147	쌀가공식품,찹쌀,떡류,경단,카스텔라고물	45
32	N01149	쌀가공식품,찹쌀,떡류,인절미,콩고물	50
33	N01151	쌀가공식품,찹쌀,떡류,찰시루떡	45
34	N01152	쌀가공식품,찹쌀,떡류,찹쌀떡(찹쌀모찌)	45
35	N01155	쌀가공식품,찹쌀,찹쌀가루	25
36	N01166	엿기름	35
37	N01171	옥수수,메옥수수,말린것	30
38	N01173	옥수수,찰옥수수,생것	75
39	N01174	옥수수,찰옥수수,찐것	65
40	N01178	옥수수통조림,가당	120

순번	식품코드	식품명	e-식품교환량(g)
41	N01184	우동국수,생것	70
42	N01193	조,도정곡	30
43	N01199	쫄면,마른것	40
44	N01200	차수수	30
45	N01201	차조	30
46	N01203	찹쌀,백미	30
47	N01209	카스테라,카스테라	30
48	N01217	케이크,스펀지케이크	30
49	N01237	튀김가루	30
50	N01239	팥빵	35
51	N01257	호빵,고기소	35
52	N01258	호빵,팥소	45
53	N02002	감자,삶은것	150
54	N02003	감자,생것	150
55	N02014	고구마,생것	75
56	N02016	고구마,찐것	75
57	N02020	당면,마른것	25
58	N02031	전분,감자전분	30
59	N02039	토란,생것	170
60	N03002	껌,츄잉껌	25
61	N03014	물엿	30
62	N03015	사탕	25
63	N03026	설탕,백설탕	25
64	N03028	설탕,설탕분말	25
65	N03030	설탕,흑설탕	25
66	N03036	엿,깨엿	30
67	N03047	초콜렛,초콜렛,밀크초콜렛	20
68	N04003	강낭콩,생것	50
69	N04007	녹두묵	260
70	N04008	녹두빈대떡가루	25
71	N04044	팥,붉은팥,말린것,(국내산)	30
72	N05005	도토리국수	30
73	N05006	도토리묵	230
74	N05026	밤,생것	65
75	N05039	은행,생것	55
76	N15065	차류,율무차	25
77	N15074	차류,커피,캔	410
78	N15078	차류,코코아,우유코코아	25

2-1. 어육류(저)군 1교환단위의 e-식품교환량

순번	식품코드	식품명	e-식품교환량(g)
1	N04015	대두,노란콩,삶은것	30
2	N04021	두부,비지	80
3	N04032	완두콩,삶은것	45
4	N04033	완두콩,생것	40
5	N09058	닭고기,고기,살코기,날것	40
6	N09081	돼지고기,고기,사태,날것	40
7	N09105	돼지고기,돼지고기가공품,햄,등심	45
8	N09106	돼지고기,돼지고기가공품,햄,로스	45
9	N09133	소,부산물,간,날것	40
10	N09144	소,부산물,양(위)	80
11	N09146	소,부산물,천엽	90
12	N09147	소,부산물,피(선지)	200
13	N09193	쇠고기,고기,수입우,양지,날것	40
14	N09200	쇠고기,고기,한우,사태	40
15	N09203	쇠고기,고기,한우,안심	40
16	N09204	쇠고기,고기,한우,양지	35
17	N09205	쇠고기,고기,한우,우둔	40
18	N09206	쇠고기,고기,한우,채끝	45
19	N09233	칠면조고기,살코기,날것	40
20	N11004	가다랭이,생것	35
21	N11024	가오리,생것,나비가오리	55
22	N11031	가자미,생것,가자미	35
23	N11048	갈치,생것	40
24	N11049	갈치,얼간품	30
25	N11062	게,꽃게,생것	60
26	N11093	굴,생것,참굴,(양식산)	60
27	N11094	굴,생것,참굴,(자연산)	70
28	N11097	굴,어리굴젓	55
29	N11106	꼬막	55
30	N11109	꼴뚜기,생것	60
31	N11110	꼴뚜기,자건품	15
32	N11111	꼴뚜기,젓	55
33	N11122	낙지(세발낙지)	80
34	N11128	넙치(광어),생것	45
35	N11152	다랑어,참다랑어,생것,성어,붉은살	35
36	N11156	다랑어,황다랑어,생것	40
37	N11157	다랑어,황다랑어,유지통조림	30
38	N11159	다랑어,황다랑어,통조림	40
39	N11164	대구,냉동품	55
40	N11165	대구,대구포	15

순번	식품코드	식품명	e-식품교환량(g)
41	N11168	대구,생것	55
42	N11183	돔,감성돔	45
43	N11208	돔,참돔,생것	45
44	N11227	맛살,생것	120
45	N11232	매끈이고둥,통조림(골뱅이통조림)	55
46	N11234	메기	50
47	N11235	멸치,생것	45
48	N11236	멸치,액젓	160
49	N11239	멸치,자건품,중멸치	20
50	N11240	멸치,자건품,큰멸치	15
51	N11243	명태,냉동품(동태)	60
52	N11244	명태,말린것,성어(북어)	15
53	N11245	명태,말린것,어린것(노가리)	15
54	N11246	명태,생것	55
55	N11249	명태,포	10
56	N11257	문어,생것	60
57	N11258	문절망둑(망둥어),생것	50
58	N11265	미꾸리,생것	50
59	N11266	미더덕	110
60	N11270	민어,생것	40
61	N11282	바지락(모시조개),생것,자연산	70
62	N11300	백합(대합),생것	70
63	N11305	밴댕이,젓	50
64	N11308	뱅어,포	15
65	N11315	병어	45
66	N11325	복어,생것,검복	50
67	N11336	볼락,생것,볼락	45
68	N11339	볼락,생것,조피볼락(우럭)	45
69	N11357	붕어,생것	50
70	N11368	살조개	55
71	N11371	삼치,생것	40
72	N11400	새우,대하,생것	50
73	N11402	새우,민물새우,토하젓	40
74	N11407	새우,새우젓(육젓)	110
75	N11409	새우,시바새우(중하),생것	45
76	N11410	새우,시바새우(중하),자건품	15
77	N11414	새우,젓새우,말린것	20
78	N11415	새우,젓새우,생것	85
79	N11416	새우,젓새우,젓(백하젓)	80
80	N11433	소라,생것	45
81	N11441	수산가공품,아가미젓	60
82	N11444	수산가공품,어묵,게맛살	45

순번	식품코드	식품명	e-식품교환량(g)
83	N11446	수산가공품,어묵,찜	50
84	N11447	수산가공품,어묵,튀김	35
85	N11460	쏘가리,생것	45
86	N11465	아귀,생것	65
87	N11472	양미리,말린것	25
88	N11478	연어,생것	40
89	N11492	오징어,말린것	15
90	N11494	오징어,생것	50
91	N11497	오징어,젓,오징어젓	60
92	N11498	오징어,젓,오징어젓,양념	40
93	N11500	오징어,조미포	15
94	N11502	오징어,훈제조미품	25
95	N11509	우렁쉥이(멍게),양식산	65
96	N11533	장어,먹장어(꼼장어)	45
97	N11545	적어,생것	55
98	N11558	전복,생것,까막전복	55
99	N11565	전어,생것	35
100	N11584	조기(참조기),생것	50
101	N11585	조기(참조기),염건품(굴비)	20
102	N11586	조기(참조기),젓	55
103	N11595	쥐치,포,말린것	15
104	N11630	피조개,생것,양식산	65
105	N11635	한치(한치오징어)	60
106	N11638	해삼,생것	220
107	N11640	해파리,염장품	160
108	N11643	홍어	50
109	N11648	홍합,생것	80
110	N11655	황새치,젓	45
111	N11658	황태,알(명란),명란젓	40
112	N11659	황태,알(명란),생것	40
113	N11660	황태,창란젓	45
114	N16001	간장,양조간장	70
115	N16002	간장,왜간장	100
116	N16003	간장,재래간장	100
117	N16016	된장,개량,(양조된장)	30
118	N16028	분말조미료,쇠고기	20
119	N16058	청국장	25

2-2. 어육류(중)군 1교환단위의 e-식품교환량

순번	식품코드	식품명	e-식품교환량(g)
1	N04011	대두,검정콩,말린것,흑태	20
2	N04020	두부,두부	85
3	N04022	두부,순두부	160
4	N04023	두부,연두부	160
5	N04039	콩가루,볶은것	20
6	N09025	닭고기,고기(성계)	40
7	N09062	닭고기,구이통닭	30
8	N09070	돼지고기,고기,갈비,날것	40
9	N09121	돼지고기,부산물,족발,날것	35
10	N09198	쇠고기,고기,한우,등심	40
11	N09207	쇠고기,사태,익힌것	25
12	N09229	오리고기,집오리,살코기,날것	50
13	N10011	달걀,전란,생것	65
14	N11082	고등어,생것	40
15	N11116	꽁치,생것	45
16	N11241	멸치,젓	50
17	N11481	연어,알,생것	30
18	N11526	임연수어,생것	45
19	N11566	전어,젓	55
20	N11604	청어,생것	45
21	N16047	쌈장,(혼합장)	40

2-3. 어육류(고)군 1교환단위의 e-식품교환량

순번	식품코드	식품명	e-식품교환량(g)
1	N04024	두부,튀긴두부(유부)	25
2	N09001	개고기	40
3	N09076	돼지고기,고기,등심,날것	45
4	N09082	돼지고기,고기,삼겹살	30
5	N09093	돼지고기,돼지고기가공품,베이컨,날것	30
6	N09097	돼지고기,돼지고기가공품,위너소시지	35
7	N09104	돼지고기,돼지고기가공품,통조림,런천미트	30
8	N09115	돼지고기,부산물,머리고기	40
9	N09116	돼지고기,부산물,소장(곱창),삶은것	55
10	N09128	멧돼지고기,날것	45
11	N09137	소,부산물,꼬리	45
12	N09138	소,부산물,대장	70
13	N09139	소,부산물,소장(곱창)	80
14	N09181	쇠고기,갈비,날것	45
15	N09183	쇠고기,고기,수입우,갈비,날것	45

순번	식품코드	식품명	e-식품교환량(g)
16	N09184	쇠고기,고기,수입우,등심	45
17	N09227	오리고기,집오리,고기,날것	30
18	N11050	갈치,젓	60
19	N11154	다랑어,참다랑어,유지통조림	40
20	N11536	장어,뱀장어(장치),생것	55
21	N13037	유제품,치즈,가공치즈	35

3. 채소군 1교환단위의 e-식품교환량의 영양소

순번	식품코드	식품명	e-식품교환량(g)
1	N06006	가지,생것	95
2	N06008	갓,생것	65
3	N06010	강남조나물(산채),말린것	9
4	N06014	고구마줄기,말린것	7
5	N06016	고구마줄기,생것	70
6	N06022	고비,생것,생것,(재배)	75
7	N06024	고사리,삶은것	65
8	N06025	고사리,생것	85
9	N06027	고추,고추장아찌	30
10	N06029	고추,붉은고추,말린것	9
11	N06030	고추,붉은고추,생것	50
12	N06031	고추,풋고추,개량종	85
13	N06032	고추,풋고추,재래종	130
14	N06037	고춧잎,생것	35
15	N06051	근대,생것	80
16	N06052	김치,갓김치	40
17	N06054	김치,깍두기	65
18	N06055	김치,나박김치	200
19	N06056	김치,동치미	140
20	N06057	김치,무청김치	75
21	N06058	김치,배추김치	100
22	N06060	김치,열무김치	75
23	N06063	김치,총각김치	40
24	N06064	김치,파김치	30
25	N06067	깻잎,생것	10
26	N06081	달래	60
27	N06085	당근,삶은것	60
28	N06086	당근,생것	55
29	N06088	더덕,생것	30
30	N06091	도라지,생것	20
31	N06096	두릅,생것	75

순번	식품코드	식품명	e-식품교환량(g)
32	N06112	마늘,구근,생것,국내산	15
33	N06114	마늘장아찌	30
34	N06115	마늘쫑	35
35	N06116	마늘쫑장아찌	15
36	N06122	머위,생것	45
37	N06128	무,단무지	140
38	N06130	무,무말랭이	7
39	N06132	무,무시래기,삶은것	55
40	N06133	무,무장아찌	20
41	N06139	무,조선무,뿌리	110
42	N06140	무,조선무,잎(무청)	85
43	N06145	미나리,생것	100
44	N06158	배추,생것	130
45	N06167	부추,재래종,생것	70
46	N06170	붉은양배추	85
47	N06175	비름,생것	60
48	N06181	상추,개량종	85
49	N06182	상추,재래종	100
50	N06183	생강,국내산	35
51	N06188	셀러리	160
52	N06193	숙주나물,삶은것	180
53	N06194	숙주나물,생것	130
54	N06201	시금치,삶은것	60
55	N06202	시금치,생것,노지	50
56	N06203	시금치,생것,하우스	55
57	N06214	쑥,생것	25
58	N06216	쑥갓,생것	55
59	N06219	씀바귀,생것	45
60	N06226	아욱,생것	75
61	N06232	양배추,생것	90
62	N06237	양파,생것,국내산	50
63	N06248	연근,생것	25
64	N06251	열무,생것	85
65	N06258	오이,생것,개량종	150
66	N06259	오이,생것,재래종	200
67	N06260	오이,오이지	200
68	N06261	오이,오이피클	15
69	N06268	우엉,생것	30
70	N06271	원추리	50
71	N06287	죽순,삶은것	65
72	N06288	죽순,생것	110
73	N06302	체리토마토(방울토마토)	100

순번	식품코드	식품명	e-식품교환량(g)
74	N06304	취나물(산채),삶은것	65
75	N06305	취나물(산채),생것	55
76	N06313	콩나물,삶은것	50
77	N06314	콩나물,생것	45
78	N06315	콩잎	20
79	N06316	토란대,말린것,삶은것	120
80	N06317	토란대,말린것,생건	7
81	N06319	토란대,생것,생것	90
82	N06321	토마토,생것	120
83	N06326	파,대파	65
84	N06327	파,실파	130
85	N06328	파,쪽파(중파)	75
86	N06330	파슬리	50
87	N06338	피망,녹색과	110
88	N06339	피망,적색과	70
89	N06342	호박,늙은호박,삶은것	65
90	N06344	호박,늙은호박,호박고지(오가리)	7
91	N06349	호박,애호박,생것	65
92	N06352	호박잎,삶은것	55
93	N06353	호박잎,생것	55
94	N07004	느타리버섯,생것	65
95	N07023	양송이버섯,생것	65
96	N07033	팽이버섯,생것	65
97	N07036	표고버섯,말린것(생건)	6
98	N07037	표고버섯,물갬나무,말린것	7
99	N12004	김(참김),구운것	5
100	N12005	김(참김),김밥용김	6
101	N12007	김(참김),마른것	7
102	N12018	다시마,말린것	10
103	N12022	다시마,생것	95
104	N12033	미역,말린것	8
105	N12037	미역,생것,자연산	80
106	N12038	미역,염장미역	30
107	N12039	미역,염장품	95
108	N12041	미역,줄기,생것	85
109	N12056	톳,생것	75
110	N12058	파래,말린것	7
111	N12063	파래,생것,납작파래	65
112	N15001	과일채소음료,당근쥬스,캔	50
113	N15050	차류,결명자차,열매	7
114	N15053	차류,녹차,가루차	6
115	N15057	차류,보리차,침출액	1

순번	식품코드	식품명	e-식품교환량(g)
116	N15060	차류,쌍화차	4
117	N15061	차류,오미자차	6
118	N15080	차류,현미녹차,차	7
119	N16004	겨자,분말	5
120	N16006	계피가루	7
121	N16008	고추냉이,(와사비)페이스트	7
122	N16009	고추장,개량식	10
123	N16011	고춧가루	7
124	N16071	후추,검은색	7
125	N18019	인삼,수삼	20

4. 지방군 1교환단위의 e-식품교환량의 영양소

순번	식품코드	식품명	e-식품교환량(g)
1	N05007	들깨,말린것	15
2	N05008	들깨가루	15
3	N05010	땅콩,말린것,대립종	10
4	N05013	땅콩,볶은것	10
5	N05040	잣,말린것	7
6	N05041	잣,볶은것	7
7	N05046	참깨,흰깨,말린것	10
8	N05047	참깨,흰깨,볶은것	9
9	N05052	코코넛,말린것	8
10	N14003	들기름	5
11	N14008	마가린	6
12	N14010	버터	6
13	N14014	쇼트닝	5
14	N14017	옥수수기름	5
15	N14021	참기름	5
16	N14026	콩기름	5
17	N16024	마요네즈,전란	7
18	N16057	참깨,깨소금	9
19	N16070	핫소스	5

5. 우유군 1교환단위의 e-식품교환량의 영양소

순번	식품	식품명	e-식품교환량(g)
1	N04025	두유(베지밀)	180
2	N13019	우유, 보통우유	190
3	N13025	유제품,아이스크림,바닐라	65
4	N13028	유제품,요구르트,액상	190
5	N13031	유제품,요구르트,호상(탈지우유,가당)	130

6. 과일군 1교환단위의 e-식품교환량의 영양소

순번	식품		e-식품교환량(g)
1	N08004	감,곶감	20
2	N08005	감,단감	110
3	N08007	감,연시,생것	80
4	N08011	구아바,생과	120
5	N08015	귤,보통(임온주)	100
6	N08027	금귤,생과	70
7	N08028	다래	80
8	N08029	대추,건과	15
9	N08034	딸기,생과,개량종	280
10	N08037	라임,생과	120
11	N08041	레몬,생과	160
12	N08044	롱간스,생과	80
13	N08045	망고	70
14	N08047	매실,생과	170
15	N08051	머루,생과,재래종	90
16	N08053	멜론,머스크	130
17	N08055	모과	80
18	N08057	무화과,생과	120
19	N08060	바나나,생과	55
20	N08063	배,생과,국내산,신고	120
21	N08070	버찌,생과,국내산	80
22	N08076	복숭아,생과,백도	150
23	N08082	블루베리,생과	95
24	N08090	사과,과일쥬스,천연과즙,(무가당)	100
25	N08094	사과,생과,아오리	110
26	N08098	산딸기	280
27	N08101	살구,생과	190
28	N08104	석류	70
29	N08107	수박,생과,적육질	150
30	N08110	아보카도	25

순번	식품		e-식품교환량(g)
31	N08111	앵두	180
32	N08112	엘더베리	110
33	N08115	오디,생과,흑과(재래종)	130
34	N08118	오렌지,과일쥬스,천연과즙	110
35	N08121	오렌지,생과	110
36	N08123	올리브,생과	70
37	N08132	자두,일본자두,생과	120
38	N08133	참외,생과	160
39	N08136	크랜베리,생과	95
40	N08138	키위	90
41	N08145	파인애플,생과	200
42	N08146	파인애플,통조림	75
43	N08147	파파야	210
44	N08152	포도,골덴마스컷,큰것	90
45	N08155	포도,과일쥬스,천연과즙(과즙100%)	85
46	N08168	후르츠칵테일,통조림	65
47	N15092	탄산음료,사이다	120
48	N16066	토마토소스	140
49	N16067	토마토케첩	45

7. 알콜군 e-식품교환량

순번	식품코드	식품명	e-식품교환량(g)
1	N15015	주류,막걸리	150
2	N15016	주류,매실주	45
3	N15017	주류,맥주	190
4	N15019	주류,보드카,알콜50%	25
5	N15020	주류,브랜디,1급,알콜42%	30
6	N15023	주류,생맥주	190
7	N15024	주류,샴페인	160
8	N15025	주류,소주	50
9	N15027	주류,위스키,1급,알콜42%	30
10	N15030	주류,진,알콜37%	35
11	N15032	주류,청주	65
12	N15045	주류,포도주,백포도주	95
13	N15046	주류,포도주,적포도주	100

부록 2.

식품군별 e-식품교환량에 따른 영양소 분석

1. 곡류군 1교환단위의 e-식품교환량의 영양소

순번	식품	식품명	e-식품 교환량 (g)	에너지 Energy (Kcal)	수분 Water (%)	단백질 Protein (g)	지질 Fat (g)	탄수화물 Cho (g)	섬유소 Fiber (g)	회분 Ash (g)
1	N01001	건빵	25	103.75	1.65	2.18	2.35	18.38	0.07	0.38
2	N01002	건포도빵	40	104.00	15.20	2.64	1.48	19.96	0.08	0.64
3	N01004	곰보빵(소보로)	25	94.00	5.13	2.20	3.30	14.03	0.10	0.25
4	N01006	국수,삶은것	85	106.25	60.01	3.91	0.34	20.57	0.09	0.09
5	N01007	국수,소면,마른것	30	97.20	3.30	2.61	0.06	23.13	0.06	0.84
6	N01008	국수,소면,삶은것	80	97.60	53.84	2.56	0.16	23.12	0.08	0.24
7	N01012	기장,도정곡	30	105.60	4.20	3.45	0.63	21.12	0.12	0.48
8	N01014	도우넛,링	25	103.00	6.23	1.83	6.50	10.10	0.05	0.30
9	N01017	도우넛,팥	30	119.70	9.45	1.98	4.59	13.47	0.24	0.27
10	N01019	라면,라면	25	95.25	2.05	2.15	3.52	15.35	0.13	1.80
11	N01034	메밀국수,마른것(마른것)	30	108.00	3.60	4.08	0.78	21.06	0.12	0.36
12	N01038	메밀냉면,인스턴트	30	102.30	3.69	3.15	0.42	22.17	0.12	0.45
13	N01039	메밀묵	180	104.40	152.10	3.06	0.36	23.04	0.36	1.08
14	N01049	밀가루,중력분,국내산	25	94.50	0.07	2.88	0.28	21.65	0.05	0.07
15	N01052	보리,겉보리,보리쌀	30	103.20	3.54	2.82	0.36	22.86	0.15	0.27
16	N01062	빵가루	30	106.50	2.43	4.26	1.11	21.66	0.06	0.48
17	N01093	식빵,식빵	35	99.05	11.83	2.91	1.82	17.75	0.14	0.56
18	N01095	식빵,토스트	35	103.25	9.90	2.94	1.02	20.55	0.07	0.53
19	N01099	쌀,멥쌀,논벼,백미,(국내산),일반형,일품	30	111.00	3.36	1.56	0.09	24.75	0.12	0.12
20	N01108	쌀,멥쌀,논벼,현미,일반형	30	105.00	3.48	2.28	0.63	22.32	0.81	0.48
21	N01118	쌀가공식품,멥쌀,논벼,떡류,가래떡(흰떡)	45	107.55	18.86	1.85	0.36	23.63	0.00	0.32
22	N01119	쌀가공식품,멥쌀,논벼,떡류,개피떡	50	105.00	24.35	2.15	0.40	22.60	0.20	0.30
23	N01120	쌀가공식품,멥쌀,논벼,떡류,꿀떡	50	107.50	24.05	1.65	0.20	23.50	0.20	0.40
24	N01121	쌀가공식품,멥쌀,논벼,떡류,백설기	45	105.30	19.35	1.58	0.36	23.31	0.04	0.36
25	N01123	쌀가공식품,멥쌀,논벼,떡류,송편,깨	50	106.00	24.35	1.75	0.70	22.65	0.15	0.40
26	N01125	쌀가공식품,멥쌀,논벼,떡류,시루떡	55	112.75	26.84	3.14	0.44	23.54	0.44	0.60
27	N01128	쌀가공식품,멥쌀,논벼,떡류,절편	55	121.00	27.66	2.42	0.44	24.04	0.06	0.39
28	N01129	쌀가공식품,멥쌀,논벼,떡류,증편	60	106.20	33.96	2.34	0.54	22.50	0.18	0.48
29	N01133	쌀가공식품,멥쌀,논벼,쌀밥,백미	70	95.20	44.52	2.10	0.07	22.96	0.28	0.07
30	N01137	쌀가공식품,멥쌀,논벼,죽,백미	410	82.00	339.89	5.74	0.00	15.99	0.00	0.41
31	N01147	쌀가공식품,찹쌀,떡류,경단,카스텔라고물	45	108.00	19.04	1.85	0.81	22.82	0.18	0.32
32	N01149	쌀가공식품,찹쌀,떡류,인절미,콩고물	50	108.50	23.70	2.45	0.85	22.25	0.15	0.60
33	N01151	쌀가공식품,찹쌀,떡류,찰시루떡	45	111.60	17.96	3.06	0.18	23.31	0.00	0.50
34	N01152	쌀가공식품,찹쌀,떡류,찹쌀떡(찹쌀모찌)	45	106.20	19.17	2.16	0.63	22.46	0.23	0.36
35	N01155	쌀가공식품,찹쌀,찹쌀가루	25	96.75	1.10	2.08	0.00	21.55	0.13	0.13
36	N01166	엿기름	35	66.50	4.38	3.92	0.42	23.77	1.79	0.73
37	N01171	옥수수,메옥수수,말린것	30	101.10	3.93	2.91	1.14	20.70	0.87	0.45
38	N01173	옥수수,찰옥수수,생것	75	105.00	47.70	3.68	0.90	21.60	0.45	0.68
39	N01174	옥수수,찰옥수수,찐것	65	79.95	42.70	4.29	0.91	15.02	1.50	0.58
40	N01178	옥수수통조림,가당	120	103.20	92.88	2.76	1.20	21.24	0.72	1.20

순번	식품	칼슘 Ca (mg)	인 P (mg)	철 Fe (mg)	나트륨 Na (mg)	칼륨 K (mg)	Vitamin A (RE)	레티놀 Retinol (μg)	카로틴 Carotene (μg)	비타민B1 Vitamin B1 (mg)	비타민B2 VItamin B2 (mg)	나이아신 Niacin (mg)	비타민C Vitamin C (mg)
1	N01001	5.25	19.75	0.33	116.00	23.75	0.00	0.00	0.00	0.02	0.01	0.23	0.00
2	N01002	16.80	30.00	0.48	148.00	76.00	0.00	0.00	0.00	0.02	0.02	0.24	0.00
3	N01004	9.00	24.50	0.18	57.75	32.75	7.25	5.25	11.25	0.04	0.01	0.33	0.00
4	N01006	10.20	25.50	0.17	0.00	0.00	0.00	0.00	0.00	0.02	0.02	0.17	0.00
5	N01007	2.10	19.80	0.30	432.30	47.40	0.00	0.00	0.00	0.03	0.01	0.63	0.00
6	N01008	3.20	14.40	0.24	85.60	10.40	0.00	0.00	0.00	0.03	0.01	0.80	0.00
7	N01012	3.30	73.50	0.75	0.90	57.30	0.00	0.00	0.00	0.04	0.01	0.96	0.00
8	N01014	7.00	30.00	0.28	90.00	18.25	3.50	3.00	3.00	0.02	0.03	0.35	0.00
9	N01017	8.10	25.80	0.30	56.40	20.10	7.80	7.80	0.00	0.03	0.02	0.15	0.00
10	N01019	4.00	22.75	0.18	251.25	65.75	17.25	0.00	103.25	0.14	0.10	0.23	0.00
11	N01034	7.50	75.00	0.57	0.60	72.00	0.00	0.00	0.00	0.08	0.03	0.99	0.00
12	N01038	0.60	34.80	0.63	119.40	66.00	0.00	0.00	0.00	0.00	0.00	0.42	0.00
13	N01039	10.80	72.00	0.36	199.80	41.40	0.00	0.00	0.00	0.02	0.02	1.98	0.00
14	N01049	7.75	19.50	0.38	4.75	27.00	0.00	0.00	0.00	0.05	0.01	0.45	0.00
15	N01052	9.00	57.00	0.57	0.90	71.10	0.00	0.00	0.00	0.06	0.02	1.11	0.00
16	N01062	8.70	33.30	0.27	160.50	32.10	0.00	0.00	0.00	0.04	0.01	0.39	0.00
17	N01093	7.70	30.10	0.25	23.10	57.75	0.70	0.00	4.20	0.05	0.02	0.67	0.00
18	N01095	12.60	36.75	1.23	129.15	42.70	4.20	0.00	0.00	0.13	0.12	1.29	0.00
19	N01099	1.80	27.30	0.36	4.50	31.50	0.00	0.00	0.00	0.06	0.01	0.30	0.00
20	N01108	1.80	83.70	0.21	23.70	97.80	0.00	0.00	0.00	0.07	0.02	1.08	0.00
21	N01118	1.80	23.85	0.23	80.10	11.70	0.00	0.00	0.00	0.01	0.00	0.81	0.00
22	N01119	8.50	22.00	0.60	77.50	14.50	0.00	0.00	0.00	0.03	0.02	0.25	0.00
23	N01120	11.50	23.00	1.40	179.50	37.50	0.00	0.00	0.00	0.05	0.06	0.60	0.00
24	N01121	2.70	16.20	0.23	105.30	17.55	0.00	0.00	0.00	0.00	0.00	0.32	0.00
25	N01123	9.50	26.00	0.55	107.50	18.00	0.00	0.00	0.00	0.02	0.01	0.20	0.00
26	N01125	10.45	35.75	1.81	115.50	74.80	0.00	0.00	0.00	0.02	0.01	0.39	0.00
27	N01128	8.25	22.00	0.28	101.75	13.75	0.00	0.00	0.00	0.02	0.01	0.44	0.00
28	N01129	3.60	22.20	0.30	145.80	16.20	0.00	0.00	0.00	0.04	0.02	0.36	0.00
29	N01133	1.40	16.10	0.28	2.10	13.30	0.00	0.00	0.00	0.01	0.01	0.21	0.00
30	N01137	8.20	53.30	2.87	12.30	24.60	0.00	0.00	0.00	0.04	0.04	0.00	0.00
31	N01147	6.30	21.60	0.36	83.25	17.10	1.80	0.90	4.95	0.01	0.01	0.27	0.00
32	N01149	9.50	25.00	0.70	173.50	44.00	0.00	0.00	0.00	0.04	0.01	0.35	0.00
33	N01151	14.40	0.00	0.00	130.50	80.10	0.00	0.00	0.00	0.03	0.05	2.75	0.00
34	N01152	6.75	20.70	0.36	72.45	27.45	0.00	0.00	0.00	0.02	0.00	0.27	0.00
35	N01155	2.00	33.50	0.48	0.50	30.50	0.00	0.00	0.00	0.04	0.01	0.60	0.00
36	N01166	11.90	58.45	2.63	8.40	164.50	0.00	0.00	0.00	0.75	0.08	2.38	0.00
37	N01171	7.50	103.50	0.63	0.30	90.60	14.10	0.00	84.90	0.10	0.03	0.42	0.00
38	N01173	15.75	98.25	1.65	0.75	277.50	6.75	0.00	39.00	0.19	0.08	1.95	0.00
39	N01174	13.65	79.30	1.50	0.65	211.90	4.55	0.00	27.30	0.05	0.05	0.91	0.00
40	N01178	3.60	73.20	0.48	292.80	202.80	0.00	0.00	36.00	0.05	0.05	1.44	4.80

순번	식품	식품명	e-식품 교환량 (g)	에너지 Energy (Kcal)	수분 Water (%)	단백질 Protein (g)	지질 Fat (g)	탄수화물 Cho (g)	섬유소 Fiber (g)	회분 Ash (g)
41	N01184	우동국수,생것	70	237.30	44.45	2.66	0.28	22.26	0.14	0.21
42	N01193	조,도정곡	30	113.10	2.61	2.91	1.26	22.17	0.63	0.42
43	N01199	쫄면,마른것	40	135.60	14.60	2.64	0.32	22.44	0.00	0.00
44	N01200	차수수	30	106.20	4.17	3.15	0.57	21.63	0.12	0.36
45	N01201	차조	30	108.90	3.66	2.79	0.90	21.96	0.24	0.45
46	N01203	찹쌀,백미	30	112.20	2.88	2.22	0.12	24.36	0.21	0.21
47	N01209	카스테라,카스테라	30	96.90	8.70	2.01	2.55	16.47	0.06	0.21
48	N01217	케이크,스펀지케이크	30	103.80	9.06	1.98	4.56	14.10	0.06	0.24
49	N01237	튀김가루	30	98.40	3.54	2.19	0.45	22.98	0.06	0.78
50	N01239	팥빵	35	102.55	11.55	2.66	2.14	18.06	0.32	0.28
51	N01257	호빵,고기소	35	88.90	14.39	3.19	1.79	14.70	0.28	0.67
52	N01258	호빵,팥소	45	111.15	18.32	2.84	0.99	22.32	0.23	0.32
53	N02002	감자,삶은것	150	97.50	122.25	4.80	0.00	21.00	0.30	1.65
54	N02003	감자,생것	150	99.00	122.10	4.20	0.00	21.60	0.30	1.65
55	N02014	고구마,생것	75	96.00	49.73	1.05	0.15	22.73	0.68	0.68
56	N02016	고구마,찐것	75	96.00	49.50	1.13	0.00	23.03	0.45	0.90
57	N02020	당면,마른것	25	87.25	3.33	0.03	0.05	21.50	0.03	0.07
58	N02031	전분,감자전분	30	99.60	5.22	0.03	0.03	24.60	0.00	0.12
59	N02039	토란,생것	170	98.60	141.44	4.25	0.34	20.91	1.36	1.70
60	N03002	껌,츄잉껌	25	97.00	0.78	0.00	0.00	24.23	0.00	0.00
61	N03014	물엿	30	87.90	7.26	0.03	0.00	22.71	0.00	0.00
62	N03015	사탕	25	93.50	1.55	0.05	0.00	23.30	0.00	0.10
63	N03026	설탕,백설탕	25	96.75	0.03	0.00	0.00	24.98	0.00	0.00
64	N03028	설탕,설탕분말	25	96.25	0.07	0.00	0.03	24.88	0.00	0.00
65	N03030	설탕,흑설탕	25	94.00	0.55	0.05	0.00	24.25	0.00	0.15
66	N03036	엿,깨엿	30	115.20	2.79	1.41	1.50	24.03	0.00	0.00
67	N03047	초콜렛,초콜렛,밀크초콜렛	20	78.60	0.30	1.62	7.38	10.36	0.00	0.34
68	N04003	강낭콩,생것	50	78.00	28.85	5.00	0.60	13.65	0.95	0.95
69	N04007	녹두묵	260	96.20	236.08	0.26	0.00	23.14	0.26	0.26
70	N04008	녹두빈대떡가루	25	85.75	2.48	5.17	0.30	15.58	0.28	1.20
71	N04044	팥,붉은팥,말린것,(국내산)	30	101.10	2.67	5.79	0.03	19.11	1.41	0.99
72	N05005	도토리국수	30	102.90	3.27	3.72	0.21	21.51	0.15	1.14
73	N05006	도토리묵	230	98.90	205.39	0.46	0.46	23.23	0.23	0.23
74	N05026	밤,생것	65	105.30	37.57	2.08	0.39	23.27	0.84	0.84
75	N05039	은행,생것	55	100.65	29.81	2.97	0.94	20.24	0.33	0.71
76	N15065	차류,율무차	25	100.00	1.60	1.90	1.85	18.95	0.15	0.55
77	N15074	차류,커피,캔	410	45.10	385.40	2.46	1.64	20.09	0.00	0.41
78	N15078	차류,코코아,우유코코아	25	103.00	0.40	1.85	1.70	20.10	0.00	0.65

순번	식품	칼슘 Ca (mg)	인 P (mg)	철 Fe (mg)	나트륨 Na (mg)	칼륨 K (mg)	Vitamin A (RE)	레티놀 Retinol (μg)	카로틴 Carotene (μg)	비타민 B_1 Vitamin B_1 (mg)	비타민 B_2 VItamin B_2 (mg)	나이아신 Niacin (mg)	비타민 C Vitamin C (mg)
41	N01184	2.10	14.70	0.35	116.90	15.40	0.00	0.00	0.00	0.02	0.01	0.77	0.00
42	N01193	3.30	55.20	0.69	0.90	110.40	0.00	0.00	0.00	0.06	0.03	0.45	0.00
43	N01199	14.80	68.80	0.72	0.00	0.00	0.00	0.00	0.00	0.09	0.00	0.92	0.00
44	N01200	3.30	79.50	0.84	0.90	85.50	0.00	0.00	0.00	0.03	0.01	0.84	0.00
45	N01201	5.10	90.30	0.90	1.50	98.70	0.00	0.00	0.00	0.07	0.03	1.29	0.00
46	N01203	1.20	45.30	0.66	0.90	57.30	0.00	0.00	0.00	0.04	0.02	0.48	0.00
47	N01209	13.20	34.80	0.36	31.50	27.00	18.00	17.70	1.20	0.01	0.02	0.06	0.00
48	N01217	10.20	37.20	0.27	51.60	25.50	24.60	23.40	6.90	0.01	0.04	0.03	0.00
49	N01237	13.80	64.20	0.15	288.60	37.50	0.00	0.00	0.00	0.04	0.01	0.30	0.00
50	N01239	10.85	31.50	0.46	58.80	26.25	4.55	3.85	4.90	0.03	0.02	0.28	0.00
51	N01257	8.75	15.75	0.35	126.00	108.50	1.40	0.00	7.70	0.07	0.05	0.70	2.80
52	N01258	6.30	27.00	0.23	63.45	31.95	0.00	0.00	0.00	0.03	0.01	0.23	0.00
53	N02002	6.00	96.00	0.90	3.00	720.00	0.00	0.00	0.00	0.14	0.06	1.20	40.50
54	N02003	6.00	94.50	0.90	4.50	727.50	0.00	0.00	0.00	0.17	0.09	1.50	51.00
55	N02014	18.00	40.50	0.38	11.25	321.75	14.25	0.00	84.75	0.04	0.04	0.53	18.75
56	N02016	12.00	39.75	0.75	1.50	411.00	12.75	0.00	76.50	0.06	0.07	0.53	14.25
57	N02020	11.75	6.50	0.75	1.00	1.25	0.00	0.00	0.00	0.00	0.00	0.00	0.00
58	N02031	6.60	12.00	0.54	1.50	9.60	0.00	0.00	0.00	0.00	0.00	0.00	0.00
59	N02039	45.90	76.50	0.85	3.40	620.50	0.00	0.00	0.00	0.14	0.05	1.36	11.90
60	N03002	0.75	0.00	0.03	0.75	0.75	0.00	0.00	0.00	0.00	0.00	0.00	0.00
61	N03014	0.30	0.30	0.06	0.60	1.20	0.00	0.00	0.00	0.00	0.00	0.00	0.00
62	N03015	4.75	0.00	0.00	1.25	2.25	0.00	0.00	0.00	0.00	0.00	0.00	0.00
63	N03026	0.75	0.00	0.07	0.50	0.75	0.00	0.00	0.00	0.00	0.00	0.00	0.00
64	N03028	0.25	0.50	0.03	0.25	0.50	0.00	0.00	0.00	0.00	0.00	0.00	0.00
65	N03030	8.00	0.75	0.18	4.75	36.75	0.00	0.00	0.00	0.01	0.00	0.00	0.00
66	N03036	0.00	0.00	0.00	17.10	21.60	0.00	0.00	0.00	0.00	0.00	0.00	0.00
67	N03047	39.60	46.80	0.56	18.00	90.00	6.00	5.00	6.00	0.02	0.04	0.08	0.00
68	N04003	31.00	48.50	1.85	2.50	366.00	0.00	0.00	0.00	0.24	0.06	0.80	2.00
69	N04007	13.00	83.20	1.04	44.20	10.40	0.00	0.00	0.00	0.00	0.00	0.52	0.00
70	N04008	13.75	128.50	1.05	180.75	251.00	0.00	0.00	0.00	0.05	0.04	0.48	0.00
71	N04044	24.60	127.20	1.68	0.30	354.00	0.00	0.00	0.00	0.16	0.04	0.99	0.00
72	N05005	25.80	36.90	0.69	155.10	77.40	0.00	0.00	0.00	0.26	0.00	1.17	0.00
73	N05006	13.80	59.80	0.92	126.50	18.40	0.00	0.00	0.00	0.02	0.05	0.00	0.00
74	N05026	18.20	44.20	1.04	1.30	372.45	5.20	0.00	29.25	0.16	0.05	0.65	7.80
75	N05039	2.75	85.80	0.60	3.85	317.90	8.25	0.00	50.60	0.22	0.02	0.88	7.70
76	N15065	7.25	47.50	0.25	98.75	75.25	0.00	0.00	0.00	0.02	0.03	0.30	0.00
77	N15074	41.00	57.40	0.41	209.10	151.70	0.00	0.00	0.00	0.25	0.41	2.46	0.00
78	N15078	45.00	60.00	0.72	67.50	182.50	2.00	2.00	0.00	0.02	0.11	0.07	0.00

2-1. 어육류(저)군 1교환단위의 e-식품교환량의 영양소

순번	식품	식품명	e-식품 교환량 (g)	에너지 Energy (Kcal)	수분 Water (%)	단백질 Protein (g)	지질 Fat (g)	탄수화물 Cho (g)	섬유소 Fiber (g)	회분 Ash (g)
1	N04015	대두,노란콩,삶은것	30	52.50	18.51	5.34	2.31	2.85	0.51	0.48
2	N04021	두부,비지	80	49.60	66.24	2.80	1.20	6.64	2.72	0.40
3	N04032	완두콩,삶은것	45	48.15	31.73	4.00	0.14	7.56	1.08	0.50
4	N04033	완두콩,생것	40	52.80	25.32	4.20	0.12	8.56	1.16	0.64
5	N09058	닭고기,고기,살코기,날것	40	46.00	29.24	9.60	0.56	0.04	0.00	0.56
6	N09081	돼지고기,고기,사태,날것	40	48.00	29.68	8.80	1.16	0.00	0.00	0.36
7	N09105	돼지고기,돼지고기가공품,햄,등심	45	58.95	31.50	7.42	1.89	2.66	0.00	1.53
8	N09106	돼지고기,돼지고기가공품,햄,로스	45	57.60	31.86	7.20	1.89	2.52	0.00	1.53
9	N09133	소,부산물,간,날것	40	52.40	29.12	7.60	1.84	0.88	0.00	0.56
10	N09144	소,부산물,양(위)	80	48.80	70.16	7.92	1.60	0.08	0.00	0.24
11	N09146	소,부산물,천엽	90	45.90	79.65	9.27	0.63	0.09	0.00	0.36
12	N09147	소,부산물,피(선지)	200	54.00	185.40	8.00	1.00	2.60	0.00	3.00
13	N09193	쇠고기,고기,수입우,양지,날것	40	60.00	28.44	8.48	2.64	0.04	0.00	0.40
14	N09200	쇠고기,고기,한우,사태	40	52.00	29.64	8.08	1.88	0.04	0.00	0.36
15	N09203	쇠고기,고기,한우,안심	40	59.20	28.64	8.32	2.52	0.08	0.00	0.44
16	N09204	쇠고기,고기,한우,양지	35	58.45	24.25	7.46	2.84	0.11	0.00	0.35
17	N09205	쇠고기,고기,한우,우둔	40	52.80	29.24	8.48	1.80	0.04	0.00	0.44
18	N09206	쇠고기,고기,한우,채끝	45	56.70	34.29	7.70	2.52	0.09	0.00	0.41
19	N09233	칠면조고기,살코기,날것	40	42.40	29.84	9.40	0.28	0.04	0.00	0.44
20	N11004	가다랭이,생것	35	44.45	24.61	9.06	0.63	0.11	0.00	0.59
21	N11024	가오리,생것,나비가오리	55	44.00	43.29	9.52	0.39	0.00	0.00	1.81
22	N11031	가자미,생것,가자미	35	45.15	25.31	7.74	1.29	0.11	0.00	0.56
23	N11048	갈치,생것	40	59.60	29.08	7.40	3.00	0.04	0.00	0.48
24	N11049	갈치,얼간품	30	56.40	17.16	7.89	2.43	0.03	0.00	2.49
25	N11062	게,꽃게,생것	60	44.40	48.84	8.22	0.48	1.20	0.00	1.26
26	N11093	굴,생것,참굴,(양식산)	60	52.80	48.24	6.30	1.44	3.06	0.00	0.96
27	N11094	굴,생것,참굴,(자연산)	70	59.50	57.05	8.12	2.24	1.05	0.00	1.54
28	N11097	굴,어리굴젓	55	52.25	38.61	4.73	1.49	4.46	0.00	5.72
29	N11106	꼬막	55	44.55	44.16	7.70	0.99	0.66	0.00	1.49
30	N11109	꼴뚜기,생것	60	46.80	48.96	8.16	1.08	0.60	0.00	1.20
31	N11110	꼴뚜기,자건품	15	42.90	4.08	7.70	0.99	0.26	0.00	1.98
32	N11111	꼴뚜기,젓	55	48.40	31.46	8.80	1.10	0.17	0.00	13.48
33	N11122	낙지(세발낙지)	80	44.00	69.28	9.20	0.48	0.08	0.00	0.96
34	N11128	넙치(광어),생것	45	46.35	34.34	9.18	0.77	0.14	0.00	0.58
35	N11152	다랑어,참다랑어,생것,성어,붉은살	35	43.75	24.64	9.24	0.49	0.04	0.00	0.59
36	N11156	다랑어,황다랑어,생것	40	45.60	29.12	9.56	0.52	0.08	0.00	0.72
37	N11157	다랑어,황다랑어,유지통조림	30	45.60	19.50	8.70	0.90	0.09	0.00	0.81
38	N11159	다랑어,황다랑어,통조림	40	44.80	29.12	8.64	0.84	0.12	0.00	1.28
39	N11164	대구,냉동품	55	45.10	44.11	9.90	0.28	0.06	0.00	0.66
40	N11165	대구,대구포	15	46.80	3.29	9.81	0.45	0.27	0.00	1.19

순번	식품	칼슘 Ca (mg)	인 P (mg)	철 Fe (mg)	나트륨 Na (mg)	칼륨 K (mg)	Vitamin A (RE)	레티놀 Retinol (μg)	카로틴 Carotene (μg)	비타민B_1 Vitamin B_1 (mg)	비타민B_2 Vitamin B_2 (mg)	나이아신 Niacin (mg)	비타민C Vitamin C (mg)
1	N04015	22.50	66.00	0.96	0.60	152.70	0.00	0.00	0.00	0.07	0.03	0.45	0.30
2	N04021	52.80	20.00	1.84	36.80	90.40	0.00	0.00	0.00	0.06	0.02	0.32	0.00
3	N04032	13.05	58.05	1.03	0.45	103.50	2.70	0.00	14.85	0.10	0.04	0.85	6.30
4	N04033	12.00	64.40	0.88	0.40	118.40	5.20	0.00	31.20	0.24	0.05	0.76	9.20
5	N09058	4.40	44.00	0.44	23.20	130.80	18.80	18.80	0.00	0.08	0.08	1.16	0.00
6	N09081	1.60	66.40	0.48	20.00	130.40	2.00	2.00	0.00	0.17	0.08	0.32	0.40
7	N09105	2.25	148.50	0.32	486.00	110.25	0.00	0.00	0.00	0.07	0.09	3.15	19.35
8	N09106	2.70	144.00	0.41	450.00	139.50	0.00	0.00	0.00	0.04	0.09	3.15	21.15
9	N09133	2.40	91.20	3.20	26.00	127.20	3788.80	3782.00	39.60	0.11	0.89	5.88	8.00
10	N09144	11.20	53.60	2.40	26.40	84.00	1.60	1.60	0.00	0.04	0.13	1.20	0.00
11	N09146	14.40	92.70	3.15	25.20	85.50	21.60	21.60	0.00	0.04	0.23	1.26	0.00
12	N09147	46.00	0.00	24.40	136.00	578.00	0.00	0.00	0.00	0.62	0.44	26.80	0.00
13	N09193	2.40	72.00	1.08	19.20	88.00	2.40	2.40	0.00	0.03	0.07	2.20	0.40
14	N09200	1.20	62.40	0.84	30.00	137.60	4.80	4.80	0.00	0.02	0.06	0.56	0.00
15	N09203	9.20	70.00	1.88	181.20	152.40	4.80	4.80	0.00	0.03	0.10	2.08	0.00
16	N09204	5.60	55.30	1.75	126.35	130.20	4.90	4.90	0.00	0.02	0.06	1.82	0.00
17	N09205	8.00	72.00	2.32	179.60	154.40	2.80	2.80	0.00	0.03	0.09	2.12	0.00
18	N09206	4.95	49.95	0.99	28.35	117.45	3.15	3.15	0.00	0.03	0.09	1.89	0.00
19	N09233	3.20	56.00	0.44	14.80	76.00	0.00	0.00	0.00	0.03	0.10	2.80	0.80
20	N11004	5.25	98.70	0.63	15.40	143.50	4.20	4.20	0.00	0.07	0.06	5.36	0.35
21	N11024	485.10	293.15	0.66	0.00	0.00	0.00	0.00	0.00	0.02	0.05	2.25	0.00
22	N11031	14.00	68.60	0.25	80.50	131.95	2.80	2.80	0.00	0.06	0.09	1.51	0.70
23	N11048	18.40	76.40	0.40	40.00	104.00	8.00	8.00	0.00	0.05	0.04	0.92	0.40
24	N11049	31.20	72.60	0.54	616.80	84.30	0.00	0.00	0.00	0.04	0.07	0.63	0.00
25	N11062	70.80	109.20	1.80	182.40	216.00	0.00	0.00	0.00	0.02	0.04	1.56	0.00
26	N11093	50.40	90.00	2.28	162.00	132.00	12.60	5.40	43.20	0.12	0.17	2.70	1.80
27	N11094	76.30	142.80	2.59	0.00	0.00	18.90	7.70	66.50	0.15	0.23	2.94	2.80
28	N11097	107.80	77.00	4.84	1305.70	117.15	4.95	1.65	19.25	0.06	0.11	1.65	0.55
29	N11106	57.75	125.40	3.52	0.00	0.00	26.40	21.45	30.25	0.02	0.13	1.87	1.65
30	N11109	28.80	99.60	0.60	91.20	146.40	0.00	0.00	0.00	0.01	0.06	1.44	0.00
31	N11110	75.75	122.70	0.66	159.00	79.80	10.50	10.50	0.00	0.05	0.07	0.69	0.15
32	N11111	60.50	131.45	3.08	789.80	112.20	0.00	0.00	0.00	0.05	0.07	1.87	0.00
33	N11122	12.00	119.20	0.40	181.60	218.40	0.00	0.00	0.00	0.03	0.04	1.20	0.00
34	N11128	23.85	89.55	0.72	72.00	189.00	3.60	3.60	0.00	0.04	0.09	2.93	0.45
35	N11152	1.75	94.50	0.39	17.15	133.00	29.05	29.05	0.00	0.04	0.02	4.97	0.70
36	N11156	7.60	112.80	0.64	20.00	192.00	3.60	3.60	0.00	0.04	0.06	4.52	0.80
37	N11157	0.90	52.80	1.08	0.00	0.00	0.00	0.00	0.00	0.01	0.04	3.60	0.00
38	N11159	24.80	52.40	3.20	0.00	0.00	0.00	0.00	0.00	0.03	0.06	4.40	0.00
39	N11164	12.65	114.95	0.11	89.10	122.10	3.30	3.30	0.00	0.03	0.03	0.83	0.00
40	N11165	27.60	97.35	0.39	145.05	141.00	0.00	0.00	0.00	0.04	0.05	1.11	0.00

순번	식품	식품명	e-식품 교환량 (g)	에너지 Energy (Kcal)	수분 Water (%)	단백질 Protein (g)	지질 Fat (g)	탄수화물 Cho (g)	섬유소 Fiber (g)	회분 Ash (g)
41	N11168	대구,생것	55	44.00	44.27	9.68	0.28	0.11	0.00	0.66
42	N11183	돔,감성돔	45	43.20	34.88	8.91	0.58	0.00	0.00	0.63
43	N11208	돔,참돔,생것	45	49.05	33.75	9.72	0.81	0.04	0.00	0.68
44	N11227	맛살,생것	120	50.40	107.88	8.04	1.08	1.56	0.00	1.44
45	N11232	매끈이고둥,통조림(골뱅이통조림)	55	47.30	43.12	8.20	0.39	2.25	0.00	1.04
46	N11234	메기	50	57.00	39.20	7.55	2.65	0.05	0.00	0.55
47	N11235	멸치,생것	45	51.30	33.66	7.96	1.85	0.09	0.00	1.44
48	N11236	멸치,액젓	160	46.40	112.16	10.40	0.00	0.48	0.00	36.96
49	N11239	멸치,자건품,중멸치	20	46.40	7.00	7.78	1.02	0.96	0.00	3.24
50	N11240	멸치,자건품,큰멸치	15	45.45	3.93	7.11	1.47	0.38	0.00	2.12
51	N11243	명태,냉동품(동태)	60	43.80	49.38	9.54	0.30	0.06	0.00	0.72
52	N11244	명태,말린것,성어(북어)	15	43.50	4.67	9.26	0.47	0.00	0.00	0.61
53	N11245	명태,말린것,어린것(노가리)	15	53.70	2.19	11.42	0.48	0.14	0.00	0.78
54	N11246	명태,생것	55	44.00	44.16	9.63	0.39	0.00	0.00	0.83
55	N11249	명태,포	10	37.20	1.13	8.27	0.24	0.00	0.00	0.36
56	N11257	문어,생것	60	44.40	48.90	9.30	0.48	0.12	0.00	1.20
57	N11258	문절망둑(망둥어),생것	50	45.00	39.10	9.35	0.55	0.15	0.00	0.85
58	N11265	미꾸리,생것	50	48.00	39.30	8.10	1.40	0.10	0.00	1.10
59	N11266	미더덕	110	58.30	94.71	7.37	1.76	2.64	0.00	3.52
60	N11270	민어,생것	40	50.80	29.76	7.88	1.88	0.00	0.00	0.48
61	N11282	바지락(모시조개),생것,자연산	70	47.60	57.61	8.05	0.56	1.96	0.00	1.82
62	N11300	백합(대합),생것	70	51.80	55.93	8.19	0.70	2.52	0.00	2.66
63	N11305	밴댕이,젓	50	57.50	28.30	8.20	2.45	0.00	0.00	11.05
64	N11308	뱅어,포	15	54.30	2.54	9.06	1.65	0.18	0.00	1.58
65	N11315	병어	45	54.90	34.16	8.01	2.25	0.00	0.00	0.58
66	N11325	복어,생것,검복	50	44.50	39.35	9.40	0.50	0.05	0.00	0.70
67	N11336	볼락,생것,볼락	45	46.35	35.06	8.01	1.30	0.04	0.00	0.58
68	N11339	볼락,생것,조피볼락(우럭)	45	46.35	34.65	8.78	0.99	0.00	0.00	0.58
69	N11357	붕어,생것	50	47.00	39.45	9.05	0.90	0.05	0.00	0.55
70	N11368	살조개	55	48.95	43.12	7.81	0.83	1.98	0.00	1.27
71	N11371	삼치,생것	40	54.80	29.44	7.56	2.44	0.00	0.00	0.56
72	N11400	새우,대하,생것	50	41.00	40.00	9.05	0.30	0.05	0.00	0.60
73	N11402	새우,민물새우,토하젓	40	51.20	24.24	2.60	0.84	8.40	0.48	3.68
74	N11407	새우,새우젓(육젓)	110	47.30	74.36	7.70	0.99	1.21	0.00	25.30
75	N11409	새우,시바새우(중하),생것	45	42.30	34.74	9.04	0.41	0.04	0.00	0.77
76	N11410	새우,시바새우(중하),자건품	15	45.00	2.60	8.16	0.93	0.44	0.00	2.88
77	N11414	새우,젓새우,말린것	20	59.60	5.56	9.14	2.00	0.54	0.00	2.76
78	N11415	새우,젓새우,생것	85	52.70	55.16	8.16	1.02	2.21	0.00	18.45
79	N11416	새우,젓새우,젓(백하젓)	80	44.00	48.56	8.32	0.72	0.56	0.00	21.84
80	N11433	소라,생것	45	42.75	34.52	8.10	0.41	1.13	0.00	0.85

순번	식품	칼슘 Ca (mg)	인 P (mg)	철 Fe (mg)	나트륨 Na (mg)	칼륨 K (mg)	Vitamin A (RE)	레티놀 Retinol (μg)	카로틴 Carotene (μg)	비타민 B_1 Vitamin B_1 (mg)	비타민 B_2 Vitamin B_2 (mg)	나이아신 Niacin (mg)	비타민 C Vitamin C (mg)
41	N11168	35.20	108.35	0.33	65.45	231.00	12.65	12.65	0.00	0.07	0.09	1.32	0.55
42	N11183	14.40	115.20	0.36	40.50	189.00	8.10	8.10	0.00	0.05	0.08	1.26	0.45
43	N11208	29.70	115.20	0.41	33.75	171.00	4.05	4.05	0.00	0.12	0.07	2.16	0.45
44	N11227	72.00	338.40	13.20	204.00	150.00	13.20	0.00	79.20	0.11	0.59	1.80	0.00
45	N11232	17.05	42.35	0.55	287.65	29.70	1.10	0.00	4.95	0.01	0.02	0.22	0.00
46	N11234	13.00	95.00	0.40	23.00	160.00	24.00	24.00	0.00	0.10	0.04	1.15	0.50
47	N11235	229.05	189.45	1.30	108.00	166.50	17.10	17.10	0.00	0.02	0.12	3.96	0.45
48	N11236	46.40	38.40	1.92	9136.00	560.00	0.00	0.00	0.00	0.03	0.05	3.84	0.00
49	N11239	258.00	292.20	3.18	173.80	232.00	0.00	0.00	0.00	0.02	0.02	2.32	0.00
50	N11240	285.75	214.35	2.43	131.70	171.00	0.00	0.00	0.00	0.02	0.02	2.00	0.00
51	N11243	28.80	120.00	0.12	126.00	142.80	5.40	5.40	0.00	0.06	0.04	0.66	0.00
52	N11244	36.45	87.30	0.41	74.40	133.95	0.00	0.00	0.00	0.02	0.03	1.25	0.00
53	N11245	64.80	223.95	0.53	93.75	184.50	0.00	0.00	0.00	0.03	0.05	1.32	0.00
54	N11246	59.95	111.10	0.83	72.60	161.15	9.35	9.35	0.00	0.02	0.07	1.27	0.00
55	N11249	30.00	59.50	0.49	48.20	87.00	0.00	0.00	0.00	0.01	0.03	0.54	0.00
56	N11257	18.60	112.80	0.60	126.60	180.00	0.00	0.00	0.00	0.02	0.07	1.32	0.00
57	N11258	7.00	85.00	2.00	75.00	190.00	7.50	7.50	0.00	0.05	0.03	1.00	0.00
58	N11265	368.00	218.50	4.00	42.50	145.00	94.50	94.50	0.00	0.05	0.33	3.95	1.00
59	N11266	99.00	116.60	7.37	313.50	132.00	0.00	0.00	0.00	0.03	0.14	2.20	4.40
60	N11270	20.80	55.60	0.44	42.80	116.00	3.60	3.60	0.00	0.02	0.12	1.48	0.40
61	N11282	51.10	119.00	9.31	0.00	0.00	9.10	7.00	14.00	0.03	0.08	1.96	1.40
62	N11300	112.70	93.10	8.33	0.00	0.00	0.00	0.00	0.00	0.02	0.15	2.38	2.10
63	N11305	445.50	218.50	3.65	0.00	0.00	0.00	0.00	0.00	0.05	0.07	1.30	0.00
64	N11308	147.30	133.50	0.45	102.00	174.60	0.00	0.00	0.00	0.03	0.01	0.60	0.00
65	N11315	14.85	85.05	0.58	71.10	162.00	28.35	28.35	0.00	0.14	0.04	1.44	0.45
66	N11325	28.50	100.00	0.50	76.00	170.00	0.00	0.00	0.00	0.03	0.07	2.05	0.00
67	N11336	47.70	96.75	0.32	33.75	157.50	4.05	4.05	0.00	0.02	0.06	0.81	0.45
68	N11339	18.90	99.00	0.68	0.00	0.00	3.60	3.60	0.00	0.04	0.08	1.17	0.45
69	N11357	28.00	96.50	1.20	15.00	170.00	3.50	3.50	0.00	0.16	0.07	1.30	0.50
70	N11368	79.75	108.35	7.92	0.00	0.00	5.50	4.40	5.50	0.02	0.12	2.04	1.65
71	N11371	9.60	85.60	0.32	22.80	164.00	3.60	3.60	0.00	0.03	0.12	3.56	0.40
72	N11400	37.00	105.00	0.70	60.00	170.00	0.00	0.00	0.00	0.01	0.03	0.95	0.50
73	N11402	117.20	54.80	0.44	1169.20	133.60	54.80	0.00	329.20	0.06	0.03	0.72	1.60
74	N11407	363.00	122.10	1.76	7155.50	496.10	57.20	57.20	0.00	0.02	0.03	0.88	0.00
75	N11409	34.65	117.00	1.17	121.50	108.00	0.00	0.00	0.00	0.00	0.04	1.08	0.45
76	N11410	415.05	147.30	1.81	0.00	0.00	0.00	0.00	0.00	0.02	0.02	1.20	0.00
77	N11414	360.00	220.00	2.80	600.00	200.00	1.20	1.20	0.00	0.02	0.03	1.00	0.00
78	N11415	590.75	183.60	0.59	306.00	272.00	2.55	2.55	0.00	0.08	0.10	2.55	1.70
79	N11416	696.80	183.20	4.96	4960.00	168.00	0.00	0.00	0.00	0.06	0.07	0.96	0.00
80	N11433	17.55	59.85	1.40	206.55	126.00	13.50	0.00	81.00	0.02	0.10	0.77	0.45

순번	식품	식품명	e-식품 교환량 (g)	에너지 Energy (Kcal)	수분 Water (%)	단백질 Protein (g)	지질 Fat (g)	탄수화물 Cho (g)	섬유소 Fiber (g)	회분 Ash (g)
81	N11441	수산가공품,아가미젓	60	48.00	45.18	8.46	1.14	0.42	0.00	4.80
82	N11444	수산가공품,어묵,게맛살	45	50.40	31.77	4.86	0.36	6.84	0.00	1.17
83	N11446	수산가공품,어묵,찜	50	49.00	37.15	5.10	0.35	6.20	0.00	1.10
84	N11447	수산가공품,어묵,튀김	35	49.00	22.96	4.13	0.81	6.20	0.00	0.91
85	N11460	쏘가리,생것	45	49.95	34.92	7.74	1.85	0.00	0.00	0.50
86	N11465	아귀,생것	65	44.20	54.34	9.36	0.39	0.20	0.00	0.71
87	N11472	양미리,말린것	25	52.25	14.18	7.48	2.13	0.30	0.00	0.93
88	N11478	연어,생것	40	42.40	30.32	8.24	0.76	0.08	0.00	0.60
89	N11492	오징어,말린것	15	52.80	2.93	10.17	1.03	0.03	0.00	0.84
90	N11494	오징어,생것	50	47.50	38.75	9.75	0.65	0.00	0.00	0.85
91	N11497	오징어,젓,오징어젓	60	46.20	38.34	8.58	0.54	1.20	0.00	11.34
92	N11498	오징어,젓,오징어젓,양념	40	48.80	25.92	4.92	0.92	5.08	0.24	2.92
93	N11500	오징어,조미포	15	44.25	3.92	9.53	0.41	0.06	0.00	1.10
94	N11502	오징어,훈제조미품	25	53.00	11.43	8.60	0.50	3.10	0.00	1.38
95	N11509	우렁쉥이(멍게),양식산	65	50.05	53.76	5.66	1.37	3.19	0.00	1.04
96	N11533	장어,먹장어(꼼장어)	45	56.25	34.11	7.47	2.61	0.09	0.00	0.72
97	N11545	적어,생것	55	47.85	44.44	8.63	1.16	0.11	0.00	0.66
98	N11558	전복,생것,까막전복	55	46.75	43.12	7.87	0.39	2.48	0.00	1.16
99	N11565	전어,생것	35	44.10	24.92	8.54	0.84	0.07	0.00	0.63
100	N11584	조기(참조기),생것	50	46.50	39.35	9.15	0.85	0.00	0.00	0.65
101	N11585	조기(참조기),염건품(굴비)	20	66.40	6.52	8.88	3.04	0.08	0.00	1.48
102	N11586	조기(참조기),젓	55	44.55	33.72	8.75	0.33	1.10	0.00	11.11
103	N11595	쥐치,포,말린것	15	49.80	2.25	6.27	0.35	5.15	0.00	0.99
104	N11630	피조개,생것,양식산	65	53.95	52.78	7.67	1.43	1.95	0.00	1.17
105	N11635	한치(한치오징어)	60	48.60	48.78	8.94	1.08	0.18	0.00	1.02
106	N11638	해삼,생것	220	55.00	201.96	8.14	0.88	2.86	0.00	6.16
107	N11640	해파리,염장품	160	56.00	107.36	7.84	0.80	3.84	0.00	40.16
108	N11643	홍어	50	43.50	38.75	9.80	0.25	0.00	0.00	1.20
109	N11648	홍합,생것	80	55.20	66.24	7.76	0.96	3.20	0.00	1.84
110	N11655	황새치,젓	45	54.45	23.90	7.07	2.16	1.22	0.00	10.67
111	N11658	황태,알(명란),명란젓	40	48.00	26.40	8.20	1.20	1.08	0.00	3.12
112	N11659	황태,알(명란),생것	40	45.20	29.40	8.96	0.60	0.44	0.00	0.60
113	N11660	황태,창란젓	45	52.20	28.94	5.80	1.44	3.69	0.00	5.13
114	N16001	간장,양조간장	70	44.80	49.07	5.18	0.42	5.04	0.00	10.29
115	N16002	간장,왜간장	100	53.00	71.60	7.70	0.30	4.90	0.00	15.50
116	N16003	간장,재래간장	100	53.00	70.40	7.70	0.30	4.90	0.00	16.70
117	N16016	된장,개량,(양조된장)	30	48.30	15.06	3.57	1.41	5.34	0.96	3.66
118	N16028	분말조미료,쇠고기	20	44.60	0.84	2.70	0.76	6.76	0.08	8.86
119	N16058	청국장	25	43.00	13.80	4.83	2.02	1.63	0.65	2.08

순번	식품	칼슘 Ca (mg)	인 P (mg)	철 Fe (mg)	나트륨 Na (mg)	칼륨 K (mg)	Vitamin A (RE)	레티놀 Retinol (μg)	카로틴 Carotene (μg)	비타민 B_1 Vitamin B_1 (mg)	비타민 B_2 VItamin B_2 (mg)	나이아신 Niacin (mg)	비타민 C Vitamin C (mg)
81	N11441	488.40	280.80	1.26	1485.00	107.40	3.60	0.00	0.00	0.05	0.07	3.48	0.00
82	N11444	98.10	89.55	0.36	356.40	48.60	0.00	0.00	0.00	0.01	0.05	0.54	0.00
83	N11446	21.00	40.00	0.45	342.50	51.50	0.00	0.00	0.00	0.01	0.01	0.10	0.00
84	N11447	20.30	30.80	0.32	262.15	43.05	0.00	0.00	0.00	0.00	0.01	0.11	0.00
85	N11460	31.95	90.90	0.95	38.70	133.20	4.50	4.50	0.00	0.04	0.08	1.35	0.45
86	N11465	10.40	118.30	0.71	84.50	195.00	16.90	16.90	0.00	0.02	0.08	2.73	0.00
87	N11472	28.75	85.50	0.38	32.00	82.75	25.75	25.75	0.00	0.06	0.11	1.48	0.25
88	N11478	9.60	97.20	0.44	38.00	132.00	7.20	7.20	0.00	0.08	0.06	3.00	0.40
89	N11492	37.80	123.15	0.42	147.00	112.50	0.00	0.00	0.00	0.02	0.03	1.23	0.00
90	N11494	12.50	136.50	0.25	90.50	130.00	1.00	1.00	0.00	0.03	0.04	1.25	0.00
91	N11497	83.40	93.00	0.90	2344.20	142.20	0.00	0.00	0.00	0.01	0.02	1.38	0.00
92	N11498	12.00	66.00	0.44	949.60	120.40	31.60	0.40	186.80	0.02	0.02	1.24	0.40
93	N11500	5.25	95.55	0.45	139.50	88.50	0.00	0.00	0.00	0.01	0.00	0.20	0.00
94	N11502	7.25	78.00	1.08	307.00	41.00	0.00	0.00	0.00	0.02	0.03	1.95	0.00
95	N11509	23.40	66.95	4.49	845.00	370.50	0.00	0.00	0.00	0.02	0.10	0.52	1.95
96	N11533	18.00	55.80	0.81	66.60	102.60	243.00	243.00	0.00	0.04	0.07	1.89	0.90
97	N11545	16.50	99.55	0.17	61.05	62.70	0.00	0.00	0.00	0.01	0.03	1.43	0.00
98	N11558	28.60	64.90	1.10	0.00	0.00	0.00	0.00	0.00	0.14	0.12	1.87	1.10
99	N11565	73.50	110.95	0.49	56.00	129.50	0.00	0.00	0.00	0.01	0.10	2.14	0.00
100	N11584	18.00	87.50	0.45	77.50	190.00	4.00	4.00	0.00	0.03	0.11	2.20	0.50
101	N11585	13.60	112.00	2.88	82.40	64.00	0.00	0.00	0.00	0.04	0.04	2.64	0.00
102	N11586	39.05	40.15	4.62	6767.75	158.95	16.50	16.50	0.00	0.07	0.24	3.69	0.00
103	N11595	18.90	35.25	0.70	225.60	75.45	0.00	0.00	0.00	0.01	0.01	0.35	0.00
104	N11630	39.00	72.15	4.81	189.80	175.50	31.20	22.75	48.75	0.10	0.16	1.50	1.95
105	N11635	7.20	160.20	0.24	154.80	67.80	1.80	1.80	0.00	0.03	0.01	1.20	0.00
106	N11638	261.80	59.40	4.62	2860.00	154.00	0.00	0.00	0.00	0.02	0.07	2.64	0.00
107	N11640	120.00	64.00	8.80	9600.00	64.00	0.00	0.00	0.00	0.00	0.00	0.00	0.00
108	N11643	152.50	125.00	0.60	111.00	120.00	0.00	0.00	0.00	0.04	0.07	1.20	0.00
109	N11648	49.60	78.40	4.56	209.60	224.00	24.80	24.00	6.40	0.02	0.26	2.00	3.20
110	N11655	207.90	233.55	0.99	3457.35	210.15	0.00	0.00	0.00	0.01	0.04	0.58	0.00
111	N11658	11.20	99.60	0.48	1412.40	164.00	26.40	26.40	0.00	0.19	0.21	3.56	0.00
112	N11659	9.60	151.20	0.60	66.00	95.60	28.40	28.40	0.00	0.40	0.22	0.44	0.00
113	N11660	44.55	49.05	0.63	1527.30	153.00	2.70	2.70	0.00	0.06	0.09	1.49	0.00
114	N16001	21.00	102.20	1.26	3570.70	429.80	0.00	0.00	0.00	0.02	0.06	0.77	0.00
115	N16002	39.00	155.00	2.10	5858.00	400.00	0.00	0.00	0.00	0.03	0.08	1.20	0.00
116	N16003	38.00	155.00	0.90	7157.00	390.00	0.00	0.00	0.00	0.02	0.08	1.20	0.00
117	N16016	15.90	54.30	0.39	1206.00	120.90	0.00	0.00	0.00	0.01	0.03	0.48	0.00
118	N16028	3.20	17.20	0.38	5247.40	48.20	3.20	3.20	0.00	0.13	0.04	1.02	0.00
119	N16058	26.50	70.75	1.00	1503.00	198.00	0.00	0.00	0.00	0.01	0.05	0.30	0.00

2-2. 어육류(중)군 1교환단위의 e-식품교환량의 영양소

순번	식품	식품명	e-식품 교환량 (g)	에너지 Energy (Kcal)	수분 Water (%)	단백질 Protein (g)	지질 Fat (g)	탄수화물 Cho (g)	섬유소 Fiber (g)	회분 Ash (g)
1	N04011	대두,검정콩,말린것,흑태	20	76.40	2.20	7.04	3.64	5.28	0.94	0.90
2	N04020	두부,두부	85	71.40	70.38	7.91	4.76	1.02	0.17	0.77
3	N04022	두부,순두부	160	75.20	144.64	7.52	5.12	1.60	0.16	0.96
4	N04023	두부,연두부	160	65.60	145.60	8.32	3.84	1.12	0.16	0.96
5	N04039	콩가루,볶은것	20	83.20	0.92	7.40	4.18	5.92	0.54	1.04
6	N09025	닭고기,고기(성계)	40	72.00	27.76	7.60	4.24	0.04	0.00	0.36
7	N09062	닭고기,구이통닭	30	72.90	16.65	8.34	3.78	0.84	0.00	0.39
8	N09070	돼지고기,고기,갈비,날것	40	83.20	26.32	7.40	5.56	0.32	0.00	0.40
9	N09121	돼지고기,부산물,족발,날것	35	83.65	21.11	7.88	5.88	0.00	0.00	0.14
10	N09198	쇠고기,고기,한우,등심	40	76.80	26.96	8.04	4.52	0.08	0.00	0.40
11	N09207	쇠고기,사태,익힌것	25	65.75	13.28	7.67	3.68	0.00	0.00	0.53
12	N09229	오리고기,집오리,살코기,날것	50	75.50	36.60	8.85	4.05	0.00	0.00	0.50
13	N10011	달걀,전란,생것	55	86.90	41.20	6.90	5.90	0.50	0.00	0.60
14	N11082	고등어,생것	40	73.20	27.24	8.08	4.16	0.00	0.00	0.52
15	N11116	꽁치,생것	45	74.25	31.73	8.78	3.92	0.04	0.00	0.54
16	N11241	멸치,젓	50	83.50	27.20	7.05	5.60	0.30	0.00	9.85
17	N11481	연어,알,생것	30	71.40	15.90	7.50	4.50	0.24	0.00	0.06
18	N11526	임연수어,생것	45	74.70	31.64	8.87	3.96	0.00	0.00	0.54
19	N11566	전어,젓	55	71.50	34.54	8.42	3.69	0.28	0.00	8.09
20	N11604	청어,생것	45	73.35	31.77	8.69	3.83	0.14	0.00	0.58
21	N16047	쌈장,(혼합장)	40	77.60	18.24	4.04	1.84	11.20	0.64	4.04

순번	식품	칼슘 Ca (mg)	인 P (mg)	철 Fe (mg)	나트륨 Na (mg)	칼륨 K (mg)	Vitamin A (RE)	레티놀 Retinol (μg)	카로틴 Carotene (μg)	비타민B_1 Vitamin B_1 (mg)	비타민B_2 VItamin B_2 (mg)	나이아신 Niacin (mg)	비타민C Vitamin C (mg)
1	N04011	44.00	115.20	1.54	0.40	33.60	0.00	0.00	0.00	0.07	0.05	0.46	0.00
2	N04020	107.10	119.00	1.28	4.25	76.50	0.00	0.00	0.00	0.03	0.02	0.17	0.00
3	N04022	76.80	107.20	1.28	9.60	152.00	0.00	0.00	0.00	0.03	0.03	0.32	0.00
4	N04023	99.20	118.40	2.24	8.00	152.00	0.00	0.00	0.00	0.03	0.05	0.48	0.00
5	N04039	33.80	115.20	2.08	0.80	367.20	0.00	0.00	0.00	0.03	0.12	0.28	0.00
6	N09025	4.00	68.00	0.36	26.40	23.60	20.00	20.00	0.00	0.08	0.08	1.08	0.00
7	N09062	4.50	69.90	0.33	56.70	58.80	7.20	7.20	0.00	0.03	0.06	2.19	0.00
8	N09070	4.80	78.40	0.16	24.40	84.00	2.40	2.40	0.00	0.30	0.06	2.44	0.80
9	N09121	4.20	11.20	0.49	38.50	17.50	2.10	2.10	0.00	0.02	0.04	0.25	0.00
10	N09198	8.80	68.80	1.84	176.80	166.00	2.80	2.80	0.00	0.03	0.08	2.16	0.00
11	N09207	7.50	59.75	0.88	15.25	101.00	0.00	0.00	0.00	0.03	0.05	1.33	0.00
12	N09229	6.00	79.00	1.10	40.00	26.00	21.00	21.00	0.00	0.11	0.10	2.85	0.00
18	N10011	21.40	132.00	1.10	71.50	66.00	87.45	82.50	9.90	0.03	0.23	0.10	0.00
13	N11082	10.40	92.80	0.64	30.00	124.00	9.20	9.20	0.00	0.07	0.18	3.28	0.40
14	N11116	24.30	105.30	0.81	36.00	67.50	9.45	9.45	0.00	0.01	0.13	2.88	0.45
15	N11241	296.00	174.00	2.75	5913.00	120.50	30.00	30.00	0.00	0.01	0.12	3.15	0.00
16	N11481	26.70	234.90	3.60	0.00	0.00	45.00	45.00	0.00	0.18	0.02	0.00	4.20
17	N11526	15.75	103.95	0.41	49.50	171.00	10.35	10.35	0.00	0.05	0.04	1.67	0.00
18	N11566	256.30	177.10	4.40	0.00	0.00	0.00	0.00	0.00	0.01	0.10	2.25	0.00
19	N11604	39.15	101.25	1.03	53.10	130.50	31.05	31.05	0.00	0.01	0.11	2.84	0.45
20	N16047	27.20	68.40	0.84	1315.20	224.00	22.00	0.00	131.60	0.07	0.04	0.68	0.00

2-3. 어육류(고)군 1교환단위의 e-식품교환량의 영양소

순번	식품	식품명	e-식품 교환량 (g)	에너지 Energy (Kcal)	수분 Water (%)	단백질 Protein (g)	지질 Fat (g)	탄수화물 Cho (g)	섬유소 Fiber (g)	회분 Ash (g)
1	N04024	두부,튀긴두부(유부)	25	86.50	10.73	5.10	7.75	0.95	0.03	0.45
2	N09001	개고기	40	104.80	24.04	7.60	8.08	0.04	0.00	0.32
3	N09076	돼지고기,고기,등심,날것	45	117.90	27.68	7.83	8.96	0.09	0.00	0.45
4	N09082	돼지고기,고기,삼겹살	30	99.30	15.99	5.16	8.52	0.09	0.00	0.24
5	N09093	돼지고기,돼지고기가공품,베이컨,날것	30	92.40	16.02	5.13	7.65	0.42	0.00	0.78
6	N09097	돼지고기,돼지고기가공품,위너소시지	35	105.00	18.69	4.76	8.54	2.00	0.00	1.02
7	N09104	돼지고기,돼지고기가공품,통조림,런천미트	30	104.10	15.45	3.75	9.09	0.63	0.00	1.08
8	N09115	돼지고기,부산물,머리고기	40	108.80	22.96	8.24	8.12	0.08	0.00	0.60
9	N09116	돼지고기,부산물,소장(곱창),삶은것	55	94.05	40.54	7.70	6.54	0.00	0.00	0.22
10	N09128	멧돼지고기,날것	45	120.60	27.05	8.46	8.91	0.23	0.00	0.36
11	N09137	소,부산물,꼬리	45	110.70	28.22	7.83	8.55	0.00	0.00	0.41
12	N09138	소,부산물,대장	70	113.40	54.04	6.51	9.10	0.00	0.00	0.35
13	N09139	소,부산물,소장(곱창)	80	112.80	63.36	7.20	9.04	0.08	0.00	0.32
14	N09181	쇠고기,갈비,날것	45	118.35	27.36	8.32	8.78	0.14	0.00	0.41
15	N09183	쇠고기,고기,수입우,갈비,날것	45	118.35	27.36	8.32	8.78	0.14	0.00	0.41
16	N09184	쇠고기,고기,수입우,등심	45	100.80	29.48	7.88	7.16	0.09	0.00	0.41
17	N09227	오리고기,집오리,고기,날것	30	95.40	16.59	4.80	8.28	0.03	0.00	0.30
18	N11050	갈치,젓	60	110.40	43.08	6.24	8.94	0.00	0.00	1.74
19	N11154	다랑어,참다랑어,유지통조림	40	118.80	22.88	7.24	9.36	0.00	0.00	0.52
20	N11536	장어,뱀장어(장치),생것	55	122.65	36.91	7.92	9.40	0.17	0.00	0.60
21	N13037	유제품,치즈,가공치즈	35	109.20	16.66	6.41	8.47	1.93	0.00	1.54

순번	식품	칼슘 Ca (mg)	인 P (mg)	철 Fe (mg)	나트륨 Na (mg)	칼륨 K (mg)	Vitamin A (RE)	레티놀 Retinol (μg)	카로틴 Carotene (μg)	비타민B_1 Vitamin B_1 (mg)	비타민B_2 VItamin B_2 (mg)	나이아신 Niacin (mg)	비타민 C Vitamin C (mg)
1	N04024	73.75	68.75	1.15	4.25	38.25	0.00	0.00	0.00	0.01	0.01	0.07	0.00
2	N09001	3.60	67.20	1.12	28.80	108.00	4.80	4.80	0.00	0.05	0.07	0.76	1.20
3	N09076	2.70	68.40	0.36	15.30	130.95	2.25	2.25	0.00	0.27	0.07	3.33	0.00
4	N09082	2.40	39.60	0.21	13.20	60.60	1.80	1.80	0.00	0.20	0.09	1.32	0.30
5	N09093	2.10	58.20	0.24	211.80	68.10	2.40	2.40	0.00	0.15	0.03	1.41	8.10
6	N09097	4.55	65.10	0.42	293.30	67.90	0.00	0.00	0.00	0.09	0.04	1.26	2.10
7	N09104	1.80	24.60	0.21	386.70	64.50	0.00	0.00	0.00	0.11	0.06	0.93	0.30
8	N09115	5.60	28.80	0.16	179.20	34.40	0.00	0.00	0.00	0.04	0.04	0.60	0.00
9	N09116	11.55	71.50	0.77	7.15	7.70	8.25	8.25	0.00	0.01	0.02	0.06	0.00
10	N09128	1.80	76.50	1.13	20.25	121.50	1.80	1.80	0.00	0.11	0.13	2.34	0.45
11	N09137	9.90	74.25	0.68	18.90	85.05	2.70	2.70	0.00	0.03	0.05	1.89	0.00
12	N09138	6.30	53.90	0.56	42.70	84.00	1.40	1.40	0.00	0.03	0.10	1.47	4.20
13	N09139	9.60	77.60	1.68	36.00	78.40	12.00	12.00	0.00	0.04	0.09	1.12	0.00
14	N09181	1.35	72.00	0.54	18.45	139.50	4.50	4.50	1.35	0.03	0.07	2.07	0.45
15	N09183	1.35	72.00	0.54	18.45	139.50	4.50	4.50	1.35	0.03	0.07	2.07	0.45
16	N09184	6.75	71.55	0.72	19.80	149.85	2.70	2.70	0.00	0.03	0.10	1.94	0.00
17	N09227	4.50	54.00	0.51	25.50	69.90	1.80	1.80	0.00	0.06	0.09	1.17	0.60
19	N11050	6.00	171.60	7.56	0.00	0.00	0.00	0.00	0.00	0.00	0.00	0.00	0.00
20	N11154	2.80	57.60	0.56	174.00	133.20	0.00	0.00	0.00	0.05	0.04	0.64	0.00
21	N11536	86.35	106.15	0.88	35.75	137.50	577.50	577.50	0.00	0.36	0.26	2.48	0.55
22	N13037	176.05	295.40	0.11	396.90	28.70	83.30	69.65	82.25	0.02	0.11	0.04	0.00

3. 채소군 1교환단위의 e-식품교환량의 영양소

순번	식품	식품명	e-식품 교환량 (g)	에너지 Energy (Kcal)	수분 Water (%)	단백질 Protein (g)	지질 Fat (g)	탄수화물 Cho (g)	섬유소 Fiber (g)	회분 Ash (g)
1	N06006	가지,생것	95	18.05	88.64	0.85	0.10	4.28	0.76	0.38
2	N06008	갓,생것	65	21.45	58.05	2.02	0.13	3.06	0.71	1.04
3	N06010	강남조나물(산채),말린것	9	16.92	0.94	2.32	0.04	3.06	0.88	1.76
4	N06014	고구마줄기,말린것	7	17.08	0.63	0.41	0.08	4.30	0.94	0.63
5	N06016	고구마줄기,생것	70	16.10	63.77	0.42	0.28	3.64	1.05	0.84
6	N06022	고비,생것,생것,(재배)	75	17.25	68.10	1.58	0.07	3.52	1.13	0.60
7	N06024	고사리,삶은것	65	13.65	59.67	2.08	0.20	1.95	0.91	0.20
8	N06025	고사리,생것	85	16.15	77.78	2.13	0.09	2.98	1.36	0.68
9	N06027	고추,고추장아찌	30	16.20	23.13	0.99	0.33	3.12	1.29	1.14
10	N06029	고추,붉은고추,말린것	9	19.89	1.40	0.99	0.99	2.57	1.98	0.71
11	N06030	고추,붉은고추,생것	50	19.50	42.30	1.30	0.85	2.65	2.50	0.40
12	N06031	고추,풋고추,개량종	85	16.15	77.61	1.36	0.26	3.06	2.21	0.51
13	N06032	고추,풋고추,재래종	130	15.60	108.16	3.12	0.65	0.52	16.51	1.0
14	N06037	고춧잎,생것	35	17.50	28.63	1.54	0.49	2.73	0.53	1.09
15	N06051	근대,생것	80	12.80	74.24	1.84	0.24	1.84	0.64	1.20
16	N06052	김치,갓김치	40	16.40	33.28	1.56	0.36	2.72	0.68	1.40
17	N06054	김치,깍두기	65	21.45	57.46	1.04	0.20	4.36	0.46	1.50
18	N06055	김치,나박김치	200	18.00	190.20	1.60	0.20	3.40	1.60	3.00
19	N06056	김치,동치미	140	15.40	131.88	0.98	0.14	3.50	0.70	2.80
20	N06057	김치,무청김치	75	17.25	64.42	2.02	0.53	1.80	0.00	0.38
21	N06058	김치,배추김치	100	18.00	90.80	2.00	0.50	2.60	1.30	2.80
22	N06060	김치,열무김치	75	17.25	67.20	1.80	0.38	2.70	0.83	2.10
23	N06063	김치,총각김치	40	16.80	34.56	1.00	0.24	3.12	0.28	0.80
24	N06064	김치,파김치	30	15.60	24.21	1.02	0.24	3.09	0.45	0.99
25	N06067	깻잎,생것	10	3.50	8.62	4.00	0.04	0.62	0.17	0.15
26	N06081	달래	60	16.20	53.76	1.98	0.24	2.58	0.78	0.66
27	N06085	당근,삶은것	60	19.20	53.82	0.78	0.06	4.32	0.42	0.60
28	N06086	당근,생것	55	18.70	49.23	0.60	0.06	4.29	0.44	0.39
29	N06088	더덕,생것	30	16.50	24.87	1.14	0.09	3.24	0.45	0.21
30	N06091	도라지,생것	20	16.60	15.12	0.34	0.08	3.92	0.36	0.18
31	N06096	두릅,생것	75	15.75	68.33	2.77	0.30	1.73	1.05	0.83
32	N06112	마늘,구근,생것,국내산	15	18.90	9.38	1.10	0.03	4.08	0.20	0.23
33	N06114	마늘장아찌	30	15.90	23.49	1.14	0.06	3.21	0.24	1.86
34	N06115	마늘쫑	35	17.85	28.98	0.91	0.14	4.03	0.70	0.25
35	N06116	마늘쫑장아찌	15	16.95	9.21	0.30	0.14	4.23	0.33	0.80
36	N06122	머위,생것	45	12.15	40.01	1.58	0.18	1.94	0.54	0.77
37	N06128	무,단무지	140	16.80	129.22	0.70	0.14	4.06	1.12	4.76
38	N06130	무,무말랭이	7	18.69	1.10	0.78	0.15	3.97	0.55	0.45
39	N06132	무,무시래기,삶은것	55	17.60	47.63	1.60	0.39	2.97	1.65	0.77
40	N06133	무,무장아찌	20	17.40	13.18	0.42	0.06	4.10	0.18	2.06

순번	식품	칼슘 Ca (mg)	인 P (mg)	철 Fe (mg)	나트륨 Na (mg)	칼륨 K (mg)	Vitamin A (RE)	레티놀 Retinol (μg)	카로틴 Carotene (μg)	비타민B_1 Vitamin B_1 (mg)	비타민B_2 Vitamin B_2 (mg)	나이아신 Niacin (mg)	비타민C Vitamin C (mg)
1	N06006	15.20	31.35	0.29	2.85	199.50	4.75	0.00	30.40	0.04	0.03	0.38	8.55
2	N06008	30.55	33.80	1.63	14.95	383.50	209.30	0.00	1257.10	0.11	0.10	0.20	89.05
3	N06010	46.62	23.04	0.24	0.00	0.00	2.88	0.00	17.46	0.01	0.00	0.00	0.36
4	N06014	94.85	12.11	2.60	2.24	197.68	0.00	0.00	0.00	0.01	0.02	0.20	1.75
5	N06016	37.80	11.90	1.61	8.40	133.00	7.00	0.00	42.70	0.03	0.11	0.63	10.50
6	N06022	10.50	123.00	2.77	4.50	288.75	107.25	0.00	644.25	0.02	0.08	0.30	24.75
7	N06024	9.75	26.00	0.91	3.25	120.25	4.55	0.00	26.65	0.00	0.01	0.00	0.00
8	N06025	6.80	28.90	2.13	3.40	375.70	34.85	0.00	206.55	0.01	0.12	0.51	15.30
9	N06027	10.50	24.00	0.69	576.60	69.30	96.60	0.00	0.00	0.02	0.04	1.59	0.00
10	N06029	5.22	20.70	0.61	5.04	263.70	416.07	0.00	2496.15	0.03	0.10	1.13	2.34
11	N06030	8.00	28.00	0.45	6.00	142.00	539.00	0.00	3233.00	0.07	0.11	1.05	58.00
12	N06031	11.05	32.30	0.42	8.50	209.10	44.20	0.00	265.20	0.09	0.04	0.94	61.20
13	N06032	19.50	74.10	1.43	13.00	306.80	1755.00	0.00	10530.00	0.26	0.44	1.56	119.60
14	N06037	73.85	19.25	1.16	1.40	281.75	267.40	0.00	1603.35	0.06	0.11	0.81	28.35
15	N06051	65.60	36.00	1.68	128.00	296.00	381.60	0.00	2145.60	0.05	0.11	0.48	14.40
16	N06052	47.20	25.60	0.52	364.40	144.40	156.00	0.00	936.80	0.06	0.06	0.52	19.20
17	N06054	24.05	26.00	0.26	387.40	260.00	24.70	0.00	146.90	0.09	0.03	0.33	12.35
18	N06055	72.00	14.00	0.20	2512.00	132.00	154.00	0.00	920.00	0.06	0.12	1.00	20.00
19	N06056	25.20	23.80	0.28	852.60	168.00	21.00	0.00	123.20	0.03	0.03	0.28	12.60
20	N06057	2.25	0.00	0.00	0.00	0.00	127.50	0.00	765.75	0.03	0.05	2.48	14.25
21	N06058	47.00	58.00	0.80	1146.00	300.00	48.00	0.00	290.00	0.06	0.06	0.80	14.00
22	N06060	61.50	32.25	1.35	638.25	243.00	381.00	0.00	1687.50	0.03	0.06	0.45	18.75
23	N06063	16.80	8.40	0.16	1383.60	139.60	50.80	0.00	304.80	0.02	0.03	0.20	8.00
24	N06064	21.00	16.50	0.27	262.80	100.80	105.60	0.00	632.70	0.04	0.04	0.27	5.70
25	N06067	21.10	7.20	0.22	0.10	38.90	152.40	0.00	914.50	0.01	0.04	0.09	1.20
26	N06081	74.40	39.60	1.08	3.00	227.40	182.40	0.00	1093.80	0.05	0.08	0.60	19.80
27	N06085	24.00	22.20	0.42	15.00	180.00	672.00	0.00	4032.00	0.03	0.03	0.48	4.20
28	N06086	22.00	20.90	0.39	16.50	217.25	698.50	0.00	4191.00	0.03	0.03	0.44	4.40
29	N06088	7.20	30.60	0.60	2.10	60.90	0.00	0.00	0.00	0.04	0.06	0.15	1.80
30	N06091	7.80	6.80	0.44	2.00	92.00	0.00	0.00	0.00	0.02	0.03	0.08	2.40
31	N06096	11.25	77.25	1.80	3.75	334.50	50.25	0.00	302.25	0.09	0.19	1.50	11.25
32	N06112	0.75	25.95	0.21	1.20	109.50	0.00	0.00	0.00	0.03	0.01	0.07	4.65
33	N06114	9.60	33.00	0.24	680.70	96.90	0.00	0.00	0.00	0.03	0.01	0.09	0.00
34	N06115	8.40	22.40	0.32	3.50	95.55	16.45	0.00	98.35	0.09	0.08	0.18	19.60
35	N06116	3.60	5.40	0.14	271.35	28.95	22.35	0.00	133.65	0.02	0.01	0.12	0.60
36	N06122	39.60	30.60	1.17	8.10	247.50	339.30	0.00	2034.90	0.01	0.08	0.68	12.60
37	N06128	33.60	25.20	0.56	1566.60	203.00	0.00	0.00	0.00	0.01	0.01	0.28	9.80
38	N06130	21.70	22.75	0.56	8.40	154.00	0.00	0.00	0.00	0.02	0.01	0.22	5.32
39	N06132	184.25	34.10	7.98	13.20	15.40	46.20	0.00	277.75	0.02	0.03	0.11	0.00
40	N06133	9.40	4.80	0.12	339.80	62.60	1.60	0.00	10.00	0.00	0.00	0.10	0.80

순번	식품	식품명	e-식품 교환량 (g)	에너지 Energy (Kcal)	수분 Water (%)	단백질 Protein (g)	지질 Fat (g)	탄수화물 Cho (g)	섬유소 Fiber (g)	회분 Ash (g)
41	N06139	무,조선무,뿌리	110	19.80	103.73	0.88	0.11	4.18	0.66	0.44
42	N06140	무,조선무,잎(무청)	85	16.15	78.03	1.70	0.17	2.98	0.85	1.28
43	N06145	미나리,생것	100	16.00	93.00	1.50	0.10	3.30	1.00	1.10
44	N06158	배추,생것	130	16.90	122.59	1.69	0.26	3.12	0.91	0.78
45	N06167	부추,재래종,생것	70	14.70	63.98	2.03	0.35	1.96	0.77	0.91
46	N06170	붉은양배추	85	15.30	79.22	1.02	0.09	3.48	0.68	0.51
47	N06175	비름,생것	60	18.00	53.40	1.98	0.48	2.58	0.48	1.08
48	N06181	상추,개량종	85	15.30	79.05	1.02	0.26	2.98	0.68	1.02
49	N06182	상추,재래종	100	18.00	92.90	1.40	0.20	3.50	0.70	1.30
50	N06183	생강,국내산	35	18.55	29.16	0.53	0.07	4.30	0.56	0.39
51	N06188	셀러리	160	19.20	151.68	1.12	0.16	4.32	1.44	1.28
52	N06193	숙주나물,삶은것	180	12.60	172.62	3.96	0.36	0.18	2.34	0.54
53	N06194	숙주나물,생것	130	14.30	124.41	2.86	0.13	1.69	0.52	0.39
54	N06201	시금치,삶은것	60	12.00	55.02	2.04	0.06	1.86	0.42	0.60
55	N06202	시금치,생것,노지	50	15.00	44.70	1.55	0.25	2.60	0.40	0.50
56	N06203	시금치,생것,하우스	55	14.85	49.72	1.54	0.22	2.59	0.33	0.60
57	N06214	쑥,생것	25	17.00	17.98	1.33	0.00	3.83	1.18	0.70
58	N06216	쑥갓,생것	55	11.55	50.00	1.93	0.06	1.76	0.77	0.50
59	N06219	씀바귀,생것	45	17.55	38.61	1.30	0.18	3.60	0.54	0.77
60	N06226	아욱,생것	75	15.00	68.70	2.70	0.45	1.28	0.68	1.20
61	N06232	양배추,생것	90	17.10	84.15	0.54	0.09	4.32	0.54	0.36
62	N06237	양파,생것,국내산	50	17.00	45.05	0.50	0.05	4.00	0.20	0.20
63	N06248	연근,생것	25	16.75	20.05	0.53	0.03	3.90	0.20	0.30
64	N06251	열무,생것	85	17.85	77.44	2.38	0.17	3.06	0.59	1.36
65	N06258	오이,생것,개량종	150	16.50	143.85	1.65	0.45	2.70	0.75	0.90
66	N06259	오이,생것,재래종	200	18.00	192.60	1.60	0.20	3.40	1.20	1.00
67	N06260	오이,오이지	200	16.00	183.40	1.60	0.40	2.60	1.60	10.40
68	N06261	오이,오이피클	15	15.45	10.40	0.06	0.04	4.17	0.09	0.24
69	N06268	우엉,생것	30	19.20	24.09	0.93	0.03	4.26	0.39	0.30
70	N06271	원추리	50	17.50	44.15	1.35	0.15	3.60	0.40	0.35
71	N06287	죽순,삶은것	65	22.75	58.56	2.08	0.20	3.06	0.52	0.58
72	N06288	죽순,생것	110	14.30	102.30	3.63	0.33	0.77	1.76	1.21
73	N06302	체리토마토(방울토마토)	100	16.00	94.60	0.90	0.10	3.30	0.60	0.50
74	N06304	취나물(산채),삶은것	65	13.65	59.34	1.95	0.26	1.95	1.04	0.46
75	N06305	취나물(산채),생것	55	17.05	48.13	1.81	0.22	2.97	0.94	0.94
76	N06313	콩나물,삶은것	50	15.00	45.25	2.25	0.45	1.55	0.30	0.20
77	N06314	콩나물,생것	45	14.85	40.19	2.39	0.54	1.26	0.27	0.36
78	N06315	콩잎	20	15.40	13.98	1.32	0.06	3.28	0.92	0.44
79	N06316	토란대,말린것,삶은것	120	18.00	112.80	0.60	0.12	4.20	1.68	0.60
80	N06317	토란대,말린것,생건	7	15.68	1.02	0.52	0.08	3.86	0.73	0.80
81	N06319	토란대,생것,생것	90	16.20	83.70	0.63	0.00	4.14	0.72	0.81
82	N06321	토마토,생것	120	16.80	114.24	1.08	0.12	3.48	0.48	0.60

순번	식품	칼슘 Ca (mg)	인 P (mg)	철 Fe (mg)	나트륨 Na (mg)	칼륨 K (mg)	Vitamin A (RE)	레티놀 Retinol (μg)	카로틴 Carotene (μg)	비타민B_1 Vitamin B_1 (mg)	비타민B_2 Vitamin B_2 (mg)	나이아신 Niacin (mg)	비타민C Vitamin C (mg)
41	N06139	28.60	25.30	0.77	14.30	234.30	8.80	0.00	50.60	0.03	0.02	0.44	16.50
42	N06140	211.65	29.75	2.55	30.60	232.05	312.80	0.00	1878.50	0.04	0.09	0.51	63.75
43	N06145	24.00	45.00	2.00	18.00	412.00	250.00	0.00	1499.00	0.06	0.12	1.50	10.00
44	N06158	66.30	37.70	0.39	6.50	299.00	11.70	0.00	72.80	0.07	0.08	0.39	59.80
45	N06167	32.90	23.80	1.47	3.50	312.20	361.20	0.00	2165.80	0.08	0.13	0.56	25.90
46	N06170	15.30	34.00	0.17	3.40	190.40	0.85	0.00	5.10	0.08	0.03	0.34	42.50
47	N06175	101.40	34.20	3.42	3.60	314.40	257.40	0.00	1542.60	0.03	0.05	0.36	21.60
48	N06181	47.60	30.60	1.79	4.25	202.30	310.25	0.00	1862.35	0.06	0.07	0.34	16.15
49	N06182	60.00	51.00	1.10	4.00	319.00	269.00	0.00	1612.00	0.06	0.13	0.40	17.00
50	N06183	4.55	9.80	0.28	1.75	120.40	0.00	0.00	0.00	0.01	0.01	0.35	1.75
51	N06188	89.60	56.00	0.32	40.00	496.00	56.00	0.00	336.00	0.03	0.03	0.48	16.00
52	N06193	21.60	70.20	1.62	9.00	288.00	7.20	0.00	45.00	0.09	0.11	0.36	18.00
53	N06194	19.50	41.60	0.78	3.90	159.90	5.20	0.00	31.20	0.05	0.07	0.65	13.00
54	N06201	28.80	28.20	1.32	6.60	183.60	292.20	0.00	1752.00	0.01	0.07	0.18	24.00
55	N06202	20.00	14.50	1.30	27.00	251.00	303.50	0.00	1820.00	0.06	0.17	0.25	30.00
56	N06203	23.65	26.40	1.38	39.60	327.25	262.35	0.00	1573.00	0.07	0.15	0.28	36.30
57	N06214	57.50	16.25	1.08	2.75	275.75	140.75	0.00	843.75	0.03	0.08	0.20	8.25
58	N06216	20.90	25.85	1.10	25.85	143.00	344.30	0.00	2065.25	0.04	0.08	0.17	9.90
59	N06219	33.30	20.25	0.50	16.20	198.00	137.25	0.00	824.40	0.07	0.14	0.72	3.15
60	N06226	70.50	49.50	1.50	26.25	409.50	857.25	0.00	5144.25	0.08	0.14	0.68	36.00
61	N06232	26.10	22.50	0.45	4.50	184.50	0.90	0.00	5.40	0.04	0.03	0.27	32.40
62	N06237	8.00	15.00	0.20	1.00	72.00	0.00	0.00	0.00	0.02	0.01	0.05	4.00
63	N06248	5.50	16.75	0.23	9.00	94.25	0.00	0.00	0.00	0.03	0.00	0.07	14.25
64	N06251	90.10	36.55	0.59	16.15	246.50	39.95	0.00	239.70	0.07	0.12	0.26	37.40
65	N06258	42.00	115.50	0.90	3.00	468.00	15.00	0.00	84.00	0.06	0.03	0.45	13.50
66	N06259	52.00	66.00	0.40	10.00	324.00	60.00	0.00	362.00	0.06	0.06	0.40	20.00
67	N06260	66.00	34.00	0.80	2888.00	206.00	34.00	0.00	208.00	0.06	0.02	0.20	0.00
68	N06261	2.70	0.90	0.04	108.45	4.80	1.35	0.00	7.95	0.00	0.00	0.01	0.00
69	N06268	16.80	21.60	0.27	1.50	111.00	0.00	0.00	0.00	0.01	0.02	0.15	0.90
70	N06271	9.50	34.50	0.30	2.00	173.50	44.50	0.00	267.50	0.04	0.04	0.40	19.50
71	N06287	5.85	53.95	0.58	3.90	555.75	0.65	0.00	1.95	0.05	0.10	0.20	5.20
72	N06288	15.40	84.70	1.21	8.80	569.80	3.30	0.00	18.70	0.18	0.07	0.66	7.70
73	N06302	14.00	41.00	0.40	6.00	183.00	241.00	0.00	1448.00	0.06	0.03	0.90	21.00
74	N06304	31.20	29.90	1.30	4.55	96.85	220.35	0.00	1320.80	0.02	0.03	0.26	0.00
75	N06305	68.20	33.55	1.27	8.80	257.95	326.70	0.00	1960.20	0.02	0.06	0.39	7.70
76	N06313	13.50	32.50	0.30	1.00	34.00	0.00	0.00	0.00	0.03	0.03	0.15	1.50
77	N06314	11.70	36.45	0.36	1.35	82.80	0.00	0.00	0.00	0.06	0.05	0.27	5.85
78	N06315	6.60	24.00	0.32	0.00	0.00	1.20	0.00	7.40	0.02	0.03	0.78	3.20
79	N06316	324.00	22.80	1.56	2.40	288.00	0.00	0.00	0.00	0.00	0.00	0.00	0.00
80	N06317	73.50	15.40	0.57	0.77	257.32	0.35	0.00	1.89	0.01	0.01	0.21	0.00
81	N06319	59.40	41.40	0.09	0.90	342.00	10.80	0.00	66.60	0.01	0.01	0.45	7.20
82	N06321	10.80	22.80	0.36	6.00	213.60	108.00	0.00	650.40	0.05	0.01	0.72	13.20

순번	식품	식품명	e-식품 교환량 (g)	에너지 Energy (Kcal)	수분 Water (%)	단백질 Protein (g)	지질 Fat (g)	탄수화물 Cho (g)	섬유소 Fiber (g)	회분 Ash (g)
83	N06326	파,대파	65	16.90	59.22	0.97	0.20	3.58	0.65	0.39
84	N06327	파,실파	130	16.90	122.59	1.95	0.13	3.12	1.04	1.17
85	N06328	파,쪽파(중파)	75	18.75	67.72	1.50	0.15	3.52	0.75	0.60
86	N06330	파슬리	50	15.50	43.80	1.60	0.25	2.70	0.70	0.95
87	N06338	피망,녹색과	110	18.70	103.40	0.77	0.22	4.07	1.10	0.44
88	N06339	피망,적색과	70	16.80	64.19	0.91	0.21	3.57	0.77	0.35
89	N06342	호박,늙은호박,삶은것	65	16.90	59.34	0.65	0.07	4.16	0.52	0.26
90	N06344	호박,늙은호박,호박고지(오가리)	7	18.20	1.07	0.83	0.10	4.30	0.29	0.41
91	N06349	호박,애호박,생것	65	15.60	59.73	0.91	0.07	3.58	0.26	0.46
92	N06352	호박잎,삶은것	55	15.95	48.51	2.37	0.11	2.53	0.55	0.94
93	N06353	호박잎,생것	55	14.30	48.84	2.75	0.11	1.87	0.66	0.77
94	N07004	느타리버섯,생것	65	16.25	59.34	1.76	0.13	2.99	0.39	0.39
95	N07023	양송이버섯,생것	65	14.95	59.02	2.27	0.07	2.47	0.65	0.52
96	N07033	팽이버섯,생것	65	18.85	58.37	1.76	0.20	3.58	0.58	0.52
97	N07036	표고버섯,말린것(생건)	6	16.32	0.64	1.09	0.19	3.42	0.40	0.27
98	N07037	표고버섯,물갬나무,말린것	7	19.39	0.77	0.99	0.19	4.38	0.46	0.20
99	N12004	김(참김),구운것	5	12.80	0.20	2.17	0.04	2.00	0.09	0.51
100	N12005	김(참김),김밥용김	6	16.20	0.31	2.54	0.28	2.15	0.04	0.68
101	N12007	김(참김),마른것	7	17.64	0.80	2.70	0.12	2.70	0.12	0.56
102	N12018	다시마,말린것	10	18.90	1.23	0.74	0.11	4.11	0.41	3.40
103	N12022	다시마,생것	95	18.05	86.45	1.04	0.19	3.42	0.57	3.33
104	N12033	미역,말린것	8	16.24	1.28	1.60	0.23	2.71	0.19	1.98
105	N12037	미역,생것,자연산	80	20.00	71.04	1.68	0.16	3.52	0.48	3.12
106	N12038	미역,염장미역	30	16.50	18.54	1.80	0.27	2.64	0.15	6.60
107	N12039	미역,염장품	95	19.95	59.28	0.95	0.29	4.18	1.24	29.07
108	N12041	미역,줄기,생것	85	18.70	74.89	1.53	0.17	3.40	0.51	4.50
109	N12056	톳,생것	75	19.50	66.08	1.43	0.30	3.00	0.75	3.45
110	N12058	파래,말린것	7	14.91	1.06	1.67	0.04	2.95	0.32	0.96
111	N12063	파래,생것,납작파래	65	16.90	56.94	2.15	0.46	1.95	0.33	3.19
112	N15001	과일채소음료,당근쥬스,캔	50	20.00	44.45	0.50	0.10	4.15	0.50	0.40
113	N15050	차류,결명자차,열매	7	20.44	0.95	0.74	0.76	3.56	0.66	0.34
114	N15053	차류,녹차,가루차	6	16.92	0.29	1.98	0.35	2.56	0.49	0.34
115	N15057	차류,보리차,침출액	1	0.01	1.00	0.00	0.00	0.00	0.00	0.00
116	N15060	차류,쌍화차	4	14.88	0.29	0.10	0.05	3.51	0.00	0.05
117	N15061	차류,오미자차	6	16.38	0.72	0.98	0.42	2.92	0.73	0.23
118	N15080	차류,현미녹차,차	7	21.35	0.20	0.91	0.24	4.40	0.55	0.22
119	N16004	겨자,분말	5	21.90	0.38	1.55	1.13	1.40	0.29	0.27
120	N16006	계피가루	7	22.54	0.66	0.25	0.25	3.88	1.69	0.27
121	N16008	고추냉이,(와사비)페이스트	7	19.95	2.51	0.21	0.86	2.84	0.15	0.44
122	N16009	고추장,개량식	10	18.80	4.40	0.56	0.08	3.90	0.26	0.80
123	N16011	고춧가루	7	17.99	0.90	1.04	0.70	2.69	1.32	0.35
124	N16071	후추,검은색	7	21.42	1.06	0.79	0.29	3.92	0.72	0.27
125	N18019	인삼,수삼	20	19.60	14.42	0.90	0.06	4.04	0.30	0.28

순번	식품	칼슘 Ca (mg)	인 P (mg)	철 Fe (mg)	나트륨 Na (mg)	칼륨 K (mg)	Vitamin A (RE)	레티놀 Retinol (μg)	카로틴 Carotene (μg)	비타민B_1 Vitamin B_1 (mg)	비타민B_2 VItamin B_2 (mg)	나이아신 Niacin (mg)	비타민C Vitamin C (mg)
83	N06326	52.65	22.75	0.65	0.65	120.90	83.85	0.00	503.75	0.04	0.06	0.39	13.65
84	N06327	97.50	50.70	1.04	2.60	352.30	156.00	0.00	936.00	0.07	0.10	0.52	31.20
85	N06328	72.00	18.00	0.83	1.50	169.50	79.50	0.00	478.50	0.04	0.07	0.38	13.50
86	N06330	103.00	30.00	0.75	17.50	340.00	245.00	0.00	1470.50	0.09	0.12	0.70	69.50
87	N06338	11.00	24.20	0.55	3.30	231.00	70.40	0.00	421.30	0.03	0.08	0.77	58.30
88	N06339	5.60	16.80	0.49	2.10	152.60	272.30	0.00	1635.20	0.04	0.06	0.77	133.70
89	N06342	17.55	21.45	0.52	0.65	202.80	206.70	0.00	1240.20	0.03	0.03	0.91	35.75
90	N06344	15.05	7.91	0.30	1.26	157.78	3.43	0.00	20.72	0.01	0.02	0.30	0.00
91	N06349	8.45	28.60	0.26	0.65	190.45	16.25	0.00	96.85	0.07	0.05	0.39	5.20
92	N06352	70.40	45.65	0.94	1.10	110.00	147.95	0.00	888.80	0.05	0.03	0.33	20.35
93	N06353	99.00	44.00	1.04	1.65	150.15	212.85	0.00	1277.10	0.12	0.10	0.55	27.50
94	N07004	1.95	69.55	0.78	1.30	175.50	0.00	0.00	0.00	0.25	0.21	3.38	1.95
95	N07023	4.55	66.30	0.97	5.20	347.75	0.00	0.00	0.00	0.05	0.34	2.60	0.00
96	N07033	1.30	57.85	0.78	5.85	239.20	0.00	0.00	0.00	0.16	0.22	3.38	7.80
97	N07036	1.14	16.08	0.20	1.50	128.40	0.00	0.00	0.00	0.03	0.09	1.14	0.00
98	N07037	1.12	24.64	0.52	0.00	0.00	0.00	0.00	0.00	0.04	0.07	0.45	0.00
99	N12004	12.85	28.50	0.92	24.55	146.55	101.05	0.00	606.40	0.02	0.28	0.24	5.30
100	N12005	18.00	42.18	0.64	15.48	187.02	145.86	0.00	874.98	0.05	0.22	0.68	9.42
101	N12007	22.75	53.34	1.23	90.58	245.21	262.50	0.00	1575.00	0.08	0.21	0.73	6.51
102	N12018	70.80	18.60	0.63	310.00	750.00	9.60	0.00	57.60	0.02	0.04	0.45	1.80
103	N12022	97.85	21.85	2.28	526.30	1179.90	122.55	0.00	735.30	0.03	0.12	1.04	13.30
104	N12033	76.72	24.56	0.73	488.00	440.00	44.40	0.00	266.40	0.02	0.08	0.36	1.44
105	N12037	122.40	32.00	0.80	0.00	0.00	246.40	0.00	1476.00	0.05	0.13	0.80	14.40
106	N12038	53.40	26.10	0.96	3900.00	75.00	48.60	0.00	291.60	0.01	0.02	0.93	0.90
107	N12039	131.10	41.80	1.43	9576.95	435.10	7.60	0.00	42.75	0.01	0.02	0.19	0.95
108	N12041	102.00	46.75	0.34	442.00	1615.00	51.00	0.00	306.00	0.03	0.05	0.85	10.20
109	N12056	117.75	24.00	2.93	307.50	1333.50	47.25	0.00	283.50	0.01	0.05	1.43	3.00
110	N12058	45.64	10.50	1.20	0.00	0.00	0.00	0.00	0.00	0.03	0.04	0.70	0.70
111	N12063	60.45	26.65	7.74	0.00	0.00	68.25	0.00	409.50	0.07	0.17	0.91	11.05
112	N15001	12.00	21.00	0.25	14.50	146.00	547.50	0.00	7725.50	0.04	0.03	0.20	4.50
113	N15050	37.31	30.17	1.27	0.00	0.00	0.00	0.00	0.00	0.06	0.06	0.63	0.00
114	N15053	5.40	29.40	0.41	0.18	87.30	210.00	0.00	1260.00	0.09	0.10	0.28	8.10
115	N15057	0.01	0.06	0.00	0.02	0.01	0.00	0.00	0.00	0.00	0.00	0.00	0.00
116	N15060	0.88	3.84	0.06	5.44	13.28	0.00	0.00	0.00	0.01	0.00	0.09	0.00
117	N15061	45.96	12.24	0.63	0.66	6.24	0.00	0.00	0.00	0.02	0.00	0.93	0.00
118	N15080	18.90	16.10	0.72	0.42	67.20	81.69	0.00	490.00	0.01	0.05	0.27	5.25
119	N16004	17.65	55.05	0.42	1.00	43.15	0.35	0.00	2.10	0.03	0.01	0.52	0.50
120	N16006	84.00	3.50	0.50	1.61	38.50	0.07	0.00	0.42	0.01	0.01	0.09	1.96
121	N16008	4.06	5.95	0.04	137.55	17.36	0.07	0.00	0.56	0.01	0.00	0.04	0.00
122	N16009	10.80	10.20	0.19	331.20	42.20	42.10	0.00	252.80	0.03	0.03	0.25	0.50
123	N16011	4.41	14.98	0.77	1.05	168.00	240.80	0.00	1444.80	0.03	0.09	1.01	2.24
124	N16071	19.67	11.69	1.37	3.22	77.21	1.54	0.00	9.24	0.01	0.02	0.08	0.00
125	N18019	22.60	19.40	1.66	3.60	64.80	0.00	0.00	0.00	0.01	0.03	0.12	3.00

4. 지방군 1교환단위의 e-식품교환량의 영양소

순번	식품	식품명	e-식품 교환량 (g)	에너지 Energy (Kcal)	수분 Water (%)	단백질 Protein (g)	지질 Fat (g)	탄수화물 Cho (g)	섬유소 Fiber (g)	회분 Ash (g)
1	N05007	들깨,말린것	15	57.90	0.90	2.50	5.00	1.80	4.20	0.60
2	N05008	들깨가루	15	81.00	6.00	2.40	5.90	3.00	2.60	0.40
3	N05010	땅콩,말린것,대립종	10	56.30	0.50	2.60	4.90	1.50	0.20	0.30
4	N05013	땅콩,볶은것	10	56.70	0.20	2.60	4.80	1.80	0.30	0.20
5	N05040	잣,말린것	7	46.60	0.20	1.00	4.80	0.70	0.10	0.10
6	N05041	잣,볶은것	7	49.30	0.00	1.20	5.20	0.30	0.10	0.20
7	N05046	참깨,흰깨,말린것	10	55.50	0.50	1.90	5.10	1.50	0.50	0.50
8	N05047	참깨,흰깨,볶은것	9	52.20	0.10	1.70	4.80	1.40	0.50	0.40
9	N05052	코코넛,말린것	8	52.80	0.20	0.60	5.20	2.00	1.30	0.20
10	N14003	들기름	5	44.20	0.00	0.00	5.00	0.00	0.00	0.00
11	N14008	마가린	6	43.30	1.00	0.00	4.90	0.00	0.00	0.10
12	N14010	버터	6	44.80	0.80	0.00	5.10	0.00	0.00	0.10
13	N14014	쇼트닝	5	45.10	0.00	0.00	5.00	0.00	0.00	0.00
14	N14017	옥수수기름	5	44.20	0.00	0.00	5.00	0.00	0.00	0.00
15	N14021	참기름	5	44.20	0.00	0.00	5.00	0.00	0.00	0.00
16	N14026	콩기름	5	44.20	0.00	0.00	5.00	0.00	0.00	0.00
17	N16024	마요네즈,전란	7	51.60	1.00	0.10	5.20	0.60	0.00	0.10
18	N16057	참깨,깨소금	9	53.40	0.60	1.60	5.10	0.80	0.40	0.40
19	N16070	핫소스	5	46.00	0.00	0.00	5.00	0.00	0.00	0.00

순번	식품	칼슘 Ca (mg)	인 P (mg)	철 Fe (mg)	나트륨 Na (mg)	칼륨 K (mg)	Vitamin A (RE)	레티놀 Retinol (μg)	카로틴 Carotene (μg)	비타민 B_1 Vitamin B_1 (mg)	비타민 B_2 VItamin B_2 (mg)	나이아신 Niacin (mg)	비타민 C Vitamin C (mg)
1	N05007	112.50	84.80	0.90	3.20	90.80	0.00	0.00	0.00	0.06	0.02	1.10	0.00
2	N05008	41.40	79.00	1.10	0.80	87.00	0.45	0.00	2.40	0.03	0.07	0.90	0.00
3	N05010	7.80	35.90	0.20	1.60	90.40	0.00	0.00	0.00	0.04	0.01	1.70	0.00
4	N05013	5.20	42.70	0.20	0.30	41.30	0.00	0.00	0.00	0.04	0.01	1.70	0.00
5	N05040	1.30	39.20	0.40	0.30	41.30	0.00	0.00	0.00	0.04	0.01	0.30	0.00
6	N05041	0.70	12.30	0.40	2.10	29.90	0.00	0.00	0.00	0.03	0.01	0.10	0.00
7	N05046	115.60	58.70	1.00	0.40	43.90	0.20	0.00	1.30	0.06	0.00	0.50	0.00
8	N05047	103.40	53.60	1.00	0.40	41.30	0.18	0.00	0.80	0.05	0.02	0.50	0.00
9	N05052	2.10	16.50	0.30	3.00	43.40	0.00	0.00	0.00	0.01	0.01	0.00	0.16
10	N14003	0.00	0.00	0.00	0.00	0.00	0.00	0.00	0.00	0.00	0.00	0.00	0.00
11	N14008	0.40	0.80	0.00	26.70	4.00	102.00	97.30	28.50	0.00	0.00	0.00	0.00
12	N14010	1.30	1.30	0.00	43.50	1.70	25.08	23.80	7.40	0.00	0.00	0.00	0.00
13	N14014	0.00	0.00	0.00	0.00	0.00	0.00	0.00	0.00	0.00	0.00	0.00	0.00
14	N14017	0.00	0.00	0.00	0.00	0.00	0.00	0.00	0.00	0.00	0.00	0.00	0.00
15	N14021	0.00	0.00	0.00	0.00	0.00	0.00	0.00	0.00	0.00	0.00	0.00	0.00
16	N14026	0.00	0.00	0.00	0.00	0.00	0.00	0.00	0.00	0.00	0.00	0.00	0.00
17	N16024	0.60	2.50	0.10	32.40	0.60	1.40	1.30	0.40	0.00	0.00	0.00	0.00
18	N16057	110.10	57.60	1.70	0.00	0.00	0.00	0.00	0.00	0.05	0.01	0.00	0.00
19	N16070	0.00	0.00	0.00	0.00	0.00	4.90	0.00	29.50	0.00	0.00	0.00	0.00

5. 우유군 1교환단위의 e-식품교환량의 영양소

순번	식품	식품명	e-식품 교환량 (g)	에너지 Energy (Kcal)	수분 Water (%)	단백질 Protein (g)	지질 Fat (g)	탄수화물 Cho (g)	섬유소 Fiber (g)	회분 Ash (g)
1	N04025	두유(베지밀)	180	97.20	155.88	7.92	6.48	8.46	0.00	1.26
2	N13019	우유, 보통우유	190	114.00	167.58	6.08	6.08	8.93	0.00	1.33
3	N13025	유제품,아이스크림,바닐라	65	120.90	41.15	1.95	5.59	15.86	0.00	0.46
4	N13028	유제품,요구르트,액상	190	123.50	158.08	2.85	0.19	28.31	0.00	0.57
5	N13031	유제품,요구르트,호상(탈지우유,가당)	130	124.80	102.44	4.16	3.25	20.15	0.00	1.04

6. 과일군 1교환단위의 e-식품교환량의 영양소

순번	식품	식품명	e-식품 교환량 (g)	에너지 Energy (Kcal)	수분 Water (%)	단백질 Protein (g)	지질 Fat (g)	탄수화물 Cho (g)	섬유소 Fiber (g)	회분 Ash (g)
1	N08004	감,곶감	20	47.40	6.02	0.44	0.04	12.64	0.56	0.30
2	N08005	감,단감	110	48.40	95.15	0.55	0.11	12.54	1.21	0.44
3	N08007	감,연시,생것	80	44.80	67.04	0.40	0.08	11.84	0.24	0.40
4	N08011	구아바,생과	120	56.40	103.68	0.84	0.12	12.00	2.64	0.72
5	N08015	귤,보통(임온주)	100	47.00	86.50	0.80	0.20	11.80	0.30	0.40
6	N08027	금귤,생과	70	47.60	56.07	0.63	0.35	11.83	0.63	0.42
7	N08028	다래	80	43.20	68.80	0.56	1.52	8.00	0.80	0.32
8	N08029	대추,건과	15	43.35	2.58	0.75	0.30	10.65	0.41	0.32
9	N08034	딸기,생과,개량종	280	56.00	258.16	2.52	0.56	12.04	5.32	1.40
10	N08037	라임,생과	120	37.20	105.96	0.84	0.24	12.00	0.60	0.36
11	N08041	레몬,생과	160	49.60	144.64	2.24	1.28	10.24	0.96	0.64
12	N08044	롱간스,생과	80	46.40	66.24	1.04	0.08	11.76	0.32	0.56
13	N08045	망고	70	47.60	56.56	0.42	0.07	12.32	0.35	0.28
14	N08047	매실,생과	170	49.30	153.85	1.19	0.34	11.90	1.87	0.85
15	N08051	머루,생과,재래종	90	62.10	72.45	0.90	0.54	12.06	3.15	0.90
16	N08053	멜론,머스크	130	49.40	114.66	1.82	0.13	11.83	0.52	1.04
17	N08055	모과	80	48.80	62.64	0.56	0.32	12.32	3.68	0.48
18	N08057	무화과,생과	120	51.60	105.24	0.72	0.12	12.48	0.84	0.60
19	N08060	바나나,생과	55	44.00	42.30	0.66	0.11	11.50	0.11	0.33
20	N08063	배,생과,국내산,신고	120	46.80	106.08	0.36	0.12	12.36	0.72	0.36
21	N08070	버찌,생과,국내산	80	48.00	66.32	0.96	0.24	11.84	0.16	0.48
22	N08076	복숭아,생과,백도	150	51.00	134.85	1.35	0.30	12.30	0.75	0.45
23	N08082	블루베리,생과	95	49.40	80.37	0.67	0.38	12.16	1.24	0.19
24	N08090	사과,과일쥬스,천연과즙,(무가당)	100	43.00	87.90	0.20	0.10	11.60	0.00	0.20
25	N08094	사과,생과,아오리	110	48.40	96.03	0.55	0.22	12.32	0.66	0.22
26	N08098	산딸기	280	61.60	255.36	3.64	1.12	11.20	7.56	1.12
27	N08101	살구,생과	190	53.20	173.66	1.71	0.38	12.35	1.14	0.76

순번	식품	칼슘 Ca (mg)	인 P (mg)	철 Fe (mg)	나트륨 Na (mg)	칼륨 K (mg)	Vitamin A (RE)	레티놀 Retinol (μg)	카로틴 Carotene (μg)	비타민B_1 Vitamin B_1 (mg)	비타민B_2 Vitamin B_2 (mg)	나이아신 Niacin (mg)	비타민C Vitamin C (mg)
1	N04025	30.60	95.40	1.26	243.00	16.20	0.00	0.00	0.00	0.07	0.07	0.72	0.00
2	N13019	199.50	169.10	0.19	104.50	281.20	53.20	49.40	22.80	0.08	0.27	0.19	1.90
2	N13025	73.45	50.70	0.39	60.45	92.95	0.00	0.00	0.00	0.05	0.07	0.20	0.00
3	N13028	74.10	53.20	0.19	117.80	247.00	0.00	0.00	0.00	0.02	0.23	0.00	0.00
4	N13031	139.10	123.50	0.13	71.50	195.00	35.10	0.00	0.00	0.07	0.18	0.13	0.00

순번	식품	칼슘 Ca (mg)	인 P (mg)	철 Fe (mg)	나트륨 Na (mg)	칼륨 K (mg)	Vitamin A (RE)	레티놀 Retinol (μg)	카로틴 Carotene (μg)	비타민B_1 Vitamin B_1 (mg)	비타민B_2 Vitamin B_2 (mg)	나이아신 Niacin (mg)	비타민C Vitamin C (mg)
1	N08004	5.60	13.00	0.26	1.00	147.20	6.20	0.00	37.40	0.00	0.00	0.16	0.80
2	N08005	8.80	19.80	0.33	2.20	163.90	25.30	0.00	152.90	0.03	0.03	0.33	55.00
3	N08007	12.00	8.80	0.24	4.00	112.00	12.80	0.00	77.60	0.02	0.02	0.16	16.00
4	N08011	10.80	22.80	0.12	4.80	348.00	54.00	0.00	324.00	0.05	0.06	1.20	324.00
5	N08015	18.00	10.00	0.20	3.00	130.00	8.00	0.00	49.00	0.11	0.06	0.50	39.00
6	N08027	29.40	9.10	0.28	2.10	124.60	2.10	0.00	11.20	0.07	0.04	0.28	24.50
7	N08028	18.40	13.60	0.16	0.00	136.80	9.60	0.00	59.20	0.01	0.07	0.16	140.80
8	N08029	2.70	17.40	0.27	1.20	142.80	0.15	0.00	0.75	0.02	0.01	0.17	1.20
9	N08034	36.40	47.60	1.40	2.80	540.40	14.00	0.00	84.00	0.11	0.11	1.12	277.20
10	N08037	39.60	21.60	0.72	2.40	122.40	1.20	0.00	7.20	0.04	0.02	0.24	34.80
11	N08041	88.00	24.00	0.64	6.40	192.00	0.00	0.00	0.00	0.08	0.03	1.12	112.00
12	N08044	0.80	16.80	0.08	0.00	212.80	0.00	0.00	0.00	0.02	0.11	0.24	67.20
13	N08045	10.50	8.40	0.14	0.70	119.00	186.90	0.00	1120.00	0.03	0.04	0.49	14.00
14	N08047	11.90	32.30	1.02	6.80	391.00	35.70	0.00	209.10	0.05	0.03	0.68	10.20
15	N08051	65.70	9.00	1.53	0.00	0.00	0.00	0.00	0.00	0.04	0.03	0.45	7.20
16	N08053	9.10	55.90	0.65	16.90	486.20	3.90	0.00	23.40	0.10	0.04	1.04	28.60
17	N08055	16.80	14.40	0.40	1.60	197.60	0.80	0.00	4.80	0.02	0.01	0.24	64.80
18	N08057	31.20	19.20	0.36	2.40	204.00	2.40	0.00	14.40	0.04	0.04	0.24	2.40
19	N08060	2.20	9.90	0.39	1.10	209.00	1.10	0.00	4.95	0.02	0.03	0.55	5.50
20	N08063	2.40	13.20	0.24	3.60	205.20	0.00	0.00	0.00	0.02	0.01	0.12	4.80
21	N08070	14.40	22.40	0.48	1.60	195.20	3.20	0.00	20.80	0.02	0.02	0.16	6.40
22	N08076	4.50	25.50	0.75	3.00	199.50	3.00	0.00	15.00	0.03	0.01	0.60	10.50
23	N08082	5.70	9.50	0.19	5.70	84.55	9.50	0.00	57.00	0.05	0.05	0.38	12.35
24	N08090	2.00	17.00	0.50	2.00	117.00	0.00	0.00	0.00	0.01	0.01	0.10	2.00
25	N08094	4.40	11.00	0.88	4.40	108.90	0.00	0.00	0.00	0.02	0.01	0.11	5.50
26	N08098	58.80	86.80	1.68	5.60	364.00	47.60	0.00	282.80	0.06	0.08	1.12	78.40
27	N08101	9.50	26.60	0.95	5.70	304.00	564.30	0.00	3389.60	0.06	0.04	0.57	9.50

순번	식품	식품명	e-식품 교환량 (g)	에너지 Energy (Kcal)	수분 Water (%)	단백질 Protein (g)	지질 Fat (g)	탄수 화물 Cho (g)	섬유소 Fiber (g)	회분 Ash (g)
28	N08104	석류	70	46.90	56.77	0.42	0.14	11.76	0.56	0.35
29	N08107	수박,생과,적육질	150	46.50	136.50	1.05	0.15	11.70	0.15	0.45
30	N08110	아보카도	25	47.75	17.53	0.63	4.67	1.30	0.53	0.35
31	N08111	앵두	180	52.20	164.52	1.08	0.54	12.24	0.72	0.90
32	N08112	엘더베리	110	80.30	87.78	0.77	0.55	12.54	7.70	0.66
33	N08115	오디,생과,흑과(재래종)	130	65.00	109.46	3.38	0.39	12.09	3.51	1.17
34	N08118	오렌지,과일쥬스,천연과즙	110	46.20	97.13	0.77	0.22	11.55	0.00	0.33
35	N08121	오렌지,생과	110	47.30	96.14	0.99	0.11	11.99	0.33	0.44
36	N08123	올리브,생과	70	50.40	56.14	0.84	0.84	11.34	2.38	0.84
37	N08132	자두,일본자두,생과	120	55.20	105.84	0.72	1.20	11.52	0.24	0.48
38	N08133	참외,생과	160	49.60	144.96	1.60	0.16	11.68	0.64	0.96
39	N08136	크랜베리,생과	95	46.55	82.17	0.38	0.19	12.07	3.99	0.19
40	N08138	키위	90	48.60	75.15	0.81	0.45	11.79	1.17	0.63
41	N08145	파인애플,생과	200	46.00	185.80	0.80	0.20	11.80	0.80	0.60
42	N08146	파인애플,통조림	75	46.50	61.88	0.30	0.15	12.30	0.23	0.15
43	N08147	파파야	210	52.50	193.62	2.31	0.21	11.97	0.63	1.26
44	N08152	포도,골덴마스캇,큰것	90	45.00	76.86	0.45	0.09	11.97	0.27	0.36
45	N08155	포도,과일쥬스,천연과즙(과즙100%)	85	45.05	72.42	0.26	0.17	11.90	0.00	0.26
46	N08168	후르츠칵테일,통조림	65	51.35	52.26	0.26	0.07	12.03	0.33	0.13
47	N15092	탄산음료,사이다	120	48.00	107.88	0.00	0.00	12.12	0.00	0.00
48	N16066	토마토소스	140	64.40	121.10	2.80	0.28	12.04	0.70	3.08
49	N16067	토마토케첩	45	51.30	29.97	1.22	0.09	11.39	0.32	2.02

순번	식품	칼슘 Ca (mg)	인 P (mg)	철 Fe (mg)	나트륨 Na (mg)	칼륨 K (mg)	Vitamin A (RE)	레티놀 Retinol (μg)	카로틴 Carotene (μg)	비타민B_1 Vitamin B_1 (mg)	비타민B_2 VItamin B_2 (mg)	나이아신 Niacin (mg)	비타민C Vitamin C (mg)
28	N08104	5.60	10.50	0.07	0.70	175.00	0.00	0.00	0.00	0.02	0.02	0.21	7.00
29	N08107	9.00	16.50	0.30	1.50	208.50	42.00	0.00	247.50	0.09	0.03	0.30	9.00
30	N08110	2.25	13.75	0.18	1.75	180.00	5.00	0.00	30.00	0.03	0.05	0.50	3.75
31	N08111	10.80	30.60	1.98	7.20	482.40	1.80	0.00	10.80	0.04	0.04	0.90	23.40
32	N08112	41.80	42.90	1.76	0.00	308.00	66.00	0.00	396.00	0.08	0.07	0.55	39.60
33	N08115	58.50	58.50	2.99	20.80	369.20	10.40	0.00	65.00	1.91	0.09	0.78	6.50
34	N08118	12.10	23.10	0.22	2.20	144.10	13.20	0.00	81.40	0.10	0.03	0.55	44.00
35	N08121	36.30	22.00	0.22	1.10	138.60	16.50	0.00	99.00	0.12	0.02	0.33	47.30
36	N08123	12.60	20.30	1.47	32.90	291.20	38.50	0.00	231.00	0.01	0.08	0.28	14.00
37	N08132	6.00	16.80	0.24	1.20	180.00	9.60	0.00	57.60	0.02	0.02	0.36	4.80
38	N08133	9.60	56.00	0.48	11.20	353.60	0.00	0.00	0.00	0.05	0.02	1.60	35.20
39	N08136	6.65	8.55	0.19	0.95	67.45	4.75	0.00	0.00	0.03	0.02	0.10	13.30
40	N08138	27.00	23.40	0.27	2.70	243.90	7.20	0.00	41.40	0.00	0.02	0.27	24.30
41	N08145	20.00	18.00	0.80	10.00	214.00	0.00	0.00	0.00	0.22	0.02	0.40	30.00
42	N08146	6.75	3.00	0.15	1.50	82.50	2.25	0.00	12.00	0.05	0.01	0.07	3.75
43	N08147	44.10	25.20	0.63	10.50	451.50	18.90	0.00	115.50	0.06	0.06	0.84	33.60
44	N08152	4.50	9.90	0.54	0.00	0.00	0.00	0.00	0.00	0.05	0.02	0.18	4.50
45	N08155	4.25	8.50	0.17	1.70	38.25	0.00	0.00	0.00	0.02	0.01	0.09	0.00
46	N08168	3.90	7.15	0.20	3.90	57.20	13.00	0.00	0.00	0.01	0.01	0.26	1.30
47	N15092	2.40	1.20	0.00	6.00	0.00	0.00	0.00	0.00	0.00	0.00	0.00	0.00
48	N16066	25.20	58.80	1.26	756.00	504.00	221.20	0.00	1330.00	0.13	0.11	1.82	14.00
49	N16067	4.95	37.35	1.58	630.00	229.50	63.00	0.00	0.00	0.06	0.02	0.68	7.20

7. 알콜군 1교환단위의 e-식품교환량의 영양소

순번	식품	식품명	e-식품 교환량 (g)	에너지 Energy (Kcal)	수분 Water (%)	단백질 Protein (g)	지질 Fat (g)	탄수화물 Cho (g)	섬유소 Fiber (g)	회분 Ash (g)
1	N15015	주류,막걸리	150	69.00	137.70	2.40	0.00	2.70	0.00	0.20
2	N15016	주류,매실주	45	70.20	31.00	0.05	0.00	9.32	0.00	0.05
3	N15017	주류,맥주	190	70.30	177	0.60	0.00	5.30	0.00	0.20
4	N15019	주류,보드카,알콜50%	25	73.80	14.40	0.00	0.00	0.00	0.00	0.00
5	N15020	주류,브랜디,1급,알콜42%	30	73.20	19.40	0.00	0.00	0.00	0.00	0.00
6	N15023	주류,생맥주	190	70.30	175.00	1.00	0.00	5.90	0.00	0.20
7	N15024	주류,샴페인	160	70.40	149.40	0.00	0.00	0.80	0.00	0.20
8	N15025	주류,소주	50	70.50	39.80	0.00	0.00	0.00	0.00	0.00
9	N15027	주류,위스키,1급,알콜42%	30	71.10	20.00	0.00	0.00	0.00	0.00	0.00
10	N15030	주류,진,알콜37%	35	74.60	24.20	0.00	0.00	0.00	0.00	0.00
11	N15032	주류,청주	65	69.60	53.60	0.40	0.00	2.70	0.00	0.00
12	N15045	주류,포도주,백포도주	95	70.30	83.50	0.20	0.00	2.30	0.00	0.20
13	N15046	주류,포도주,적포도주	100	70.00	86.00	0.20	0.00	4.80	0.00	0.20

순번	식품	칼슘 Ca (mg)	인 P (mg)	철 Fe (mg)	나트륨 Na (mg)	칼륨 K (mg)	Vitamin A (RE)	레티놀 Retinol (μg)	카로틴 Carotene (μg)	비타민B_1 Vitamin B_1 (mg)	비타민B_2 VItamin B_2 (mg)	나이아신 Niacin (mg)	비타민C Vitamin C (mg)
1	N15015	9.00	21.00	0.20	9.00	22.50	0.00	0.00	0.00	0.02	0.05	0.40	1.50
2	N15016	0.45	1.35	0.00	1.80	17.55	0.00	0.00	0.00	0.00	0.00	0.00	0.00
3	N15017	3.80	34.20	0.00	9.50	45.60	0.00	0.00	0.00	0.02	0.04	1.00	0.00
4	N15019	0.00	0.00	0.00	0.00	0.00	0.00	0.00	0.00	0.00	0.00	0.00	0.00
5	N15020	0.00	0.00	0.00	0.00	0.00	0.00	0.00	0.00	0.00	0.00	0.00	0.00
6	N15023	3.80	30.40	0.20	17.10	30.40	0.00	0.00	0.00	0.00	0.04	0.00	0.00
7	N15024	3.20	6.40	0.00	0.00	0.00	0.00	0.00	0.00	0.00	0.00	0.00	0.00
8	N15025	0.00	0.00	0.00	0.00	0.00	0.00	0.00	0.00	0.00	0.00	0.00	0.00
9	N15027	0.00	0.00	0.00	0.60	0.30	0.00	0.00	0.00	0.00	0.00	0.00	0.00
10	N15030	0.00	0.00	0.00	0.00	0.00	0.00	0.00	0.00	0.00	0.00	0.00	0.00
11	N15032	1.30	5.20	0.00	1.30	3.20	0.00	0.00	0.00	0.00	0.00	0.00	0.00
12	N15045	8.60	6.60	0.50	4.80	43.70	0.00	0.00	0.00	0.00	0.01	0.10	0.00
13	N15046	7.00	10.00	0.50	6.00	52.00	0.00	0.00	0.00	0.00	0.01	0.10	0.00